U0461194

普通高等教育
建筑环境与能源应用工程系列教材

建筑设备
工程管理（第4版）

主　编／王　勇　刘　勇

副主编／白雪莲　张　群

参　编／臧子璇　魏庆芃　林真国　谢　安　杨本强

主　审／付祥钊　吴祥生

重庆大学出版社

内容提要

本书对标《工程教育认证标准》,全面介绍了公用设备工程实际应用中的全过程管理,共分8章,主要内容包括:工程管理基础,暖通空调、燃气系统,建筑水电系统,建筑安装工程招投标,建筑设备工程施工技术,建筑设备安装工程管理,建筑设备安装工程监理及质量控制,建筑设备的运行维护管理。本书还编写了完整的工程管理案例作为附录,读者可扫描对应二维码进行阅读参考。

本书理论联系实际,经多次修订,取得了较好的教学反馈,可作为建筑环境与能源应用工程专业本科教学用书,也可作为全国公用注册设备工程师执业考试参考用书。

本书配套有教学数字化资源,包含工程管理案例、全书PPT课件、每章习题及答案、综合试题等,可通过扫描教材中相应的二维码进行选用,还可在出版社官方网站下载相应资源。

图书在版编目(CIP)数据

建筑设备工程管理 / 王勇,刘勇主编. -- 4版. -- 重庆:
重庆大学出版社, 2025.3. -- (普通高等教育建筑环境
与能源应用工程系列教材). -- ISBN 978-7-5689-4790-9

Ⅰ. TU8

中国国家版本馆CIP数据核字第2024UM7940号

普通高等教育建筑环境与能源应用工程系列教材

建筑设备工程管理

(第4版)

主　编　王　勇　刘　勇
副主编　白雪莲　张　群
参　编　臧子璇　魏庆芃　林真国
　　　　谢　安　杨本强
主　审　付祥钊　吴祥生
策划编辑:张　婷

责任编辑:张　婷　版式设计:张　婷
责任校对:刘志刚　责任印制:赵　晟

*

重庆大学出版社出版发行
出版人:陈晓阳
社址:重庆市沙坪坝区大学城西路21号
邮编:401331
电话:(023) 88617190　88617185(中小学)
传真:(023) 88617186　88617166
网址:http://www.cqup.com.cn
邮箱:fxk@ cqup.com.cn(营销中心)
全国新华书店经销
重庆华林天美印务有限公司印刷

*

开本:787mm×1092mm　1/16　印张:20　字数:514千
2004年9月第1版　2025年3月第4版　2025年3月第4次印刷
ISBN 978-7-5689-4790-9　定价:59.00元

序

20 世纪 50 年代初期,为了满足北方采暖和工业厂房通风等迫切需要,全国有八所高校设立"暖通"专业,随即增加了"空调"内容,以培养保障工业建筑生产环境、民用建筑生活与工作环境的本科专业人才;70 年代末,又设立了"燃气"专业。1998 年二者整合为"建筑环境与设备工程"。随后 15 年,全球能源环境形势日益严峻,建筑环境上的能源消耗更是显著加大。保障建筑环境、高效应用能源成为当今社会对本专业的两大基本要求。2013 年,国家再次扩展本专业范围,将建筑节能技术与工程、建筑智能设施纳入,更名为"建筑环境与能源应用工程"。

本专业内涵扩展的同时,规模也在加速发展。第一阶段,暖通燃气与空调工程阶段:近 50 年,本科招生院校由 8 所发展到 68 所;第二阶段,建筑环境与设备工程阶段:15 年来,本科招生院校由 68 所发展到 180 多所,年招生规模达到 1 万人左右;第三阶段,建筑环境与能源应用工程阶段:这一阶段有多长,难以预见,但是本专业由工程配套向工程中坚发展是必然的。第三阶段较之第二阶段,社会背景也有较大变化,建筑环境与能源应用工程必须面对全国、全世界的多样化人才需求。过去有利于学生就业和发展的行业与地方特色,现已露出约束毕业生人生发展的端倪,针对某个行业或地方培养人才的模式需要作出改变。本专业要实现的培养目标是建筑环境与能源应用工程专业的复合型工程技术应用人才。这样的人才是服务于全社会的。

本专业科学技术的新内容主要在能源应用上:重点不是传统化石能源的应用,而是太阳辐射能和存在于空气、水体、岩土等环境中的可再生能源的应用;应用的基本方式不再局限于化石燃料燃烧产生热能,而将依靠动力从环境中采集与调整热能;应用的核心设备不再是锅炉,而将是热泵。专业工程实践方面:传统领域即设计与施工仍需进一步提高;新增的工作将是从城市、城区、园区到建筑四个层次的能源需求的预测与保障、规划与实施,从工程项目的策划立项、方案制订、设计施工到运行使用全过程提高能源应用效率,从单纯的能源应用技术拓展到综合的能源管理等。这些急需开拓的成片的新领域,也体现了本专业与热能动力专业在能源应用上的主要区别。本专业将在能源环境的强约束下,满足全社会对人居建筑环境和生产工艺环境提出的新需求。

本专业将不断扩展视野,改进教育理念,更新教学内容和教学方法,提升专业教学水平;将在建筑环境与设备工程专业的基础上,创建特色课程,完善专业知识体系。专业基础部分包括建筑环境学、流体力学、工程热力学、传热学、热质交换原理与设备、流体输配管网等理论知识;专业部分包括室内环境控制系统、燃气储存与输配、冷热源工程、城市燃气工程、城市能源规划、建筑能源管理、工程施工与管理、建筑设备自动化、建筑环境测试技术等系统的工程技术知识。

　　本专业知识体系由知识领域、知识单元以及知识点三个层次组成，每个知识领域包含若干个知识单元，每个知识单元包含若干知识点，知识点是本专业知识体系的最小集合。课程设置不能割裂知识单元，并要在知识领域上加强关联，进而形成专业的课程体系。各院校需要结合自己的条件，设置相应的课程体系，建立起有自身特色的专业知识体系。

　　重庆大学出版社积极学习了解本专业的知识体系，针对重庆大学和其他高校设置的本专业课程体系，规划出版建筑环境与能源应用工程专业系列教材，组织专业水平高、教学经验丰富的教师编写。这套系列教材口径宽阔、核心内容紧凑，与课程体系密切衔接，便于教学计划安排，有助于提高学时利用效率。通过这套系列教材的学习，学生能够掌握建筑环境与能源应用领域的专业理论、设计和施工方法。结合实践教学，这套系列教材还能帮助学生熟悉本专业施工安装、调试与试验的基本方法，形成基本技能；熟悉工程经济、项目管理的基本原理与方法；了解与本专业有关的法规、规范和标准，了解本专业领域的现状和发展趋势。

　　这套系列教材，还可用于暖通、燃气工程技术人员的继续教育；对那些希望进入建筑环境与能源应用工程领域发展的其他专业毕业生，也是很好的自学课本。

　　这是对建筑环境与能源应用工程系列教材的期待！

付祥钊

前 言（第4版）

"建筑设备工程管理"是建筑环境与能源应用工程专业的一门主要专业课程。本书介绍了公用设备工程中的常用工程管理基础，同时对常用暖通空调与燃气、电气、给排水工程的系统集成、主要设备性能及设备安装工程费用构成、计算方法进行了阐述。在此基础上，对设备安装工程的招标、投标、施工技术与管理、工程监理直到竣工验收与运行调试的全过程工作进行了详细介绍。

本书以习近平新时代中国特色社会主义思想为指导，依据《习近平新时代中国特色社会主义思想进课程教材指南》实施修订。"实践没有止境，理论创新也没有止境"，"培养造就大批德才兼备的高素质人才，是国家和民族长远发展大计"。专业建设与教材建设均以党的二十大精神为指引，不断更新内容，保持先进性。

本书的主要特色是理论联系实际，对标《工程教育认证标准》，注重针对学生就业后可能面临的主要问题设置知识点，使学生能够在学习中以专业理论知识为基础拓展本专业的实际应用能力。本书的编写基本按照学生就业后的工程流程主线进行。同时，本书还编写了完整的工程案例作为附录，读者可扫二维码进行参考阅读。

在学习本课程的过程中，读者必须具备一定的专业知识。由于书中涉及的招投标及工程费用计算、设备安装管理、运行管理等内容与实际工程结合紧密，因此在平时的学习过程中必须加强实践类环节的训练，阅读大量相关书籍、资料。本书可以作为建筑环境与能源应用工程专业本科教学用书，也可以用作本专业工程技术人员的参考书。

本书由重庆大学王勇、刘勇主编，重庆大学付祥钊教授、解放军陆军勤务学院吴祥生教授主审。本书第二章、第五章中燃气部分的内容由重庆大学臧子璇修订与编写；第三章中给排水系统相关内容及第六章由重庆大学谢安、林真国进行修订与完善；第三章、第五章中电气部分的内容由重庆大学杨本强修订与编写；第四章、第八章由重庆大学刘勇、清华大学魏庆芃进行修订与编写；第五章主要由重庆大学白雪莲编写；第七章由重庆林鸥工程咨询有限公司张群重新编写；其余章节由王勇进行编写、修订，全书统稿工作由王勇完成。研究生李天爽、杜秋梅、高俊杰、陈松萍、毛若丰参与了全书的编辑与文档处理工作。

本书在纸质版出版的同时，还出版了电子版教材。大量语音、图片、视频文件均可在电子版教材中查阅。

建筑工程管理类的实践教材，暖通空调、电气、给排水、燃气工程的常用设计手册及近几年相关的研究成果等是编写本书的主要参考资料。正是上述内容促成了本书的体系和核心。在此编写组对相关作者表示真诚的敬意和衷心的感谢。

建筑设备管理工程涉及面广，且编者水平有限，书中难免存在不足之处，恳请大家指正。

编 者
2024年6月

前　言

　　"建筑设备管理工程"是建筑设备与环境工程专业的一门主要专业课程。本书介绍了公用设备工程中的常用工程管理基础,同时对常用暖通空调、电气、给排水、燃气工程的系统集成和设备进行了阐述,对安装工程的招标、投标、施工与监理,直到竣工验收的整个阶段管理及安装工程的概、预算方法、常用公用设备的运行管理等也进行了系统介绍。

　　随着教学改革的不断深入和教学的迫切需求,本书在第1版的基础上进行了全面修订。根据"建筑环境与设备工程系列教材修订、扩展会议"精神及"普通高等教育'十一五'国家级规划教材"建设指标,第2版主要增加了燃气方向的设备及系统介绍,同时针对本书建筑设备和工程管理的核心内容,对部分章节的内容进行了相应调整,增加了与建筑设备相关的建筑能源管理章节,并配套了适当的"思考题"和丰富的学习资源。

　　本书按照学生就业后的工程流程主线进行编写,理论联系实际,注重根据学生就业后可能面临的主要问题设置知识点,使学生能够尽可能地拓展本专业的应用知识。

　　在学习本课程的过程中,读者应具备一定的专业知识。由于书中涉及的招(投)标及工程费用计算、设备安装管理、运行管理等内容和实际工程结合紧密,在平时的学习过程中必须加强实践类环节的训练,应注意阅读大量相关书籍、资料。本书可以作为建筑环境与设备工程专业本科教学用书,也可以作为相关工程技术人员的参考用书。

　　本书由重庆大学王勇主编,并承担全书的统稿工作。同济大学龙惟定教授、解放军后勤工程学院吴祥生教授共同担任本书主审。

　　参与本书编写工作的有:重庆大学龙莉莉(第3.2,3.3,8.3节)、重庆大学臧子璇(第2.5节)、华东交通大学周智勇(第1章和第4章的修订工作,以及第5章的编写工作)、重庆大学王勇(其余章节)。在本书出版中,重庆大学研究生吴艳菊同学协助完成了全书统稿工作,重庆大学研究生冯俊同学协助并完成了部分插图的修正工作。

　　建筑工程管理类的实践教材,暖通空调、电气、给排水、燃气工程的常用设计手册,以及近几年与本书相关的研究成果等是编写本书的主要参考文献,形成了本书的体系与核心。在此,编写组对这些作品的原作者表示真诚的敬意和衷心的感谢!

　　在本书再版过程中,清华大学、同济大学、南京工业大学、解放军后勤工程学院等院校的专家、同仁提出了宝贵建议,才使本书更加完善。在此,编写组表示衷心的感谢!

　　本书得到重庆大学教材建设基金资助,特此感谢!

　　建筑设备管理工程涉及面广,书中不足在所难免,恳请广大读者指正。

编　者

2008 年 4 月

目　录

1

工程管理基础

1.1 项目管理

1.1.1 项目管理的产生和发展

理论上的不断突破,管理技术方法的开发和运用,以及生产实践的需要,为项目管理概念的产生提供了条件,进而使其发展成一门学科。

项目管理是古老的人类生产实践活动,然而成为一门学科却是在 20 世纪 60 年代以后。当时,大型建设项目、复杂的科研项目、军事项目和航天项目大量出现,国际工程承包业得到很大的发展,竞争非常激烈,这使人们认识到,由于项目的一次性和约束条件的不确定性,要取得成功就必须加强管理并引进科学的管理方法。于是项目管理学科作为一种客观需求被提出来了。

随着项目管理内容扩展到各种类型的民用项目,项目管理迅速传遍世界各国。此时项目管理的特点是面向市场、迎接竞争,除了计划和协调外,对采购、合同、进度、费用、质量、风险等给予了更多重视。现代项目管理的框架初步形成。同时,科学管理方法大量出现,逐渐形成了管理科学体系,并被广泛应用于生产和管理实践。

基于项目管理实践的需要,人们把成功的管理理论和方法引入项目管理,使项目管理越来越具有科学性,最终成为一门学科迅速发展起来并跻身于管理科学的殿堂。项目管理学科是一门综合学科,应用性强,很有发展潜力。20 世纪 70 年代在美国出现了 CM(Construction Management,建筑工程管理)模式,被国际广泛承认。CM 模式可以提供进度控制、预算、价值分析、质量和投资优化估价、材料和劳动力估价、项目财务、决算跟踪等系列服务。在英国发展起来的 QS(Quantity Surveying,工料测量)可以进行多种项目管理咨询服务,如投资估算、投资规划、价值分析、合同管理咨询、索赔处理、编制招标文件、评标咨询、投资控制、竣工决算审核、付款审核等。随着投资方式的变化,项目管理方式也在发展变化。例如,20 世纪 80 年代中期,最

①业主选择设计单位、施工承包商、供货商,并与之签订设计合同、施工合同和供货合同,委托 PMC 承包商进行工程项目管理。

②业主与 PMC 承包商签订项目管理合同,业主通过指定或招标方式选择设计单位、施工承包商、供货商(或其中的部分),但不签合同,由 PMC 承包商与之分别签订设计合同、施工合同和供货合同。

③业主与 PMC 承包商签订项目管理合同,由 PMC 承包商自主选择施工承包商和供货商并签订施工合同和供货合同,但不负责设计工作。

(6)EPC 模式

EPC 模式即设计—采购—施工(Engineering Procurement Construction)模式,在我国又称为工程总承包模式。在 EPC 模式中,Engineering 不仅包括具体的设计工作,还可能包括整个建设工程内容的总体策划以及整个建设工程实施组织管理的策划和具体工作。在 EPC 模式下,业主只要大致说明一下投资意图和要求,其余工作均由 EPC 承包单位来完成;业主不聘请监理工程师来管理工程,而是自己或委派业主代表来管理工程;承包商承担设计风险、自然力风险、不可预见的困难等大部分风险;一般采用总价合同。传统承包模式中,材料与工程设备通常是由项目总承包单位采购,但业主可保留对部分重要工程设备和特殊材料的采购在工程实施过程中的风险。在 EPC 标准合同条件中规定由承包商负责全部设计,并承担工程全部责任,故业主不能过多地干预承包商的工作。EPC 合同条件的基本出发点是业主参与工程管理工作很少,承包商已承担了工程建设的大部分风险,业主重点进行竣工验收。

(7)Partnering 模式

Partnering 模式即合伙模式,是在充分考虑建设各方利益的基础上确定建设工程共同目标的一种管理模式。它一般要求业主与参建各方在相互信任、资源共享的基础上达成一种短期或长期的协议,通过建立工作小组相互合作,及时沟通以避免争议和诉讼的产生,共同解决建设工程实施过程中出现的问题,共同分担工程风险和有关费用,以保证参与各方目标和利益的实现。合伙协议并不仅是业主与施工单位双方之间的协议,还需要建设工程参与各方共同签署,包括业主、总包商、分包商、设计单位、咨询单位、主要的材料设备供应单位等。合伙协议一般都是围绕建设工程的三大目标及工程变更管理、争议和索赔管理、安全管理、信息沟通和管理、公共关系等问题做出相应的规定。

1.1.4　工程项目参与各方的管理职能

由于工程项目参与各方的工作性质和组织特征的不同,以及参与项目的各方处于不同的阶段,其工程项目管理的任务和目的不同,因而其管理职能也不同。

1)建设单位对工程项目的管理

建设单位又称业主单位或项目业主,是指建设项目的投资主体或投资者。建设单位负责从可行性研究开始直到工程竣工交付使用的全过程管理,是整个工程项目管理的中心。建设单位对工程项目的管理包括以下职能。

①决策职能。建设项目的建设过程是一个系统的决策过程,每一建设阶段的启动都需要决策。前期决策对设计阶段、施工阶段及项目建成后的运行,均产生重要的影响。

②计划职能。这一职能可以把项目的全过程、全部目标和全部活动都纳入计划轨道,用动态的计划系统协调与控制整个项目,使建设活动协调有序地实现预期目标。因为有了计划职能,所以各项工作都是可预见的、可控制的。

③组织职能。这一职能是通过建立以项目经理为中心的组织系统来实现的,通过给该系统确定职责、授予权力,实行合同制、健全规章制度等进行有效的运转,确保项目目标实现。

④协调职能。由于项目建设实施的各阶段、相关的层次、相关的部门之间存在着大量的接合部,在接合部内存在着复杂的关系乃至矛盾,若处理不好,将会对协作配合造成障碍,影响项目目标的实现。因此应通过项目管理的协调职能进行沟通,排除障碍,确保系统的正常运转。

⑤控制职能。项目建设主要目标的实现,是以控制职能为保证手段的。由于偏离预定目标的可能性经常存在,因此必须通过决策、计划、协调、信息反馈等手段,采用科学的管理方法,纠正偏差,确保目标的实现。目标有总体目标,也有分目标和阶段目标,各项目标组成一个体系,因此目标的控制也必须是系统的、连续的。建设项目管理的主要任务是进行目标控制,而主要目标是投资、进度和质量。

2)施工单位对工程项目的管理

施工单位通过工程施工投标取得工程施工任务,以施工合同为依据,组织项目管理,称为施工项目管理。施工项目管理的目标包括施工的成本目标、进度目标和质量目标。施工方的项目管理工作主要在施工阶段进行,但也涉及设计准备阶段、设计阶段、动用前准备阶段和保修阶段。施工项目管理的任务包括施工安全管理、成本控制、进度控制、合同管理、信息管理以及与施工有关的组织与协调。

(1)施工项目的管理者

施工项目的管理者是施工企业,建设单位和设计单位都不进行施工项目管理。一般地,施工企业不委托咨询公司进行施工项目管理。由业主单位或监理单位进行的工程项目管理中涉及的施工阶段管理仍属建设项目管理,不能作为施工项目管理。监理单位把施工单位作为监督对象,虽与施工项目管理有关,但不能作为施工项目管理。

(2)施工项目的管理对象

施工项目的管理对象是施工项目。施工项目管理的周期(即施工项目的生命周期)包括工程投标、签订工程项目承包合同、施工准备、施工以及交工验收等。施工项目具有多样性、固定性和庞大性的特点,其管理的主要特殊性是生产活动与市场交易活动同时进行,先有交易活动,后有"产成品"(工程项目),买卖双方都投入生产管理,生产活动和交易活动很难分开。因此,施工项目管理是对特殊的商品和生产活动,在特殊市场上进行的特殊交易活动的管理,其复杂性和艰难性都是其他生产管理所不能比的。

(3)施工项目的管理内容

施工项目管理的内容是在一个长时间进行的有序过程中按阶段变化的。每个工程项目都按建设程序及施工程序进行,从开始到竣工要经过几年乃至十几年的时间。随着施工项目管理时间的推移带来了施工内容的变化,因而也要求管理内容随之发生变化,如准备阶段、基础施工阶段、结构施工阶段、装修施工阶段、安装施工阶段、验收交工阶段等的管理内容差异很大。因此,管理者必须做出规划、签订合同、提出措施,进行有针对性的动态管理,并使资源优化组合,以提高施工效率和施工效益。

（4）施工项目的管理要求

由于施工项目生产活动的单一性,因此,产生的问题难以补救或虽可补救但后果严重。参与项目的施工人员在不断流动,需要采取特殊的流水方式进行,其组织工作量很大。露天施工工期长,需要的资源多。施工活动涉及复杂的经济关系、技术关系、法律关系、行政关系和人际关系等,导致施工项目管理中的组织协调工作最为艰难、复杂和多变,必须通过强化组织协调办法才能保证施工顺利进行。其主要强化方法包括:优选项目经理,建立调度机构,配备称职的调度人员,使调度工作科学化、信息化,建立动态控制体系。

（5）施工项目管理与建设项目管理的不同

施工项目管理与建设单位工程项目管理的区别见表1.1。

表 1.1　施工项目管理与建设单位工程项目管理的区别

区别特征	施工项目管理	建设单位工程项目管理
管理任务	生产出建筑安装产品,取得利润	取得符合要求的、能发挥应有效益的固定资产
管理内容	涉及从投标开始到交工为止的全部生产组织与管理维修	涉及投资周转和建设的全过程的管理
管理范围	由工程承包合同规定的承包范围,是建设项目、单项工程或单位工程的施工	由可行性研究报告确定的所有工程,是一个建设项目
管理主体	施工企业	建设单位或其委托的咨询监理单位

1.1.5　工程项目建设程序

《中华人民共和国建筑法》规定,工程项目要符合建设程序,因此工程项目管理的内容也是围绕建设的程序展开的。建设项目按照建设程序进行建设是社会经济规律的要求,是建设项目技术经济规律的要求,也是建设项目复杂性(环境复杂、涉及面广、相关环节多、多行业多部门配合)的要求。我国的工程项目建设程序分为6个阶段,具体介绍如下。

1）项目建议书阶段

项目建议书是业主单位向国家提出建设某一建设项目的建议文件,是对建设项目的轮廓设想,是对拟建项目的必要性及宏观的可能性加以考虑的。客观上,建设项目要符合国民经济长远规划,以及部门、行业和地区规划的要求。一个项目的成功是从策划开始的,在项目的立项建议书中就已经明确了项目的用途、规模、投资。

2）可行性研究阶段

项目建议书经国家有关部门批准后,紧接着应进行可行性研究。可行性研究是对建设项目在技术上和经济上(包括微观效益和宏观效益)是否可行所进行的科学分析和论证工作,是技术经济的深入论证阶段,为项目决策提供依据。此阶段是一个工程的关键环节,因为涉及项目的深入研究(尤其是方案比选),在功能策划、选址及建筑方案设计上可能出现风险,因此可行性研究阶段是必需的。

①可行性研究的主要任务是通过多方案比较,提出评价意见,推荐最佳方案。

②可行性研究的内容可概括为市场(供需)研究、技术研究和经济研究三项。具体来说,工业项目的可行性研究的内容包括:项目提出的背景、必要性、经济意义、工作依据与范围,需要预测和拟建的规模,资源材料和公用设施情况,建厂条件和厂址方案,环境保护,企业组织定员及培训,实际进度建议,投资估算金额和资金筹措,社会效益及经济效益等。在可行性研究的基础上,编制可行性研究报告。

③可行性研究报告经批准后,项目决策便完成,可立项进入实施阶段。可行性研究报告是初步设计的依据,不得随意修改和变更。如果在建设规模、产品方案、建设地区、主要协作关系等方面有变动,以及突破投资控制金额时,应经原批准机关同意。

按照现行规定,大中型和限额以上项目可行性研究报告经批准后,项目可根据实际需要组成筹建机构,即组织建设单位。但一般改、扩建项目不单独设筹建机构,仍由原企业负责筹建。

3)设计工作阶段

在完成方案设计后,项目一般要进行初步设计和施工图设计。对于技术比较复杂而又缺乏设计经验的项目,在初步设计阶段后可增加技术设计或扩大初步设计。

(1)初步设计

根据可行性研究报告的要求,做具体的实施方案,目的是阐明在指定的地点、时间和投资控制金额内,拟建项目在技术上的可能性和经济上的合理性,并通过对工程项目所做出的基本技术经济规定编制项目总概算。初步设计不得随意改变被批准的可行性研究报告所确定的建设规模、产品方案、工程标准、建设地址和总投资等控制指标。如果初步设计提出的总概算超过可行性研究报告总投资的10%或其他主要指标需要变更时,应说明其原因和计算依据,并报可行性研究报告原审批单位同意。

(2)技术设计

根据初步设计和更详细的调查研究资料,需要进一步解决初步设计中的重大技术问题,如工艺流程、建筑结构、设备选型及数量确定等,使建设项目的设计更具体、更完善、技术经济指标更好。

(3)施工图设计

施工图设计完整地表现了建筑物外形、内部空间分割、结构体系、构造状况,以及建筑群的组成和周围环境的配合,具有详细的构造尺寸。它还包括各种运输、通信、管道系统、建筑设备的设计。在工艺方面,应具体确定各种设备的型号、规格及各种非标准设备的制造加工图。同时,在施工图设计阶段应编制施工图预算。

4)建设准备阶段

(1)预备项目

初步设计已经批准的项目可列为预备项目。国家的预备项目计划是对列入部门、地方编报的年度建设预备项目计划中的大、中型和限额以上项目,经过从建设总规模、生产力总布局、资源优化配置及外部协作条件等方面的综合平衡后安排和下达的。预备项目在进行建设准备过程中的投资活动,不计算建设工期,统计上单独反映。

（2）建设准备的内容

建设准备的主要工作内容包括:

①征地、拆迁和场地平整。

②完成施工用水、电、路等工程。

③组织设备、材料订货。

④准备必要的施工图纸。

⑤组织施工招标投标,择优选定施工单位。

（3）报批开工报告

按规定进行建设准备和具备开工条件以后,建设单位要求批准新开工需经国家主管部门统一审核,然后编制年度大、中型和限额以上建设项目新开工计划并报国务院批准。部门和地方政府无权自行审批大、中型和限额以上建设项目的开工报告。

5）建设实施阶段

建设项目经批准新开工建设,项目便进入建设实施阶段,这是项目决策的实施、建成投产发挥投资效益的关键环节。新开工建设的时间是指建设项目设计文件中规定的任意一项永久性工程破土开槽（地基开挖）的日期,不需要开槽的,正式开始打桩的日期即开工日期。铁路、公路、水库等需要进行大量土、石方工程的,以开始进行土、石方工程日期作为正式开工日期。分期建设的项目可分别按各期工程开工的日期计算。施工活动应按设计要求、合同条款、投资预算、施工程序和顺序、施工组织设计,在保证质量、工期、成本计划等目标的前提下进行,达到竣工标准要求,经过验收后移交给建设单位。

在实施阶段还要进行生产准备,这是项目投产前由建设单位进行的一项重要工作,也是衔接建设和生产的桥梁,以及建设阶段转入生产经营的必要条件。建设单位应适时组成专门班子或机构做好生产准备工作。

生产准备工作的内容根据企业的不同而异,一般包括下列内容:

①组织管理机构,制订管理制度和有关规定。

②招收并培训生产人员,组织生产人员参加设备的安装、调试和工程验收。

③签订原料、材料、协作产品、燃料、水、电等供应及运输的协议。

④进行工具、器具、备品、备件等的制造或订货。

⑤其他必需的生产准备。

6）竣工验收交付使用阶段

当建设项目按设计文件的规定内容全部施工完成后,便可组织验收。它是建设全过程的最后一道程序,是投资成果转入生产或发挥作用的标志,也是建设单位、设计单位和施工单位向国家汇报建设项目的生产能力或效益、质量、成本、收益等全面情况及交付新增固定资产的过程。竣工验收对促进建设项目及时投产,产生投资效益及总结建设经验,都有重要作用。通过竣工验收,可以检查建设项目实际形成的生产能力或效益,也可避免项目建成后继续消耗建设费用。竣工验收后,建设项目便可交付使用,完成建设单位和使用单位的交易过程。

1.2　工程项目组织管理

1.2.1　工程项目施工与管理的概念

工程项目施工管理组织与企业管理组织不同,二者是局部与整体的关系。工程项目施工组织机构设置的目的是充分发挥项目管理职能,提高项目整体管理效率,从而达到项目管理的目标。因此,企业在推行项目管理的过程中,应合理地设置项目管理组织机构,这是工程项目施工管理成功的前提和保证。

1)组织的概念

组织是按照一定的宗旨和系统建立起来的集体,它是构成整个社会经济系统的基本单位。在管理学中组织有两层含义:一是作为名词出现,指组织机构(组织机构是按一定领导体制、部门设置、层次划分、职责分工、规章制度和信息系统等构成的有机整体,是社会、人的结合体,可以完成一定的任务,并为此而处理人和人、人和事、人和物关系的有机整体);二是指组织行为(活动),即通过一定权力和影响力,为达到一定目标,对所需资源进行合理配置,处理人和人、人和事、人和物关系的行为(活动)。组织的管理职能是通过这两层含义的有机结合而产生和起作用的。

2)工程项目组织的特点

工程项目组织是为实现工程目标而建立的项目管理工作的组织系统。它包括项目业主、承包商、供应商等管理主体之间的项目管理模式,以及管理主体针对具体工程项目所建立的内部自身的管理模式。

不同的工程项目具有不同的组织特点,但其具有如下基本共性。

(1)一次性的项目组织

工程项目组织是为了实现项目目标而建立的。因为工程项目是一次性的,所以,项目完成后,项目组织就解散。

(2)复杂的项目组织

工程项目的参与者多,且在项目中任务不同、目标不同,形成了不同组成形式的复杂的组织结构体系,但又是为了完成项目的共同目标,所以,这些组织应该相互适应。同时,工程项目组织还要与本企业的组织形式相互适应,这也增加了项目组织的复杂性。

(3)动态变化性的项目组织

项目在不同的实施阶段,工作内容不同、项目的参与者不同;同一参与者在项目的不同阶段任务也不同。因此,项目组织随着项目的进展发生阶段性动态变化。

(4)与企业组织关系紧密的项目组织

项目组织是企业组建的,它是企业组织的组成部分;同时企业是项目组织的外部环境,项目组织人员来自企业,并回归企业;企业的经营目标、企业的文化以及企业资源、利益的分配都影响到项目组织效率。

3) 工程项目施工组织与管理

工程项目施工阶段的组织与管理也可称为工程管理或施工组织与管理。建筑工程项目的实施结果是形成建筑产品,即各种建筑物(包括设备系统)、构筑物。进行这种生产需要有建筑工程材料、施工机具和具有一定生产经验和劳动技能的劳动者,并且需要把这些生产要素按照建筑施工的技术规律与组织规律,以及设计文件的要求在空间上按照一定的位置、在时间上按照先后的顺序、在数量上按照不同的比例合理地组织起来,让劳动者在统一的指挥下劳动,也就是由不同的劳动者运用不同的机具以不同的方式对不同的建筑材料进行加工。只有通过施工活动,才能建造出各种建筑产品,以满足人们生产和生活的需要。本书所讲的建筑施工组织工作是指施工前对生产诸要素的计划安排,其中包括施工条件的调查研究、施工方案的制订与选择等。这里所讲的建筑施工管理工作是就狭义而言的,仅指组织实施和具体施工过程中进行的指挥调度活动,其中也包括施工过程中对各项工作的检查、监督、控制、调节等。若就广义而言,通常建筑施工管理既包括上述施工管理,又包括施工组织所组成的全部建筑施工活动的内容。

为了教学和研究的方便,从理论上将建设项目管理过程从时间上划分为施工组织与施工管理两大部分。但在实践中一般不加区分,而统称为建筑管理或施工管理,甚至还可以直接称为项目管理。

1.2.2 工程项目组织管理

工程项目组织管理是指为进行项目管理、实现组织职能而进行的项目组织系统的设计与建立、组织运行和组织调整三方面工作的总称。

①工程项目组织系统的设计与建立,是指经过筹划、设计,建成一个可以完成项目管理任务的组织机构,建立必要的规章制度,划分并明确岗位、层次、部门的责任和权力,建立和形成管理信息系统及责任分工系统,并通过一定岗位和部门内人员的规范化的活动和信息流通实现组织目标。

②工程项目组织运行是指在组织系统形成后,按照组织要求各岗位和部门实施组织行为的过程。

③工程项目组织调整是指在组织运行过程中,对照组织目标检验组织系统的各个环节,对不适合组织运行和发展的各方面进行改进和完善。

对于建筑设备安装工程管理的组织形式而言,是工程项目管理形式之一,其组织机构实质是指工程项目的组织机构。

1.2.3 工程项目组织形式

工程项目组织形式是组织中各要素相互联结的框架形式。该形式按组织结构可划分为直线制、职能制、直线职能制、矩阵制、事业部制等;按项目组织与企业组织联系方式可划分为职能式、项目式、矩阵式等。本节主要介绍后一种划分形式。

1)职能式

职能式组织形式也称部门控制式组织形式,是按职能原则进行项目组织的。它是在不打乱企业现行建制的条件下,通过企业常设的不同职能部门组织完成项目,其他部门边发挥各自的职能边协助项目组织实现项目目标。这种组织形式如图1.1所示。

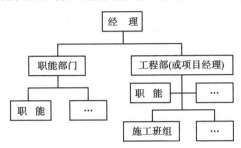

图1.1 职能式组织形式

①这种组织形式的主要优点是:将项目委托给企业某一部门组织,不需要设立专门的组织机构,所以项目的运转启动时间短,职责明确,职能专一,关系简单,便于协调;组织成员有长期的合作关系,人际关系协调容易,可以充分发挥人才的作用,项目经理无须专门培训即可进入状态。

②其主要缺点是:不能适应大型复杂项目或涉及多个部门的项目,局限性较大;原组织职能和项目工作要求差别较大时,需要较长的熟悉时间,不利于精简机构。这种组织形式一般适用于小型或单一的、专业性较强、不需要涉及许多部门的项目。

2)项目式

这种组织形式也称工作队式组织形式,是从现有组织中选拔项目所需要的各种人员,以组成项目组织。首先,由公司任命项目经理,再由项目经理负责从企业内部招聘或抽调人员组成项目管理班子,然后抽调施工队,组成工程队。所有项目组织成员在项目建设期间,中断与原部门组织的领导和被领导关系。

原单位负责人只负责业务指导及考察,不得随意干预其工作或调回人员。项目结束后撤销项目组织,所有人员回到原部门和岗位,如图1.2所示。

①这种组织形式的主要优点是:

a.项目经理权力集中,可及时决策,指挥方便,有利于提高工作效率。

b.项目经理从各个部门抽调或招聘的是项目所需要的各类专家,他们在项目管理中可以相互配合、相互学习、取长补短,有利于培养一专多能的人才并充分发挥其作用。

c.各种专业人才集中在一起,减少了等待或协调的时间,解决问题快、办事效率高。

d.由于减少了项目组织与企业职能部门接合部,协调关系减少,同时弱化了项目组织与企业组织部门的关系,减少或避免了本位主义和行政干预,有利于项目经理顺利开展工作。

②其主要缺点是:

a.各类人员来自不同的部门,具有不同的专业背景,缺乏合作经验,难免配合不当。

b.各类人员集聚一起,在同一时期内的工作量可能有很大的差别,容易造成忙闲不均,从而导致人才的浪费。对于专业人才,企业难以在企业内进行调剂,导致企业的整体工作效率降低。

　　c.项目管理人员长期离开原单位,离开他们所熟悉的工作环境,容易产生临时观念和不满情绪,影响工作积极性。

　　d.专业职能部门的优势无法发挥,由于同一专业人员分散在不同的项目上,相互交流困难,职能部门无法对他们进行有效的培训和指导,因此影响了各部门的数据、经验和技术积累,难以形成专业优势。

　　这种组织形式适用于大型项目、工期要求紧迫的项目,以及要求多工种多部门密切配合的项目。

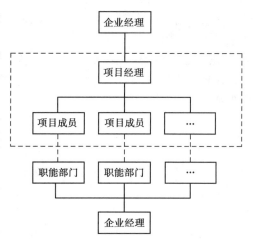

图 1.2　项目式组织形式

3)矩阵式

　　矩阵式项目组织形式是现代大型工程项目广泛应用的一种新型组织形式,它把职能原则和对象原则结合起来,既发挥了职能部门的纵向优势,又发挥了项目组织的横向优势,形成了独特的组织形式。从组织职能上看,以实施企业目标为宗旨的企业组织要求专业化分工,并且保持长期稳定,而一次性项目组织则具有较强的综合性和临时性。矩阵式项目组织形式能将企业组织职能与项目组织职能进行有机结合,形成一种纵向职能机构和横向项目机构相互交叉的"矩阵"形式,如图 1.3 所示。

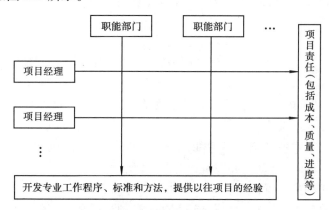

图 1.3　矩阵式组织形式

　　在矩阵式组织形式中,永久性专业职能部门和临时性项目组织同时交互起作用。纵向表示多重领导,因为从某种意义上说他们参加项目,只是"借"到项目上。一般情况下,部门负责人的控制力大于项目经理的控制力。部门负责人有权根据不同项目的需要和工作强度,将本部门专业人员在项目之间进行适当调配,使专业人员可以同时为几个项目服务,避免某种专业人才在一个项目上闲置而在另一个项目上又奇缺的现象,大大提高了人才的利用率。项目经理对参与本项目的专业人员有控制和使用的权力,当感到人力不足或某些成员不得力时,可以向职能部门请求支持或要求调换。在这种体制下,项目经理可以得到多个职能部门的支持,但为了实现这些合作和支持,要求在纵向和横向有良好的沟通与协调配合能力,以便对整个企业组织和项目组织的管理水平和工作效率提出更高的要求。

①这种组织形式的主要优点有:

a. 兼有职能部门制和工作队式两种组织形式的优点。它将职能原则和对象原则有机地结合起来,既发挥了纵向职能部门的优势,又发挥了横向项目组织的优势,解决了传统组织模式中企业组织和项目组织相互矛盾的难题,增强了企业长期例行性管理和项目一次性管理的统一性。

b. 能有效地利用人力资源。它可以通过职能部门的协调,将一些项目上闲置的人才及时转到急需项目上去,实现以尽可能少的人力实施多个项目管理的高效率,使有限的人力资源得到最佳的利用。

c. 有利于人才的全面培养。它既可以使不同知识背景的人在项目组织的合作中相互取长补短,在实践中拓宽知识面,有利于培养一专多能的人才,又可以充分发挥纵向专业职能集中的优势,使人才有深厚的专业训练基础。

②其主要缺点有:

a. 双重领导。矩阵式组织形式中的成员要接受来自横向、纵向领导的双重指令。当双方目标不一致或有矛盾时,当事人会无所适从;当出现问题时,往往会出现相互推诿、无人负责的现象。

b. 管理要求高,协调较困难。矩阵式组织形式对企业管理和项目管理的水平、领导者的素质、组织机构的办事效率、信息沟通渠道的畅通均有较高的要求。矩阵式组织形式的复杂性和项目接合部的增加,往往导致信息沟通量的膨胀和沟通渠道的复杂化,致使信息梗阻和信息失真的增加,使组织关系协调更为困难。

c. 经常出现项目经理的责任与权力不统一的现象。一般情况下,职能部门对项目组织成员的控制力大于项目经理的控制力,导致项目经理的责任大于权力,工作难以开展。项目组织成员受到职能部门的控制,所以凝聚在项目上的力量减弱,使项目组织的作用发挥受到影响。同时,管理人员兼管多个项目,难以界定管理项目的先后顺序,顾此失彼。

矩阵式组织形式主要适用于大型复杂项目公司(可同时承担多个项目);当公司对人工利用率要求高时,同样可适用。

1.2.4 工程项目施工组织与管理的任务

工程项目的施工过程包括十分复杂的工作内容,施工管理的根本目的就是在现有的条件下,合理组织施工,完成合同目标,为企业创造效益,为国家创造财富。工程项目施工组织与管理的基本任务包括:

①合理地安排施工进度,保证按期完成各项施工任务。

②有效地进行施工成本控制,降低生产费用,争取更多的盈利。

③采取严格的质量与安全措施,保证工程符合规定的标准与使用要求,保证生产人员的生命安全,杜绝各种质量事故和安全事故。

这三项任务是密切相关的,同时也是合同目标的要求。一般说来,合同目标要求往往表现为工程项目的短工期、低成本和高质量,同时达到三个目标的最佳要求,实际上只能是一种理

的需要;另一方面加快周转可以降低消耗、节约费用,以提高经济效益。物资管理的目的在于用最少的资金发挥最大供应效力。

4)物资的分类

施工企业生产所需要的物资种类繁多,这些物资在定额制订、经营使用、计划管理等方面各有不同特点,必须按照不同的标志,对各种物资进行分类。常用的分类方法有以下三种:

(1)按物资的自然属性和特点划分

①金属材料:包括黑色金属(钢材、生铁)及有色金属(铜管、镀锌钢板)等。

②非金属材料:包括木材、水泥、电工材料等。

③机电设备(产品):包括运输设备、机械设备等。

④配件:包括设备配件及各种安装机具配件。

(2)按物资的使用方向划分

①施工生产用和经营维修用。

②工艺准备用和技术改造用。

③科研试制用和基本建设用。

(3)按物资在生产中的地位和作用划分

按物资在生产中的地位和作用,可将其分为主要材料、辅助材料等。

1.3.2 进度管理

进度管理是项目管理中的一个重要环节。项目计划的编制在工程项目的招投标阶段以及中标授标之后的合同条件都要求承包商编制切实可行的"细化的施工进度计划"对工程进行详细的剖析。对于建设项目施工包括机电设备的施工,均要求制订出合理的进度计划,而进度的制定和管理有多种方式。其目的就是让项目组成员明确了谁该做什么工作和什么时间要完成工作。

编制合理的进度计划是进度管理的重要内容。目前,利用计算机软件进行进度计划的编制已经逐渐普及。利用软件对一个工程项目的所有任务做出精确的时间安排,同时还对完成任务所需要的原材料、劳动力、设计和投资进行分析和比较,在千头万绪的任务中找出关键的任务(关键线路)以及对任务做出合理的工期、人力、物力等资源的安排。这些信息通常使用的计算机进度软件主要有 ABT Project Workbench、Microsoft Project,Porject Scheduler 等。如使用 Microsoft Project 软件可以方便快捷地显示项目运行情况,可以输出进度横道图、逻辑网络图、资源直方图、费用曲线图及各种专项报告,同时可以用不同的色彩反映不同的进度,清楚地反映工程进度特征。对非关键线路上各项作业时差的变化及关键线路的变化等都可以一目了然,可以准确判断出工程进展是否达到预期目标。Project 提供了 Chart/Graph views,Sheet views 和 Forms 三类视图,在项目运行期间,通过在视图间切换就可以有选择地显示需要的信息,从不同侧面查看项目进度。对于作业数量大的复杂项目,可以应用过滤器只显示项目特定方面的信息。

总之,按照发展趋势看,目前尚存的仅采用人工进行进度计划编制的方法已经无法适应复杂工程的需求,最终将被各种智能软件替代。

1.3.3 项目的劳动管理

1)劳动管理及其内容

在社会化的生产条件下,社会产品不再依靠个体劳动者单独完成,而是许多工人和管理人员协作劳动的共同产品。因此,凡在社会化生产过程中所必需的人员,包括直接从事生产的工人和从事脑力劳动的工程技术人员、管理人员等,都是生产性劳动者,他们的劳动活动都是生产性劳动,而所有这些都是劳动管理的对象。

劳动管理包括有关劳动力和劳动的计划、决策、组织、指挥、监督、协调等工作。这些工作的总和称为劳动管理,其核心问题是最合理地、有效地组织劳动力和劳动。

劳动管理的主要内容包括编制劳动定额、编制定员、改善劳动组织、加强劳动纪律和劳动保护等。广义的劳动管理还应包括工资和奖金管理、职工培训的内容,这些统称为劳动人事(工资)管理。

2)劳动管理的任务和目的

劳动管理的任务,一般概括为三大项:

①充分发掘劳动资源,提高职工队伍的思想文化水平,合理配备和使用劳动力。

②不断调整劳动组织和生产中的分工协作关系,降低劳动消耗,提高劳动生产率。

③正确贯彻社会主义物质利益原则和按劳分配原则,恰当处理国家、企业、项目经理部和劳动者的利益关系,充分调动全体职工的劳动积极性和创造性。

通过劳动管理工作所要达到的主要目的是不断提高劳动生产率。此处的劳动生产率,具体指完成一定的工程量与所消耗的劳动量(劳动时间)的比值。

3)劳动定额及其在施工项目管理中的作用

(1)劳动定额的含义

在正常生产条件下,为完成单位产品(或工作)所规定的劳动消耗数量标准即劳动定额。劳动定额包括时间定额和产量定额。

生产单位合格产品(或完成一项工作)所必需的标准时间称为时间定额。单位时间内完成的合格产品的标准数量称为产量定额。时间定额和产量定额互为倒数关系。

(2)劳动定额的作用

劳动定额是标准的劳动生产率,是衡量劳动效率高低的尺度,是劳动管理工作的基础。劳动定额的作用表现在以下几个方面:

①劳动定额是企业制订计划的基础。施工企业编制生产计划、财务计划、工资计划以及项目作业计划都要以劳动定额为依据。

②劳动定额是合理地、科学地组织生产劳动的依据。例如,安排施工力量、施工进度、签发工程任务、进行班组核算等,都要以劳动定额为依据。要组织施工生产,首先要按照劳动定额计算出用工量和所需劳动力人数,然后才能对所需劳动力和施工进度做出合理部署和调整。合理确定劳动定额,还可以挖掘生产潜力。

③劳动定额是考核评判工人劳动贡献的标准,也是实行按劳分配的标准。一个工人完成生产任务情况如何,首先要把实际完成的工作量与定额相比较,按照完成定额的情况计算劳动报酬。

④劳动定额是项目成本管理和经济核算的基础。

4)劳动定员

劳动定员是指为了保证生产活动的正常进行,必须配备的各类人员的数量和比例。它是一种科学用人的数量与质量的标准。

(1)劳动定员的作用

①劳动定员的作用是项目生产能力的决定性要素之一。对于工程项目的施工,目前大部分是劳动密集型生产,机械水平低,手工操作比重大,所以项目的定员数量,决定项目的工期和进度。

②劳动定员是组织项目均衡生产、合理用人的依据之一。要根据定员合理地安排施工进度及其他工作,防止人浮于事和窝工浪费。

(2)劳动定员的构成

按劳动分工和工作岗位不同,项目施工生产可由下列人员构成:

①生产工人:直接从事项目施工活动的人员。

②学徒工:在熟练工人指导下,在生产劳动中学习技术,享受学徒待遇的人员。

③工程技术人员:从事工程技术工作,有工程技术能力和职称的人员。

④管理人员:从事行政、组织、财务、事务等一般管理工作和政治工作的人员。

⑤服务人员:服务于职工生活或间接服务于生产的人员。

⑥其他人员:由项目经理部发给工资,但与项目生产基本无关系的人员。

(3)定员计算方法

定员水平取决于多种因素,由于各类人员工作性质不同,因而对各类人员必须分别采取不同的计算方法。

①按劳动定额定员:适用于有定额的工作。其计算方法为:

$$定员人数 = \frac{各工种每一个工作班所需完成的工程量}{相应工程一个工作班工人产量定额 \times 正常出勤率}$$

②按施工机械设备定员。其计算方法为:

$$定员人数 = \frac{必需的设备台数 \times 每台设备开动班次}{工人看管定额 \times 正常出勤率}$$

③按岗位定员。按生产设备本身所必需的操作看管岗位和工作岗位的数目,来确定定员人数。

④按比例定员。根据职工总数,或按照某一类人员数量的一定比例确定定员人数。例如,普通员工可按技术工人比例定员。

⑤按组织机构职责分工定员。根据各个机构承担的任务以及内部分工需要,考虑职工业务能力来确定定员人数。这适用于工程技术人员和管理人员的定员。

编制定员时,应注意各类职工的合理搭配比例,防止比例失调,以免影响施工生产的正常进度。

5) 项目工资管理

（1）分配原则

工资和奖金是职工物质利益的体现,其分配原则是按劳分配,正确处理企业、项目经理部和职工三者的关系,实行多劳多得,奖勤罚懒,不劳不得。具体有以下几个方面:

①在发展生产和提高劳动生产率的基础上,逐步增加职工收入,改善职工生活。

②统筹兼顾,全面安排企业、项目、个人三者利益。

③坚持按劳分配,反对平均主义。

④坚持与工作效果、劳动成果挂钩。

⑤注意按劳分配与精神奖励相结合。

（2）工资形式

①项目岗位职务工资:由项目经理对不同职务和岗位的劳动者根据其职责大小,工作技能和复杂性的不同,所自行确定工资等级标准的工资形式。

②奖励和津贴:奖励和津贴在职工收入中的比例较大,是项目职工工资的补充。

③计时工资加奖金:按劳动者的技术熟练程度、劳动繁重程度和工作时间长短来计算劳动报酬。

④计件工资:按完成合格产品或作业量,用预先规定的计件单位来计算劳动报酬。

⑤浮动工资:与企业的经营成果和个人的劳动贡献挂钩,并随之上下浮动的工资形式。

思考题

1.1　在实际工程中,工期成本,质量应如何进行协调? 试举例说明。

1.2　在工程项目管理中,应如何做好物资供应?

1.3　分析劳动定额在施工管理过程中的作用。

2

暖通空调、燃气系统

2.1 概 述

不同功能的现代建筑所对应的建筑设备系统不一样。但无论何种建筑,其建筑设备系统均是以下系统的组合:

①供电配电系统:包括高压配电系统、低压配电系统、变压器、应急发电机组、直流电源、不停电电源设备。

②照明系统:包括公共照明、室外照明、广告照明、泛光照明、工作照明、事故照明。

③环境控制系统:包括创造室内环境的通风空调系统以及给排水系统。

④消防监控系统:包括火灾自动报警、自动灭火控制、消防联动控制、防排烟系统、紧急广播。

⑤安全防范系统:包括入侵报警、电视监控、出入口控制、巡更管理、停车场管理。

⑥交通运输系统:包括电梯、扶梯、停车场、车辆管理系统。

⑦广播系统:包括室外公共广播系统、室内公共广播系统,主要作用为背景音乐播放、通知、报警、疏散等。

⑧燃气供应系统:包括燃气管路系统、附属阀件、燃气用具等。

以上系统按照建筑设备工程系统进行分类,可以分为四大类:暖通空调系统、建筑燃气输配系统、建筑电气系统、建筑给排水系统。本章主要讲述暖通空调、燃气系统。

在现代建筑中,以上功能并非必须全部具备。在建筑设备管理中,只有充分了解建筑的功能,才能对建筑设备系统进行更好的设计、安装、运行管理。

2.2 空调系统

空气调节的目的在于提供良好的室内空气环境,即根据季节变化提供合适的空气温度、相对湿度、气流速度、空气洁净度和新鲜度,以满足建筑物内人员的舒适性要求或生产科研的工艺性要求。现代建筑,集中空调系统的应用越来越普及。根据室内要求的不同,夏季供冷、冬季供热。对于冷热源设备,能够进行供冷的冷源有水冷机组、吸收式冷水机组、风冷冷水机组等。能够进行供热的热源设备有锅炉、吸收式(冷)热水机组、热泵机组等。由于建筑使用功能不同,其末端系统可以分为半集中式系统和全空气系统。

2.2.1 冷热源设备

不管是何种末端系统,其冷热源系统均可以进行不同方式的组合。如果是仅要求夏季供冷,则可以选用普通水冷机;如果需要冬夏空调,则应考虑多种冷热源方案的组合。

对于普通的冷水机组,其功能是为末端空调设备提供冷冻水。按照压缩机类型的不同,对于大型机组,主要分为三种类型:活塞式、螺杆式和离心式冷水机组。一般来说,冷水机组将压缩机、蒸发器、冷凝器和节流机构及辅助设备组装在一起,构成一个整体设备。因此,用户只需在现场连接电气线路和外接水管,即可投入使用。下面就三种类型的机组进行介绍。

1)按压缩机类型分类

(1)活塞式冷水机组

冷水机组中以活塞式压缩机为主机的称为活塞式冷水机组。活塞式冷水机组根据所配压缩机组的数量不同,有单机头和多机头活塞式冷水机组两种形式。活塞式冷水机组具有结构紧凑、占地面积小、安装快、操作简单和管理方便等优点。活塞式冷水机组主要以氟利昂系列制冷剂为制冷工质,也有采用氨作为制冷剂的。制冷量范围为 35 ~ 580 kW。图 2.1 为活塞式冷水机组外形。图 2.2 为活塞式冷水机组流程系统图。

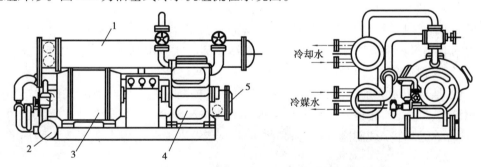

图 2.1　活塞式冷水机组外形图

1—冷凝器;2—汽-液热交换器;3—电动机;4—压缩机;5—蒸发器

(2)螺杆式冷水机组

以各种类型的螺杆式压缩机为主机的冷水机组,称为螺杆式冷水机组。它是由螺杆式制冷压缩机、冷凝器、蒸发器、节流装置、油泵、电气控制箱及其他控制元件等组成的组装式制冷系统。螺杆式冷水机组具有结构紧凑、运转平稳、操作简便、冷量无级调节、体积小、质量轻及占地面积小等优点,在一些工厂、医院、宾馆等单位的环境降温、空气调节系统中使用,尤其是在负荷不大的高层建筑物进行制冷空调更能显示其独特的优越性。图 2.3 为螺杆式冷水机组外形。

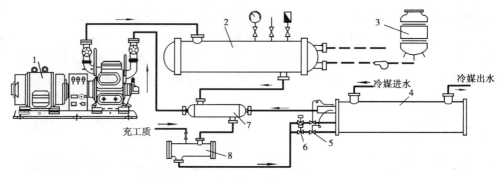

图2.2　活塞式冷水机组系统图

1—压缩机组;2—冷凝器;3—冷却水塔;4—干式蒸发器;5—热力膨胀阀;
6—电磁阀;7—汽-液热交换器;8—干燥过滤器

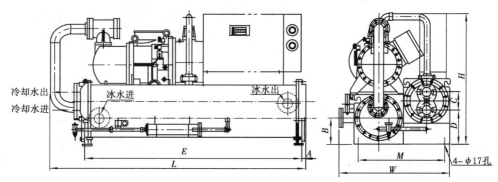

图2.3　螺杆式冷水机组外形图

（3）离心式冷水机组

以离心式制冷压缩机为主机的冷水机组,称为离心式冷水机组。根据离心压缩机的级数,目前使用的有单级压缩离心式冷水机组和双级压缩离心式冷水机组。部分生产厂家已经研发了磁悬浮、气悬浮等离心冷水机组在工程上应用。其核心技术是通过不同悬浮技术结合离心式机械原理,实现机组无油润滑、超高转速,从而显著提高机组能效。离心式冷水机组适用于大中型建筑物,如医院、宾馆、剧院、办公楼等舒适性空调制冷,以及纺织、化工、仪表、电子等工业厂房所需的生产性空调制冷,也可为某些工业生产提供工艺用冷水。图2.4为离心式冷水机组外形。

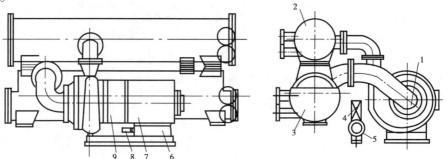

图2.4　离心式冷水机组外形

1—压缩机;2—冷凝器;3—蒸发器;4—滤油器;5—油冷却器;6—油箱;7—电动机;8—油泵;9—增速箱

2）冷热源一体化设备

对于需要冬季供暖和夏季供冷的工程中,其冷热源的搭配方式有多种:利用冷水机组夏季供冷、利用锅炉进行冬季供暖;通过制冷剂系统的转换,采用空气源和水源(环)热泵机组进行冬夏空调;利用溴化锂冷热水机组进行冷暖空调。

（1）空气源冷(热)水机组

以空气作为低位冷热源的冷热水机组,称为空气源热泵。由于在夏季采用空气进行冷却,省去了冷却塔及冷却水系统,安装简单、方便;当采用热泵冬季运行时,利用的是大气中的自然能,具备较高的能源利用效率。而热泵型冷(热)水机组能够进行冬、夏供冷、供热,尤其适用于我国长江流域冬季湿度不高的区域。图2.5为空气源热泵冷(热)水机组的制冷剂流程图。

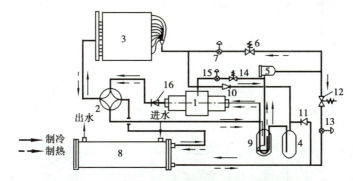

图2.5　空气源热泵冷热水机组的制冷剂流程图

1—双螺杆压缩机;2—四通换向阀;3—空气侧换热器;4—储液器;5—干燥过滤器;

6,12,14—电磁阀;7—制热膨胀阀;8—壳管式水侧换热器;9—汽-液分离器;

10,11,16—止回阀;13—制冷膨胀阀;15—喷液膨胀阀

（2）变频多联空调机组

一个室外机通过制冷剂管道与多个室内机连接组成的多联系统在实际工程中也〔〕应用。该系统仍然是空气源热泵的一种形式。多联机的制冷剂为载热/冷介质,其〔〕凝器、压缩机和其他制冷配件组成的室外机,末端装置是由直接蒸发式蒸发器和〔〕内机。一台室外机通过管路能够向若干室内机输送制冷剂液体以电子膨胀阀为核心,〔〕装在制冷管道上它能根据各个室内机负荷的大小控制供液量。图2.6为多联户式中央空〔〕统原理简图。

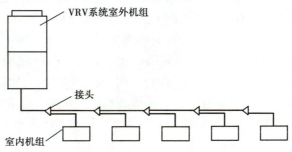

图2.6　多联户式中央空调系统原理简图

以上两种机组均能够为冬季和夏季空调的场所提供冷热源。由于这两种空气源热泵的制冷剂循环系统均和空气进行冷热交换,空气的热容量远低于水的热容量,因此单机机组的容量一般不大,在供冷条件下其效率要低于水冷机组。

(3)水源(环)热泵机组

水源热泵机组可以分为两种方式:一种是水-空气机组,另一种是水-水机组。水-空气机组,可以分为两类:当采用室外机与室内机完全对应的方式,可以称为水源热泵;而当室外机连接多个室内机时,称为水源多联机。对于这两种水-空气型的水源热泵机组,可以利用冷却塔进行辅助供冷、锅炉进行辅助供热,也可以采用可再生能源(地埋管、地表水等)结合成为更为高效的系统。而水-水机组,主要用于冷热量较大的大型热泵系统,利用可再生能源作为低位冷热源,是水源热泵机组的优势。

对于水环热泵,根据室外机与室内机的组合方式,可以分为一体式和分体式(也称分离式)两种应用形式。分体式水环热泵结构分为外机组(含压缩机、换热器、控制器)和空气处理机组(含风机、空气侧盘管、空气过滤器、控制器)。安装时可将空气处理机组直接安装在使用空调的房间内,而外机组则放在卫生间等其他房间,从而降低了使用房间的噪声水平。而机组内侧换热器采用高效换热技术,压缩机选用高效旋转式或涡旋式,机组制冷能效比(EER)可达5.54,具有较高的节能效果。图2.7为分体式水源热泵机组安装图,图2.8是其外形图。

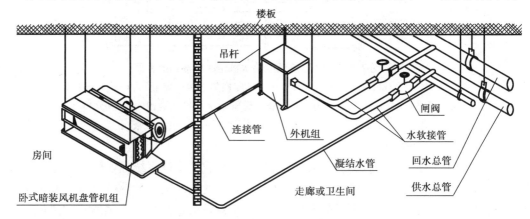

图2.7 分体水源热泵机组安装图

注:当无走廊或卫生间时,外机组可置于房间吊顶内

利用岩土、地表水或地下水作为系统低位冷热源,通过水源热泵机组构成的系统是一种能源利用效率高的热泵系统,其系统形式统称为地源热泵系统。其机组基本原理如图2.9所示。利用岩土作为低位冷热源,以地埋管作为岩土换热器,与水源热泵机组连接的系统,称为地埋管地源热泵系统(也称为大地耦合热泵);采用地表水作为低位冷热源的系统,可以称为地表水地源热泵系统。根据利用地表水利用形式的不同,可以分为开式地表水地源热泵系统和闭式地表水地源热泵系统,如图2.10所示。开式地表水地源热泵系统应用中注意取水水泵的扬程需要控制在一定的范围内,以利于整体系统的节能。而对于闭式地表水地源热泵系统,主要的问题在于水下换热器安装受限,导致其系统应用的场景远低于开式地表水地源热泵系统。两种系统应用形式均需注意水体的适应性以及对生态环境的影响。

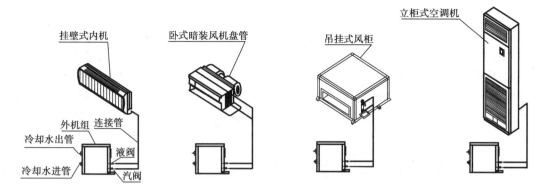

（a）水冷分离式挂壁机 （b）水冷分离式风机盘管机组 （c）水冷分离吊挂式风柜 （d）水冷分离立柜机

图2.8 分体式水源热泵机组外形图

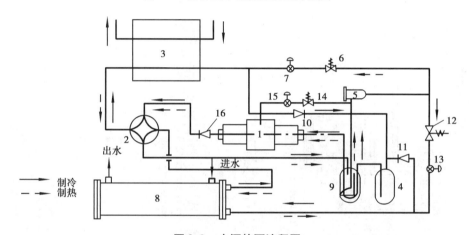

图2.9 水源热泵流程图

1—双螺杆压缩机;2—四通换向阀;3—水侧换热器;4—储液器;5—干燥过滤器;
6—电磁阀;7—制热膨胀阀;8—壳管式水侧换热器;9—汽-液分离器;
10,11,16—止回阀;12,14—电磁阀;13—制冷膨胀阀;15—喷液膨胀阀

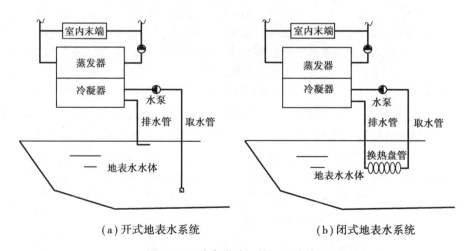

（a）开式地表水系统 （b）闭式地表水系统

图2.10 地表水地源热泵系统简图

（4）吸收式冷热水机组

吸收式冷热水机组主要靠消耗热能完成制冷和制热功能,如图2.11所示。机组常用的工质对为溴化锂-水工质对(其中水为制冷剂,溴化锂为吸收剂)。吸收式冷热水机组的主要热源为蒸汽、天然气、油等。在大型余热排放且需要空调的场所可以采用蒸汽型溴化锂吸收式冷水机组,而有天然气、油等能源的区域可以采用直燃型溴化锂吸收式冷水机组。吸收式冷热水机组由高压发生器、低压发生器、冷凝器、蒸发器、吸收器、溶液泵、溶剂泵等组成,如图2.11所示。

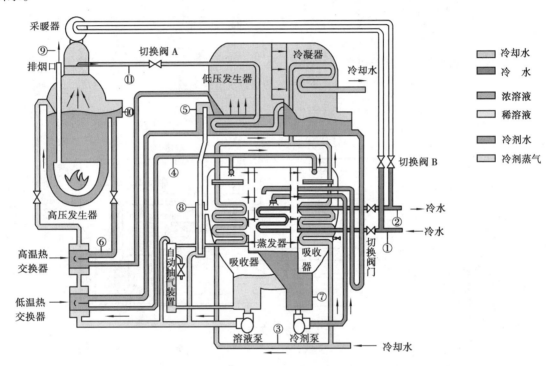

图2.11　吸收式冷热水机组

1—冷水进口温度(C,I);2—冷水出口温度(C,I,t);3—冷却水进口温度(C,I,A);
4—浓溶液喷淋温度(C,I);5—低发浓溶液温度(C,I);6—高发中间浓度溶液温度(C,A,I);
7—蒸发温度(I,A);8—溶晶管温度(I,A);9—排烟温度(I,A);10—高发液位(C,I);
11—高发压力(A,I)

说明:图注中C表示控制,A表示报警,I表示显示

直燃型溴化锂吸收式冷水机组能同时或单独实现制冷、制热及提供卫生热水三种功能。因此,应用初期在医院等需要冬夏空调以及卫生热水的场景中得到了广泛的应用。但是,使用过程中要注意三种负荷的匹配。溴化锂吸收式冷水机组是一种节电但并不一定节能的设备,在缺电而其他能源充足的地区采用该设备是一种可行的技术方案。

但需要注意的是,天然气、油等化石能源的使用,在"双碳"目标下应用受到一定的限制,目前主要在有工业余热等免费热源的场景应用。

3) 独立热源设备——锅炉

采用普通的冷水机组,冬季不能进行供热,这时可以考虑采用锅炉(锅炉是常见的热源)。

在民用建筑中,主要的热源设备为燃油、燃气型热水锅炉。由于环保以及管理等因素的制约,燃煤锅炉逐渐被上述两种燃料的锅炉替代。在具备天然气条件下的地区应优先选用燃气锅炉,这主要基于环保、安全及安装运行管理方便等原因。

燃油和燃气型锅炉按照提供出口介质状态的不同,可以分为蒸汽锅炉、热水锅炉、汽-水两用锅炉。蒸汽锅炉可以直接提供蒸汽,同时也能够利用汽-水换热器提供热水。因此,在功能复杂的建筑中(如宾馆),既要为厨房提供蒸汽,又必须为客房提供空调热水,使用蒸汽锅炉较为方便。按照锅炉工作方法的不同,可以分为常压热水锅炉和真空热水锅炉。其中,常压锅炉按照换热原理不同,可以分为直接式常压锅炉和间接式常压锅炉。由于间接式常压锅炉相比直接式常压锅炉可以承受系统压力而不受位置的限制,因此其使用条件更为广泛。图2.12为锅炉结构示意图。

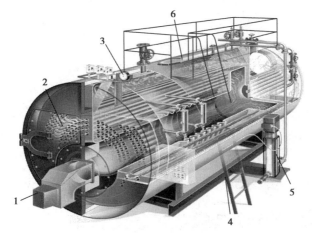

图2.12　锅炉结构示意图
1—燃烧机;2—换热器;3—压力表;4—控制柜;5—补水泵;6—人孔

目前,在"双碳"目标下,与直燃型溴化锂吸收式冷水机组相似,采用化石能源的锅炉在民用建筑中受到了极大的限制。但在工业领域,高压蒸汽锅炉仍然发挥着较大的作用。在民用建筑既有环控热源改造中,若对原有燃油或燃气锅炉进行更新,采用绿电(发电来自可再生能源)作为能源的电锅炉将有较大的应用空间。

2.2.2　半集中式空调系统

宾馆类建筑和高层多功能综合楼的客房部分、办公部分、餐厅或娱乐厅中的贵宾房部分等,由于空调房间较多,且各房间要求单独调节,故大多采用半集中式空调系统,即风机盘管加独立新风系统。风机盘管空调器不仅布置灵活,而且每台可单独控制,较易适应建筑物内显热负荷波动时的调节作用,如图2.13所示。

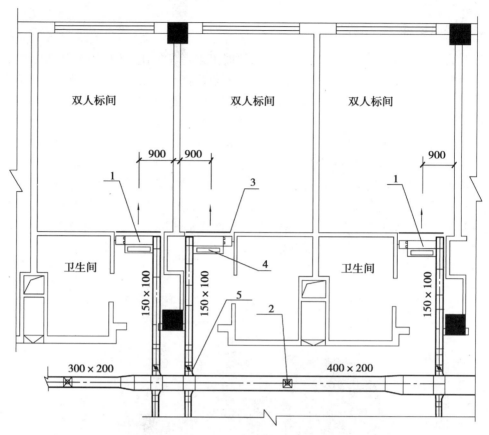

图 2.13　宾馆标准层空调布置示意图

1—风机盘管;2—散流器;3—双层百叶送风口;4—单层百叶回风口;5—新风调节阀

1)风机盘管加独立新风系统的组成

(1)空气处理设备

风机盘管和新风机属于非独立式空调器,主要由风机、肋片管式水-空气换热器和接水盘组成。新风机还设有粗效空气过滤器。风机盘管是空调系统中使用最广泛的末端设备之一,风机盘管安装图示例如图 2.14 所示。

风机盘管是风机盘管空调机组的简称。其电动机多为单相电容调速电动机,可以通过调节电动机的输入电压使风量分为高、中、低 3 挡,因而可以相应地调节风机盘管的供冷(热)量。从结构形式看,风机盘管有立式、卧式、柱式和天花板式(卡式)等;从外表形式来看,可分为明装和暗装两大类;从风机压头大小来看,风机盘管分为普通型和高静压型两种。随着技术的进步和人们对空调要求的提高,风机盘管的形式仍在不断发展,功能也不断丰富,如兼有净化与消毒功能的风机盘管、自身能产生负离子的风机盘管等。

风机盘管分散设置在各空调房间中,根据房间大小可设一至多台。明装的多为立式,暗装的多为卧式,便于和建筑结构配合。暗装的风机盘管通常吊装在房间顶棚上方。风机盘管机组的压头一般很小,通常出风口不接风管。若由于布置安装上的需要必须接风管时,也只能接一段短管,否则应选用高静压型风机盘管。风机盘管侧送风的水平射程一般小于 6 m。风机

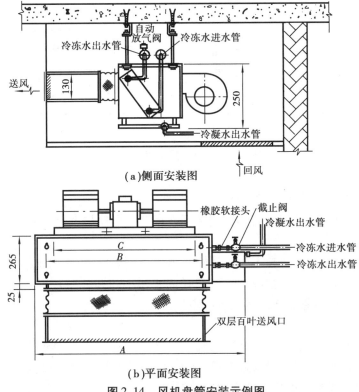

（a）侧面安装图

（b）平面安装图

图2.14　风机盘管安装示例图

盘管也可以通过风管上的散流器送风。

新风机一般是集中设置的,它专门用于处理并向各房间输送新风。经新风机处理的新风,通常设计为相对湿度 $\varphi=90\%\sim95\%$,焓与室内空气设计状态焓相等的状态。新风是经管道送到各空调房间去的,要求新风机具备一定的压头。

系统规模较大时,为了调节控制、管道布置和安装及管理维修的方便,可将整个系统分区处理,如按楼层水平分区或按朝向垂直分区等。有分区时,新风机宜分区设置;系统规模较小、不分区时,可整个系统共用一台或几台新风机。

新风机有落地式和吊装式两种,宜设置在专用的新风房内。为节省占用的建筑面积,可以不设专用的新风机房,而是将新风机吊装在便于采集新风和安装维修的地方(如走廊尽头顶棚的上方等)。

房间新风的供给方式有两种:一种是通过新风送风干管和支管将新风机处理后的新风直接送入房间内,风机盘管只处理和送出回风,吸收室内余热余湿,让两种风在房间内混合。这种方式称为新风直入式,如图2.15(a)所示。另一种是新风支管将新风送入风机盘管回风箱,让经过新风机处理后的新风和回风先混合,再经风机盘管处理送入房间,如图2.15(b)所示,这种方式称为新风串接式。若新风处理后的焓值已等于室内空气设计状态的焓,这两种方式的风机盘管均不承担新风负荷,但串接式应考虑较大的送风量。

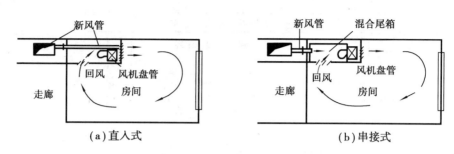

图 2.15　房间新风的供给方式

（2）回风设施

明装的风机盘管可直接从机组自身的回风口吸入回风。暗装的风机盘管，由于通常吊装在房间顶棚上方，所以应在风机盘管的顶棚上开设百叶回风口加过滤网采集回风。

（3）排风设施

若房间大多设有卫生间，可在卫生间顶棚装顶棚式排风扇，各房间排风汇集于排风干管后用排风机排至室外。对不设卫生间的空调房间（如普通小间办公室），应在空调房间的适当位置开设排风口并用和排风管相连的排风机向室外排风。

（4）冷热源设施

风机盘管和新风机都是非独立式的空调器，其换热器必须通过冷水或热水才能使空气冷却去湿或加热加湿。因此，风机盘管加新风机的系统必须有供应冷水和热水的设备，前述的冷热源设备均可以为空调器提供相应的冷源或热源。

（5）冷热水输送设施

冷热源设备生产的冷热水必须经冷（热）水泵加压后，由供水管送至风机盘管和新风机。流经各种非独立式空调器的换热盘管的冷（热）水，在使空气冷却去湿（或加热加湿）后，水温将升高或降低，应再经回水管循环回冷热源设备被重新冷却降温至所需的冷水供水温度或加热升温至所需的热水温度，以使冷（热）水可循环使用，并减少能耗。因此，冷热源设备需用供回水管和冷（热）水泵、非独立式空调器的换热器盘管串接组成闭式的冷（热）水系统。对夏季只用冷水、冬季只用热水的空调系统，水泵及供、回水管是通过季节切换交换使用的，即双水管系统，这是目前广泛应用的空调水循环系统。对于全年温湿度要求严格的空间，可以采用冷热水管独立的水系统，即四管制系统。

（6）排放冷凝水设施

风机盘管加新风机通常都是在湿工况下工作，它们的接水盘都应连接一定坡度的凝结水管，以便将表冷器上的凝结水及时排放。

（7）控制系统

冷热源机房内应分隔出专用的控制室，在控制室内设配电屏及总控制台，以对各种电动设备进行远程监测与控制。

通常情况下，冷热源机组以及循环水泵等附属设备在设计时均相互备用，即形成两套以上既独立运行又相互切换的系统。各设备既可手动运行，又可自动整套投入运行。在任一设备发生故障时，整套设备应能联锁，并可通过手动切换组成新的系统。

新风机回水管路上设电动二通阀（比例调节），由新风感温器根据新风温度自动控制阀门的开度,调节流经新风机换热器盘管的水量。

风机盘管控制器设在每个房间内,它包括控制风机转速的三挡开关和感温器。风机盘管回水管上设电动二通阀(双位调节),由室温变化自动控制阀的开闭。此外,各子系统或分区的供、回水干管上都应设手动截止阀,以便控制和检修。

2)风机盘管加独立新风系统的分区

当建筑物的规模较大时,可根据调节控制、管道布置和安装及管理维修等目标,分区设置风机盘管加独立新风系统。

风机盘管加独立新风系统,既可按楼层水平分区,又可按朝向垂直分区。按楼层分区时,视一层空调规模大小,可将一层分为一个区或几个区。每一分区的供水和回水干管是水平布置的,并与竖向的供回水总管相连。按垂直分区时,每一分区的供水和回水干管是竖向布置的,并与水平的供水和回水总管相连接。对于超高层建筑,可以利用避难层作为设备层进行垂直分区,供应设备层上下楼层服务的区域。每段的供水和回水总管水平布置在设备层中。

2.2.3 集中式空调系统

我国民用建筑中舒适性中央空调所采用的集中式空调系统一般为一次回风集中式空调系统。一次回风集中式空调系统是指单风管、低速、一次回风与新风混合、无再热的定风量集中式空调系统。

面积很大的单个房间,或者室内空气设计状态相同、热湿比和使用时间也大致相同,且不要求单独调节的多个房间(如办公大楼、写字楼等),通常采用一次回风集中式空调系统。

一次回风集中式空调系统的特点:一是设有专用的空调机房,集中处理空气(包括取自室外的新风和室内的回风);二是设有送风管道,将集中处理后的空气输送到各送风口,送入空调房间。这种系统的规模可大可小,高层或大型建筑可采用,中小建筑也可采用。当建筑中空调面积很大,或采用集中式系统的不同区域(如不同楼层或同一楼层的不同房间)的使用功能不同时,常需要分区设置集中式系统。

1)一次回风集中式空调系统的组成

(1)空气处理设备

空气处理设备,按照是否自带冷热源进行分类,分为独立式空调器和非独立式空调器。常用于厂房、大型展览馆类建筑的直膨胀式空气处理机组,是集冷热源循环系统、空气处理装置等一体设备,就是典型的独立式空调器。而大部分建筑,建筑环控系统有独立的冷热源,其空调处理设备即为非独立式空调器。

非独立式空调空气设备主要分为柜式空调器和组合式空调器。柜式空调器的使用场所非常广泛,如商场、大型餐厅等。对于空气品质有严格要求的场所,如电子车间、纺织车间等,则应该采用组合式空调器。将风机、换热盘管及过滤网组装在一个箱体内,构成柜式空调器,主要有落地式和吊顶式等形式。其出风量一般在 2 000 ~ 30 000 m^3/h,可承担某一空调区的负荷及空气处理,也可作为新风机使用。图 2.16 为柜式空调器外形结构图。

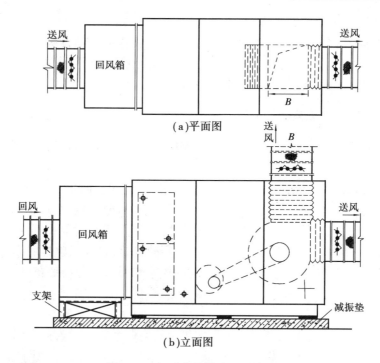

图 2.16　柜式空调器外形结构图

组合式空调器是一种由制造厂家提供预制功能段,可实现多种空气处理功能,并可以在现场进行组装的大型空调设备。组合空调器使用冷热水或蒸汽为媒质,通过设在机组内的过滤器、热交换器、喷水室、消声器、加湿器、除湿器热回收器和风机等设备,完成对空气的过滤、加热、冷却、加湿、去湿、消声、热回收、喷水、新风处理和新风混合等。具有这些功能的箱体所组成的工业或民用空气调节机组可称为装配式空气调节机组。图 2.17 为组合式空调器各处理段示意图。

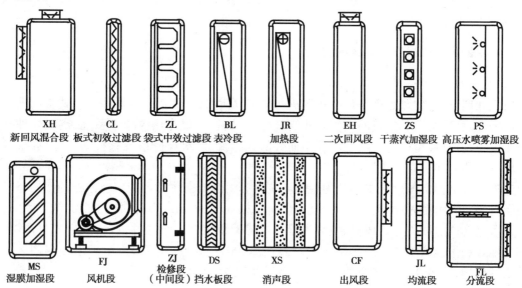

图 2.17　组合式空调器示意图

集中式系统的空调机应设在专用的空调机房内。空调机房的位置应尽量邻近由它承担送风的空调,并便于采集新风、回风和布置管道。对采用集中式系统的单个空调面积较大的房间(如餐厅、商场、大型会议室等),若无相邻房间作空调机房时,可在空调房间内部合适的地方设置空调机房。

独立式空调器的冷凝器,若为风冷式的,则设在室外;若为水冷式的则设于室内,并用管道将冷凝器冷却水管和冷却水泵、冷却塔串联成冷却水循环系统。冷却塔置于室外,冷却水泵置于室内和室外均可。风冷冷凝器或冷却塔都应尽量靠近机房,设置在通风条件较好、距离污染源(如烟囱)较远,并处于污染源上风的地方。目前,大部分独立式空调器均为一体式,即所有相关附属设备全部在一个设备中,方便安装与运行管理。但需要注意的是该设备需安装在室外。若条件限制,无法安装在室外,则需要具备与设备运行相适应的通风条件。

空调机的接水盘应连接水管,及时将表冷器表面的冷凝水排放至排水管道中。

(2)送风设施

集中式系统用送风干管和支管将空调机出口与空调房间的各种空气分布器(如侧送风口、散流器等)相连,向空调房间送风。风机出口处宜设消声静压箱,各风管应设风量调节阀。

(3)回风设施

对单个采用集中式系统的空调房间,若机房相邻或间隔在房间内部时,可在空调房间与机房的间墙上开设百叶式回风口,利用机房的负压回风。若集中式系统向多个房间送风,或不便直接利用机房间墙上安装回风口回风时,应在各空调房间内设置回风口,通过回风管与机房相连采集回风。必要时,可在回风管道中串接管道风机保证回风(需注意防止噪声)。

(4)排风设施

空调房间一般保持不大于50 Pa的正压。若门窗密封性差,或开门频率高,门上又不设风幕机时,可利用门窗缝隙渗漏排风。空调房间的门窗一般要求具有较好的密封性,可根据需要在房间外墙上布设带有活动百叶的挂墙式排风扇排风;或者开设排风口连接排风管,用管道式风机向室外集中排风。

(5)采集新风设施

有外墙的空调机房,可在外墙上开设双层可调百叶式新风口,利用机房负压直接采集新风。若机房无外墙,则需敷设新风管串接管道风机从室外(包括与室外相通的竖井)采集新风。

(6)调节控制装置

除空调机自身已配有的控制装置外,还应根据需要装配其他调节控制器件与电路。例如,采用水冷式冷凝器的独立式空调机,应装设控制冷却水泵、冷却塔风机和压缩机开停顺序(包括必要的延时)的联锁保护和控制电路;非独立式空调机,需在空调房间设挂墙式感温器,并在空调机表面式换热器回水管路上设可按比例调节的电动二通阀,以根据室温变化自动调节流经换热器的冷热水流量。

2)一次回风集中式空调系统的分区设置

(1)面积较大的房间

对于一间面积较大的空调房间,由于一台空调机能供给的风量、冷量或热量和风机的机外

余压有限,往往需要设置几台空调机,让每台空调机只负责向房间的一部分区域送风。这种情况下分区应考虑:

①与防火分区力求一致。

②管道布置方便。

③采集新风和回风方便。

对于分区设置,若采用大风量的空调机,则噪声较大,同时由于风管截面积也较大,会影响吊顶安装高度。另外,大风量的空调机和风量对等的多台空调机价格不同。因此,实施中需要综合考虑技术与经济性,合理进行分区设置。

(2)同一楼层有几个不同功能的大面积房间

若同一楼层有餐厅、商场、展览厅和大堂等,它们的室内空气设计状态、热湿比和使用时间不尽相同,所以应按房间的使用功能分区设置集中空调系统。宾馆式建筑和大型多功能综合楼,其大堂往往是 24 小时开放的,最好能独立设置空调系统。

(3)按楼层分区设置系统

当使用功能不同的大面积房间分别布置在不同楼层时,如果能够采用集中式空调系统,则可按楼层分区设置集中式空调系统。对于高层建筑,新风空调机组或新风风机通常设置在专用的设备层内。如果某层的空调面积太大,还可再划分小区设置系统;如果每层采集新风有困难,可在屋面设置新风空调机组或新风风机统一采集新风,再通过竖向布置的新风管道分送至各层空调机房。

2.3 供暖系统

在暖通空调系统中,供热是指向建筑提供热量,包括向房间提供暖气和卫生热水,而供暖特指向房间提供暖气。本节所涉及的供暖系统具体是指除末端设备为空调设备的其他供暖系统。在严寒地区、寒冷地区及夏热冬冷地区,冬季为房间提供热量的主要是供暖系统。按照供暖方式的不同,可以分为热媒介质供暖系统、电供暖系统、燃气供暖系统。

2.3.1 热媒介质供暖系统

随着热泵技术的发展,目前供水温度 60 ~ 100 ℃ 的高温热泵完全可以进行供暖,并已经实际应用。在既有建筑中,常用热源的热媒系统供暖为锅炉。对于采用区域集中供暖的地区,大型燃煤锅炉(小型燃煤锅炉已经被其他清洁能源方式代替)仍大量存在。不管是何种热源方式,在供暖系统中的末端设备主要为散热器、辐射板及暖风机等,其热媒一般为蒸汽或热水。

散热器通过其壁面,主要以对流和辐射传热的方式向房间传热。散热器的主要类型为:按其材质分,主要有铸铁、钢制散热器两大类;按其结构形式分,主要有柱型、翼型、管型、平板型等。散热器的优点主要是安装价廉,维护工作量少。

钢制辐射板是利用钢管或铸铁管的水路连接到辐射表面,板的背面隔热以减少后面的辐射。其优点是无移动部件,需要很少的维护工作,可装在温度较高或较低的地方。其缺点是必须安装在一定的高度以上(如高于头顶较多),以避免强烈的辐射。所以,钢制辐射板主要应用于高大工业厂房,也用于大空间的民用建筑,如商场、体育馆、展览馆、车站等。

暖风机是由通风机、电动机及空气加热介质组成的联合机组。加热介质可利用蒸汽或热水。风机可采用轴流式或离心式。其优点有:100%的对流换热,是比较经济的供暖方式之一;反应快,入口可设新风过滤。其缺点是必须对每台暖风机单独供电。图2.18为离心式暖风机示意图。

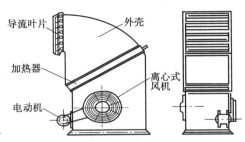

图2.18　离心式暖风机示意图

目前,低温辐射供暖是一种舒适度高的供暖方式。供暖管道安装在辐射表面的里面,如顶棚、墙面或地板内。其主要形式为地板辐射供暖或墙面、顶板辐射供暖。由于低温辐射供暖的介质温度要求在 30 ~ 60 ℃,比散热器规定的高温热水低35 ~ 65 ℃,因此既可以利用城市集中供热系统,又可以利用可再生能源实现供暖、供冷的技术优势。低温辐射供暖不需要传统散热器,使供暖房间整洁,同时低温辐射供暖给人以脚暖头凉的感觉,这种感觉与对流传热形成的头热脚凉的感觉相比,满足人体的舒适度的温度可以低1 ~ 3 ℃。因此,在采用低温辐射供暖的室内,较低的温度即可达到对流供暖的人体舒适度效果。低温辐射供暖的辐射传热方式与对流方式加热室内空间相比,可降低热损耗、提高热效率,热稳定性好,缺点是初次达到供暖设计温度的时间较长。低温辐射供暖系统的结构一般包括以下几个部分:支撑体(混凝土地板或墙面)、保温层、供暖管道、保护层和覆盖层,如图2.19所示。

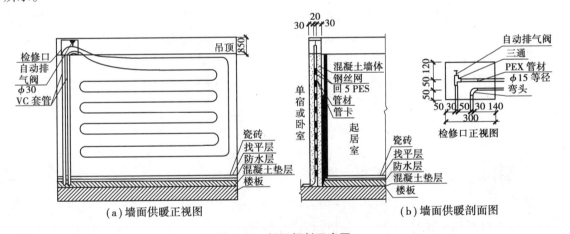

(a)墙面供暖正视图　　　　　　　(b)墙面供暖剖面图

图2.19　低温辐射示意图

2.3.2　电供暖系统

电供热设备被安装在需要加热的空间,输入电功率按照一定效率转化成室内热量。我国应用较多的主要有高温辐射加热系统和低温辐射加热系统。

高温辐射加热系统利用高温状态下发射红外线进行供暖,其辐射表面温度在500 ℃以上。由设在抛光反射器前面的高温元件组成,元件可以是石英或金属护皮电热丝(高达900 ℃)或石英晶体灯(高达2 000 ℃)。其优点是反应迅速,很少维护;其缺点是必须安装在一定的高度以免局部高强度辐射,如高过头部等。

低温辐射加热系统的加热元件通常有电热膜、加热电缆、电热板等。电暖铺设非常灵活,可单独安装局部区域。通过科学的供暖设计和精确的温控器调节,可使电暖的实际运行成本大幅度降低。

低温辐射电热膜供暖系统以电热膜为加热体,配以独立的恒温控制器组成。电热膜是一种电阻式电热片,可安装在顶棚上、墙壁中、地板下的绝热层和装饰板之间。它可以卷曲,并可以长期工作在 130 ℃ 以下。

加热电缆供暖系统主要由碳纤维加热电缆线、温控器、电缆等组成。加热电缆的使用范围非常广泛,除可作为民用建筑的辐射供暖外,还可用作蔬菜水果仓库等的恒温、农业大棚和花房内的土壤加温、草坪加热、机场跑道、路面除冰、管道伴热等。

电热板由纯电阻电路构成的电热元件与特制的材料组成,使用时配以温控器,可以顶棚安装、地板安装、墙壁或墙裙安装、蓄热式地下敷设安装等。

以上方式均是以红外线直接对人、地板和其他物质表面进行供暖。当红外线辐射一个物体表面或地板时,红外线能量能被转化成热量,地板变成一个巨大的低温辐射发射器。辐射温差决定辐射能量传递的速率。在许多安装应用中,地板温度将会比环境温度高出 5 ~ 10 ℃。在房间供暖过程中,冷空气流过地板表面,增加暖空气的对流,同时暖空气在室内上升。冷空气在一个持续的循环中被热空气所取代,在建筑内空气温度逐渐升高,最终形成舒适的环境。

2.3.3 燃气红外线辐射供暖系统

燃气红外线辐射供暖的工作原理为:燃烧天然气、液化天然气或液化石油气,加热辐射金属管、板或陶瓷板,使其产生辐射为供暖区供暖。燃气辐射器金属管中平均温度为 180 ~ 550 ℃,其辐射供暖效率可达 90% 以上。

在敞开或半敞开的场地供暖,燃气辐射器有较好的优越性,能实现完全自动化工作,具有调节灵活,热惰性小,无效热损失少,可减少悬浮灰尘和其他有害物,工作无噪声,安装工期短等优点。

2.4 通风、防排烟系统

通风系统严格来说是一个广义的概念。空调系统中的风系统实际也是一种通风系统。一般情况下,将无温度湿度调节设备的机械送排风系统称为通风系统。通风系统具备满足卫生条件以及建筑安全两种服务功能。一个完整的通风系统由风机、管道、阀门、送风口、排烟口、隔烟装置及风机、阀门与送风口或排风口的联动装置等组成。本节重点介绍通风系统的主要设备。

2.4.1 风机

风机是通风系统中的主要设备。送、排风系统中,主要采用轴流风机、混流风机、离心风机等通风机;排烟系统中采用的排烟风机则宜采用能保证在 280 ℃ 时连续工作 30 分钟的离心风机。近年生产的轴流式高温排烟专用风机,在应用上具有更多的灵活性。

1)离心式通风机

离心式通风机主要由叶轮、机壳、进风口、出风口及电机等组成。如图 2.20 所示,风机的机壳为一个对数螺旋线形蜗壳,叶轮上有一定数量的叶片,叶片根据气流出口的角度不同分为向前弯、向后弯或径向的叶片,叶轮固定在轴上由电机带动旋转。

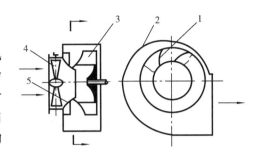

图 2.20 离心式通风机简图
1—叶片;2—机壳;3—叶轮;
4—导流器;5—集流器

气体经过进气口轴向吸入,然后气体约折转 90°流经叶轮叶片构成的流道间,而蜗壳将叶轮甩出的气体集中、导流,从通风机出口或出口扩压器排出。当叶轮旋转时,气体在离心风机中先为轴向运动,后转变为垂直于风机轴的径向运动,当气体通过旋转叶轮的叶片间时,由于叶片的作用,气体随叶轮旋转而获得离心力。在离心力的作用下,气体不断地流过叶片,叶片将外力传递给气体而做功,气体则获得动能和压力能。

离心式通风机按压力区分,分为低压($H \leqslant 1\ 000$ Pa)、中压($1\ 000 < H \leqslant 3\ 000$ Pa)、高压($H > 3\ 000$ Pa)。

2)轴流式通风机

在轴流式通风机中,空气是沿轴向流过风机的,装有叶片的叶轮安装在圆风筒内,另有一个钟罩形入口,用来避免进风的突然收缩。当叶轮由电机带动旋转时,空气由钟罩形入口(集流器)进入叶轮,在叶片的作用下空气压力增加并沿轴向流动,至排出口排出。

轴流风机的叶片通常采用机翼型的,也有圆弧薄板型的。有些风机叶片的安装角度是可以调整的,调整叶片安装角度可改变风机的性能。

轴流式通风机产生的风压没有离心通风机那样高,但可以在低压下输送大量的空气。轴流通风机产生的噪声通常比离心通风机要高。

轴流式通风机按压力分,可分为低压($H \leqslant 500$ Pa)、高压($H > 500$ Pa)。

3)混流式通风机

混流式通风机的叶轮轮毂和主体风筒之间的气流通道的子午截面尺寸为圆锥形(图 2.21),气流在子午面中获得加速。因此,混流式通风机又称为子午加速轴流通风机。混流式通风机兼有轴流式和离心式通风机的优点。

4)筒形离心风机

筒形离心风机(又称管道离心风机,图 2.22)采用具有后弯式叶片的离心风机叶轮,将排出的气流通过轴向出口输出。这种风机的特点为:结构简单,无蜗壳;气流方向与叶轮轴心相同,装置所占空间较小;性能曲线平坦,风压比轴流风机和多叶前向离心风机高;噪声较低。

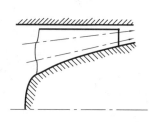

图 2.21　混流式通风机气流通道

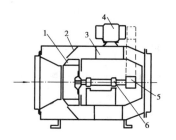

图 2.22　筒形离心风机
1—叶轮;2—挡板;3—导叶;
4—电机;5—皮带轮;6—轴承

2.4.2　附属配件

在通风系统中,阀门起到调节风量并在排烟过程中关断风路的作用;风口起到分配风量的作用。常用的风阀有对开多叶调节阀、插板阀、防火阀等。常用的风口有单、双层百叶风口、自垂百叶、电动排烟风口等。其中,防火阀和电动排烟风口是建筑消防防排烟系统中重要的配件。这类阀门相比普通通风系统的控制阀门,存在结构复杂、控制复杂的特点。因此,本节重点介绍与消防相关的附属配件。

1)防火阀

防火阀主要应用在送风系统上,发生火灾时起到自动关断送风系统的作用,并可以连锁关断送风机。控制方式分为两类,即远程电动控制及原位 70 ℃温度反馈控制。原位温度控制的防火阀工作原理是利用易熔合金的温度控制,利用重力作用和弹簧机构的作用关闭阀门。新型产品中亦有利用记忆合金产生形变使阀门关闭的。防火阀门按其是否有风量调节功能,可分为防火阀和防火调节阀等多种结构。图 2.23 为重力式防火阀构造图。

2)排烟风口

排烟风口实际分为两类,若排烟风口面板与排烟阀合在一起的装置,称为电动排烟口;而若在排烟系统中,排烟阀与排烟风口(百叶风口)分开,其风口也称为排烟风口。这两类装置,均称为排烟风口。其作用是火灾发生时,与排烟风机联动进行排烟。不管是哪一类排烟风口,其关键部件就是排烟阀,具备输入与输出信号功能,与整体消防控制系统联动。

排烟风口安装在风管或土建风道上的烟气入口处。按照排烟控制区域,排烟阀一般处于关闭状态。只有在发生火灾时才根据火灾烟气扩散蔓延状态予以开启。开启动作可手动或自动,手动又分为就地操作和远距离操作两种。自动也可分为烟(温)感电信号联动(烟感器作用半径不大于 10 m)和温度熔断器动作两种。温度熔断器动作温度通常为 280 ℃。排烟口动作后,可通过手动复位装置或更换温度熔断器予以复位,以便重复使用。图 2.24 为排烟口构造图。

排烟口有板式和多叶式两种。板式排烟口的开关形式为单横轴旋转式,其手动方式为远距离操作装置。多叶式排烟口的开关形式为多横轴旋转式,其手动方式分为就地操作和远距离操作两种。

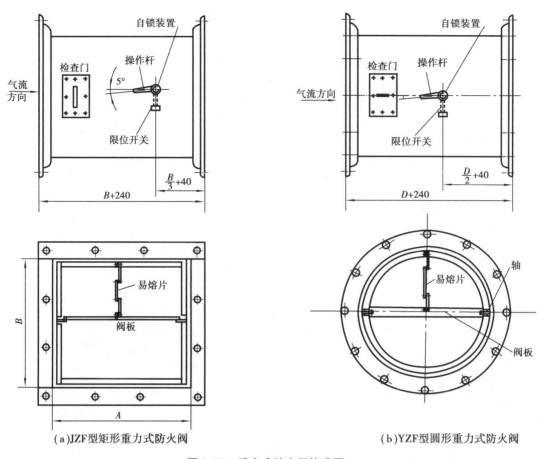

（a）JZF型矩形重力式防火阀　　　　（b）YZF型圆形重力式防火阀

图2.23　重力式防火阀构造图

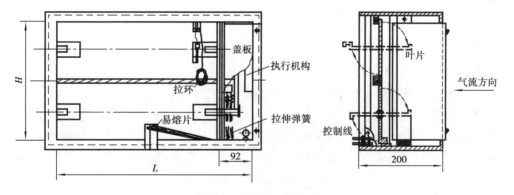

图2.24　排烟口构造图

2.5　燃气系统

建筑燃气系统是根据各类用户对燃气用量及压力的要求,将燃气由城市燃气管网(或自备气源)输送到建筑内各燃气用具的燃气管道、燃气设备等形成的系统。建筑燃气系统的构成,随城市燃气系统的供气方式及供气对象的不同而不同。

2.5.1 居民生活燃气系统

居民生活燃气系统按用户引入管的输气压力大小可分为低压引入系统和中压引入低压供气系统;按引入管的敷设方式可分为地上引入、地下引入和室外立管引入系统。

1)低压引入系统

低压引入系统是指庭院内的低压燃气管道直接进入楼栋内,经室内燃气管道系统将低压燃气供应居民生活用户。如图2.25所示,用户引入管1从楼前低压燃气管道将燃气引入室内,再经立管4、水平干管5和用户支管6,将燃气输送到各楼层的居民厨房,通过灶具连接管9将燃气输入燃气灶具。在用户支管上安装燃气表7对燃气用量进行计量。引入管末端应安装总控制阀对管道系统的供气进行控制。此外,还应设用户控制阀和灶具控制阀。室内燃气管道系统的控制阀一般采用球阀,也可采用旋塞阀。图2.25所示的引入管敷设方式为地上引入,即引入管在建筑物外墙垂直伸出地面,在距室内地面一定高度的位置引入室内,北方冰冻地区,冰冻线以上的引入管应做保温处理。

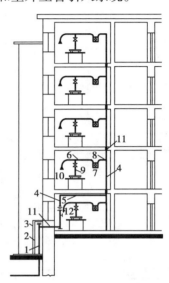

图2.25 低压引入系统管道系统

1—用户引入管;2—砖台;3—保温层;4—立管;
5—水平干管;6—用户支管;7—燃气计量表;
8—表前阀门;9—燃气灶具连接管;10—燃气灶;
11—套管;12—燃气热水器接头

2)中压引入低压供气系统

中压引入低压供气系统是指庭院内的中压燃气管道敷设至楼前或直接引入楼栋内,经调压箱(或调压器)调至低压,再经室内燃气管道输送至居民生活用户。根据调压箱(调压器)的安装位置,又分楼栋调压箱式和中压直接引入式。

(1)楼栋调压箱式

楼栋调压箱式的中压引入低压供气系统,如图2.26所示。埋地敷设的中压庭院支管1与设在楼栋前或悬挂固定在楼栋外墙上的调压箱2入口侧相连接,燃气经调压箱内的调压器3调至低压后,经调压箱出口侧的低压燃气管道系统4,引入管5将低压燃气引入室内,由燃气立管6输送到各楼层的居民生活用户。图中7为安全阀,8为放散管。一般情况下,一个用户引入管上设置一个调压箱,也可以多个用户引入管设置一个调压箱,调压箱的供气能力应视用户数量而选定。

(2)中压直接引入式

中压直接引入式的中压引入低压供气系统,如图2.27所示。中压庭院支管的燃气经引入管1直接引入室(楼)内,在中压引入管末端设置用户调压器(或调压箱)4,低压燃气经室内低压燃气管道系统5输送至楼栋内各居民生活用户。图中2为总控制阀,3为活接头,引入管敷设方式为地下引入,即引入管在地下穿建筑物外墙后垂直伸出室内地面。

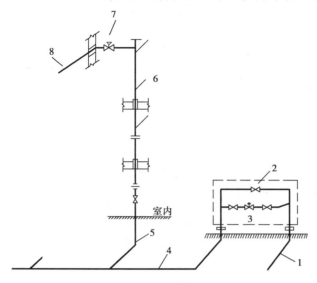 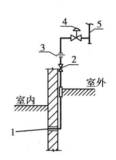

图 2.26 楼栋调压箱式管道系统
1—支管;2—调压箱;3—调压器;4—燃气管道;
5—引入管;6—立管;7—安全阀;8—放散管

图 2.27 中压直接引入式管道系统
1—引入管;2—总控制阀;3—活接头;
4—用户调压器;5—室内管道系统

3)室外立管引入供气系统

这种燃气管道系统是将立管沿楼栋外墙垂直布置,从立管上接出水平支管穿外墙直接进入各楼层的居民厨房,即用户引入管代替用户支管。这种燃气管道系统构造简单,便于施工维修,供气安全。

4)液化石油气的钢瓶供应系统

对于具有区域性集中汽化站的液化石油气供应,可以采用上述燃气管道系统。液化石油气的主要供气方式是采用钢瓶向居民生活用户供气,有单瓶供应和双瓶供应两种方式。

(1)单瓶供应

如图 2.28 所示,燃气灶具置于厨房内,钢瓶可放在厨房内,也可置于紧邻厨房的阳台或室外,但燃具和钢瓶等不允许安装在卧室内,没有通风设备的走廊,以及地下室或半地下室内。耐油胶管长度不得大于 2 m。用户使用时应密切注意胶皮管是否损伤以及调压器、燃具、钢瓶等接头的严密性。钢瓶应与燃具、采暖炉等保持 1 m 以上的距离。

(2)双瓶供应

如图 2.29 所示,一个钢瓶供气,另一个钢瓶备用。若两个钢瓶中间的调压器具有自动切换功能,一个钢瓶的液化石油气用完后能自动接通备用钢瓶。室外钢瓶最好置于不可燃材料制作的柜(箱)内。双瓶供应方便用户,提高了液化石油气利用率。

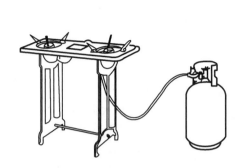

图 2.28 液化石油气单瓶供应

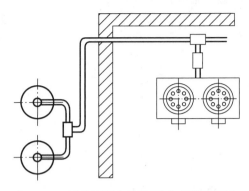

图 2.29 液化石油气双瓶供应系统示意图

2.5.2 公共建筑燃气系统

公共建筑燃气系统主要负责向公共建筑提供燃气供应。公共建筑燃气系统不仅是城市基础设施的重要组成部分,也是保障城市公共生活正常运行的关键设施。

1) 燃气管道系统

公共建筑用户一般采用低压引入供气系统和中压引入低压供气系统。由于公共建筑用户一般为一个燃气管道系统供应一户,所以各部分管道的布置和作用与居民生活用户的管道系统略有区别。图 2.30 为小型公共建筑燃气管道平面及系统图,用户引入管 2 与燃气表 3 直接连接,当燃气表的额定流量大于 40 m^3/h 时,一般应设旁通管 4,燃气经水平干管 5,燃气炉具连接管 6、炉前阀 7,燃烧器控制阀 8 送至燃烧器 9(或 10、12)。系统中应设点火装置和熄火保护装置。对于多楼层的燃气管道系统,可以设立管将燃气输送至各楼层。

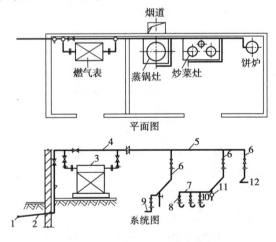

图 2.30 小型公共建筑燃气管道平面图及系统图
1—庭院管道;2—用户引入管;3—燃气表;
4—燃气表旁通管;5—水平干管;6—炉灶连接管;
7—炉前开关;8—燃烧器控制阀;9—接蒸锅灶;
10—接炒菜灶;11—点火开关;12—接饼炉

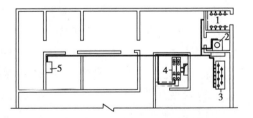

图 2.31 液化石油气瓶库的燃气管道平面图
1—液化石油气瓶库;2—大锅灶
3—炒菜灶;4—西餐灶;5—烤炉

2) 液化石油气瓶库燃气管道系统

利用液化石油气钢瓶对公共建筑用户供燃气时,因用户的用气量大,需建立储气瓶库,以瓶库为气源,通过管道系统将燃气输送至公用燃气炉灶。液化石油气瓶库又称为瓶组站,当钢瓶的液化石油气总容量不超过 1 000 L 时,可设在用户建筑物的专用库房内(图2.31),否则应将瓶组设于专用的单独建筑物内,单独建筑物与其他建筑物应保持一定的防火距离。

钢瓶在瓶库内可单排布置,也可双排布置,但应分清使用瓶组和备用瓶组。当使用瓶组用完后送至液化气灌瓶厂灌装时,备用瓶组改为使用瓶组,两组相互交替。钢瓶之间用管道连接,两组之间的管道末端连接调压器,将气相液化石油气压力降至低压送至各燃气炉灶,调压器最好具有自动切换功能。

瓶库内应有直接通往室外的门窗,室温为 5 ~ 45 ℃,具有良好的通风条件,建筑结构及电器设备等应符合防火防爆要求。

2.5.3 高层建筑燃气系统

1) 普通高层建筑燃气管道系统

普通高层建筑燃气管道系统应考虑 3 个特殊问题。

(1) 补偿高层建筑的沉降

高层建筑物自重大,沉降量显著,易在引入管处造成破坏,可在引入管处安装伸缩补偿接头以消除建筑物沉降的影响。伸缩补偿接头有波纹管接头、套筒接头和软管接头等形式。

(2) 克服高程差引起的附加压头的影响

燃气与空气密度不同时,随着建筑物高度的增大,附加压头也增大,而民用和公共建筑燃具的工作压力是有一定的允许压力波动范围的。当高程差过大时,为了使建筑物上下各层的燃具都能在允许的压力波动范围内正常工作,应采取相应措施以克服附加压头的影响。

(3) 补偿温差产生的变形

高层建筑燃气立管的管道长、自重大,需在立管底部设置支墩。为了补偿由于温差产生的胀缩变形,需将管道两端固定,并在中间安装吸收变形的挠性管或波纹管补偿装置。

2) 超高层建筑燃气管道系统

对于建筑的高度超过 60 m 的超高层建筑,除了考虑在普通高层建筑上采用的措施以外,还应注意以下问题:

①为防止建筑沉降或地震及大风产生的较大层间错位破坏室内管道,除了立管上安装补偿器以外,还应对水平管进行有效的固定,必要时应在水平管的两固定点之间设置补偿器。

②建筑中安装的燃气用具和调压装置,应采用粘接的方法或用夹具予以固定,防止地震时产生移动,导致连接管道脱落。

③为确保供气系统的安全可靠,超高层建筑的管道安装,在采用焊接方式连接的地方应进行100%的超声波探伤和100%的 X 射线检查,检查结果应达到Ⅱ级片的要求。

④在用户引入管上设置切断阀,在建筑物的外墙上还应设置燃气紧急切断阀,保证在发生

事故等特殊情况时随时关断。燃气用具处应设立燃气泄漏报警器和燃气自动切断装置,而且燃气泄漏报警器应与自动燃气切断装置联动。

⑤建筑总体安全报警与自动控制系统的设置。

2.5.4　燃气压力调节设备

燃气供应系统的压力工况是利用调压器来控制的。调压器的作用是将较高的入口压力调至较低的出口压力,并根据燃气需用量的变化自动保持其出口压力为定值。

调压器按作用方式分为直接作用式和间接作用式两种。直接作用式调压器只依靠敏感元件(薄膜)所感受的出口压力的变化移动调节阀门进行调节,敏感元件即传动装置的受力元件,使调节阀门移动的能源是被调介质。间接作用式调压器燃气出口压力的变化使操纵机构(如指挥器)动作,接通能源(外部能源或被调介质)使调节阀门移动,间接作用式调压器的敏感元件和传动装置的受力元件是分开的。

按用途或使用对象可分为区域调压器、专用调压器及用户调压器。按进出口压力分为高高压、高中压、高低压,中中压、中低压调压器,低低压调压器等。

建筑燃气系统常用的调压器一般为直接作用调压器,常用的有液化石油气减压器、用户调压器(箱)、区域调压柜等。

1)液化石油气减压器

常用的 YJ-0.6 型液化石油气减压阀是一种小型家用调压设备,如图 2.32 所示。它直接连接在液化石油气钢瓶的角阀上,流量在 $0 \sim 0.6 \ m^3/h$,能保证有稳定的出口压力,工作安全可靠。这种减压器属于高低压调压器,其技术性能进口压力为 $20 \sim 1\ 000$ kPa,出口压力为 2.8 kPa,关闭压力为 3.5 kPa,使用温度为$-20 \sim +50$ ℃。

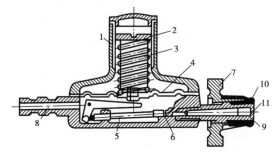

图 2.32　YJ-0.6 型液化石油气减压阀
1—壳体;2—调节螺丝;3 调节弹簧;4—薄膜;5—横轴;6—阀口;
7—手轮;8—出口;9—入口;10　胶圈;11—滤网

2)用户调压器(箱)

用户调压器(箱)适用于集体食堂、饮食服务行业、用量不大的工业用户及居民点,可以将用户和中压管道直接连接起来,便于进行"楼栋调压",属于用户调压器,如图 2.33 所示。该调压器可以安装在燃烧设备附近的挂在墙上的金属箱中,也可作为楼栋调压安装在箱式调压装置中。

3)调压柜

调压柜如图2.34所示,该调压设备可将净化、调压器、计量、记录等装置安装于金属柜中,具有区域调压站的调压和计量的功能,占地面积小,外形美观,安装维护方便的优点,可作为居民小区(庭院)、大型公共建筑、直燃设备等用气量大的用户调压设备。

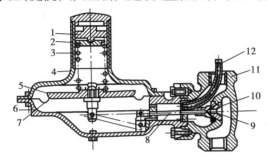 

图2.33　用户调压器　　　　　　　　　　　图2.34　调压柜

1—调节螺丝;2—定位压板;3—弹簧;4—上体;5—托盘;6—下体;
7—薄膜;8—横轴;9—阀垫;10—阀座;11—阀体;12—导压管

2.5.5　燃气计量设备

燃气计量表主要用于燃气流量测量,一般是测量体积流量。常用的测量仪表有容积式流量计、速度式流量计、差压式流量计、涡街式流量计等。建筑燃气系统常用的燃气计量设备是容积式流量计。

建筑燃气系统常用的燃气计量仪是膜式计量表,实物图如图2.35所示。膜式表的结构为装配式,外壳多用优质钢板压制成型,采用粉末热固化涂层,阀座及传动机构选用优质工程塑料,铝合金压铸机芯,合成橡胶膜片。该计量表具有结构简单,计量容积稳定,使用寿命长,便于维修等优点。膜式表除用于民用户计量外,也适用于燃气用量不大的公共建筑用户和工业用户。

图2.35　燃气膜式计量表

2.5.6　燃气用具

1)居民生活用燃气用具

居民生活用燃气用具包括单眼灶、双眼灶、烤箱灶、热水器等,随着燃气工业的发展和居民生活水平的提高,燃气饭煲、燃气火锅、液化石油气旅行灶、家用燃气烤箱、燃气辐射采暖炉、燃气冰箱、燃气空调等居民生活用新型燃气器具应运而生。家用燃气灶实物图如图2.36所示,燃气快速热水器实物图如图2.37所示。

图 2.36 家用燃气灶实物图　　　　　图 2.37 燃气快速热水器实物图

2)公共建筑燃气用具

公共建筑用户的燃气炉灶简称公用炉灶。公用炉灶由灶体、燃烧器和配管组成。公用炉灶根据用途可分为蒸锅灶、炒菜灶、饼炉、烤炉、西餐灶和开水炉等;根据灶体结构及材料分为砌筑型炉灶和钢结构装配型炉灶。

公共建筑用的燃气炉灶种类繁多,除此之外还有烤鸭炉、烤乳猪炉、炸锅、烤板灶、燃气蒸箱、燃气烤箱、自动沸水器、燃气采暖炉、茶浴两用炉等。图 2.38 所示为燃气炒菜灶,图 2.39 所示为燃气蒸锅灶。

图 2.38 燃气炒菜灶　　　　　图 2.39 燃气蒸锅灶

思考题

2.1 试阐述以宾馆为主要功能的建筑含有哪些设备系统。

2.2 根据建筑功能,如何确定集中空调系统和半集中空调系统? 阐述其优缺点。

2.3 不同类型的锅炉,如何进行选型以满足建筑功能的需求?

2.4 阐述不同冷水机组的适用条件。

2.5 采用燃气空调机的机房,其泄漏报警系统应如何设计?

2.6 阐述建筑燃气系统的构成,以及居民生活燃气系统有哪些供气方式。

2.7 阐述中压引入低压供气系统的特点及适用范围。

2.8 阐述高层建筑燃气系统和超高层建筑燃气系统。

2.9 阐述调压箱和调压柜的适用范围

3

建筑水电系统

3.1 建筑给排水系统

3.1.1 建筑给水系统介绍

建筑给水系统是根据各类用户对水质、水量、水压、水温的要求,将水由城市给水管网(或自备水源)输送到装置在建筑中的各种配水设施、设备机组和消防设备等各用水点而形成的系统。建筑给水系统按用途基本分为三类:

①生活给水系统:专供饮用、盥洗和其他生活用水的系统,水质符合饮用水标准,主要用于民用建筑以及工业建筑的生活间。

②生产给水系统:专供生产设备用水、生产工艺用水,如锅炉用水、冷却用水、漂洗用水等。水质、水量取决于生产性质和工艺要求,用水量一般较大,用于工矿企业生产设备中。

③消防给水系统:专供消防设备和特定消防装置的用水,水质要求不高,但贮水量要求大,一次用水量大。

根据具体情况,可将上述三种供水系统或其中两种基本给水系统合并成生活、生产、消防给水系统,生活、消防给水系统,生产、消防给水系统等。也可根据不同需要,将三种基本给水系统再划分,如生活给水系统可分为直饮水系统、中水系统、生活冷水系统、生活热水系统等。

建筑给水系统因供水压力与建筑所需水压不同,其供水方式可以分为市政管网直接供水、单设水箱供水、水池-水泵-水箱联合供水及分区供水4种形式。

1)生活给水系统

(1)生活冷水系统

生活冷水系统是建筑给水系统的主要组成部分,也是建筑中使用范围最广、用水量最大的一种给水系统。

生活冷水系统一般用于盥洗、淋浴洗涤、烹调和饮用等用水,同时也作为其他几种给水系统的水源。其水质应符合国家《生活饮用水卫生标准》(GB 5749—2022)的要求,并应具有防止水质污染的措施。

(2)生活热水系统

在标准较高的旅馆、公寓、医院等建筑中,生活热水系统通常是不可缺少的给水系统之一。

生活热水主要用于卫生间、洗衣房、厨房、餐厅和浴室,水质除应符合《生活饮用水卫生标准》(GB 5749—2022)的有关规定外,对水中的硅酸盐硬度也有一定的要求。

(3)直饮水给水系统

在建筑物中,由于建筑物的性质和用户的饮水习惯不同,其饮用水给水系统的供应方式也不相同,有集中或分散供应的开水供应系统和冷饮水系统(即将自来水经进一步消毒和深度处理后,通过饮水喷头供应至各用水点的冷饮水系统)。

上述两种饮用水供应方式中,冷饮水主要用于以接待外宾为主的旅游宾馆、公寓及大型公共建筑。为了保证饮用更加安全可靠,一般应对自来水进一步进行必要的过滤、活性炭吸附和灭菌消毒处理。

(4)杂用水给水系统(又称为中水给水系统)

中水是将洗涤、淋浴、冷却水等生活废水加以适当处理,除去废水中的无机物色度及不良气味等,同时,降低色度,再用于厕所冲洗水、空调冷却水、道路清扫水、绿化浇洒水、冲洗汽车用水等。使用中水给水系统可节约生活用水量,减少环境污染,保护水体,从而达到节省水资源、节省能耗和提高环境效益等目的。

一般情况下,建筑内部生活给水系统由下列各部分组成:

①引入管:对一幢单独建筑物而言,引入管是室外给水管网与室内管网之间的联络管段,也称进户管。对于一个工厂、一个建筑群体、一个学校区,引入管是指总进水管。通常情况下,它要穿过建筑物承重墙或基础。

②水表节点:水表节点是指引入管上装设的水表及其前后设置的阀门、泄水装置等总称。阀门用以关闭管网,以便修理和拆换水表,泄水装置用于检修时放空管网,检测水表精度及测定进户点压力值。分户水表设在分户支管上,可只在表前设阀,以便局部关断水流。为了保证水表的计量准确,在翼轮式水表与阀门间应有8~10倍水表直径的直线段,其他水表约为300 mm,以使水表前水流平稳。

③管道系统:管道系统是指建筑内部给水的水平或垂直干管、立管、横支管等。高层建筑部分取消管道系统,管道系统应考虑分区。

④给水附件:给水附件通常分为配水附件和控制附件两类。配水附件是指安装在洁具及用水点的各式配水龙头,用于调节和分配水流,如普通水龙头、热水龙头等。控制附件用于开启和关闭水流,调节水量,常用的有管路上的闸阀、止回阀、浮球阀等。

⑤升压和贮水设备:在室外给水管网压力不足或建筑内部对安全供水、水压稳定有要求时,需设置各种附属设备,如水箱、水泵、气压装置、水池等升压和贮水设备。

室内生活给水系统的组成,如图3.1所示。

2)室内消防给水系统

建筑物固定灭火设备有室内、外消火栓给水系统,自动喷水灭火系统,二氧化碳灭火系统,

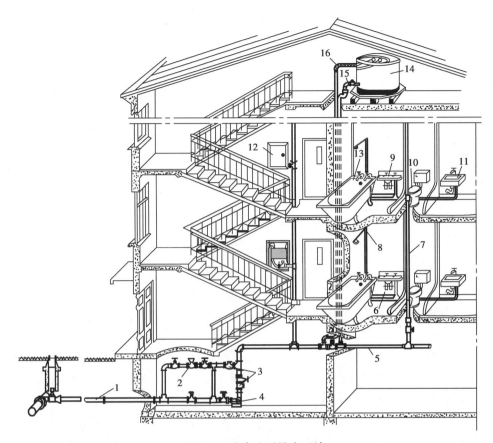

图 3.1　室内生活给水系统

1—引入管;2—水表;3—止回阀;4—水泵;5—水平干管;
6—支管;7—立管;8—淋浴器;9—洗脸盆;10—大便器;11—洗涤盆;
12—消火栓;13—浴盆;14—水箱;15—出水管;16—进水管

干粉灭火系统,卤代烷灭火系统,蒸汽灭火系统和烟雾灭火系统等。

室内消防给水系统主要是指完全用水灭火的系统,通常分为室内消火栓灭火系统及自动喷水灭火系统。其系统组成基本和生活给水系统一致,只是增加了室内消防设备。

室内消火栓灭火系统,根据服务的建筑类型可以分为低层建筑消火栓消防给水系统和高层建筑消火栓消防给水系统。

(1)室内消火栓灭火系统

①低层建筑消火栓消防给水系统:该系统用于建筑高度不大于 27 m 的住宅(包括底层设置商业服务网点的住宅)、建筑高度不超过 24 m 的其他民用建筑、建筑高度超过 24 m 的单层公共建筑以及单层、多层和建筑高度不超 24 m 的工业建筑。

其系统由消防供水水源(市政给水管网、天然水源、消防水池)、消防供水设备(消防水箱、消防水泵、水泵接合器)、室内消防给水管网(进水管、水平干管、消防竖管等)及室内消火栓(水枪、水带、消火栓、消火栓箱等)4 部分组成,如图 3.2 所示。其中,消防水池、消防水箱和消防水泵的设置需根据建筑物的性质、高度及市政给水的供水情况而定。

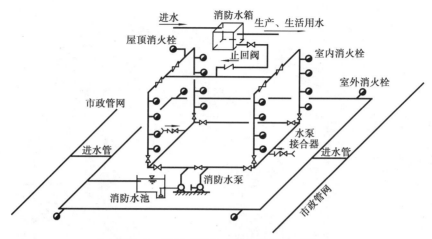

图3.2 低层建筑消火栓消防给水系统

②高层建筑消火栓消防给水系统：该系统用于建筑高度大于27 m 的住宅建筑(包括首层设置商业服务网点的住宅)和建筑高度超过24 m 的公共建筑等的室内消火栓给水系统。当高层建筑的建筑高度超过250 m 时,建筑设计采取特殊的防火措施,应提交国家消防主管部门组织专题研究、论证。高层建筑消火栓消防给水系统按给水服务范围分类如下：

a. 独立的室内消火栓给水系统:每幢高层建筑设置一个单独加压的室内消火栓给水系统。这种系统安全性高,但管理分散,投资较大。在地震区、人防要求较高的建筑物及重要的建筑物内,宜采用这种独立的室内消火栓给水系统。

b. 区域集中的消火栓给水系统:数幢或数十幢高层建筑物共用一个加压泵房的消火栓给水系统。这种系统便于集中管理,节省投资,但在地震区可靠性较低。在有合理规划的高层建筑区,可采用区域集中的高压或临时高压消防给水系统。

该室内消火栓系统可分为分区给水方式和不分区给水方式两种消防给水系统,分别如图3.3 和图3.4 所示;按消防给水压力分,可分为高压消防给水系统和临时高压消防给水系统两种消防给水系统。

（2）自动喷水灭火系统

装设在建筑物内的自动喷水灭火系统是一种能自动喷水灭火,并同时发出火警信号的消防灭火系统,通常由水源、供水设备、喷头、管网、报警阀组以及水流报警装置等组成。统计资料表明,自动喷水灭火系统的灭火效率是很高的。实际工程中,应严格按照相关标准规范中要求的部位或场所设置自动喷水灭火系统。鉴于我国经济发展现状,自动喷水灭火系统仅要求在重要建筑物内的火灾危险性大、发生火灾后损失大或影响大的部位或场所设置。

自动喷水灭火系统按喷头开、闭形式有闭式自动喷水灭火系统和开式自动喷水灭火系统。前者有湿式、干式和预作用喷水灭火系统之分,后者有雨淋喷水、水幕和水喷雾灭火系统之分。

①闭式自动喷水灭火系统:该系统一般由闭式喷头、管网、报警阀组、水流报警装置、加压装置等组成(图3.5)。发生火灾时,建筑物内温度上升,当室温升高到足以打开闭式喷头上的闭锁装置时,喷头即自动喷水灭火。同时,报警阀门系统通过水力警铃和水流指示器发出报警信号,并由报警阀上的压力开关、输水管路上的压力开关和消防水箱输水管上的流量开关启动消防水泵组。

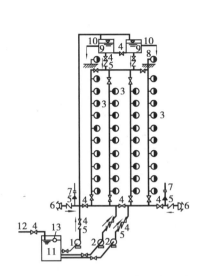

图 3.3　不分区消火栓给水系统

1—生活、生产给水泵;2—消防给水泵;

3—消火栓和水泵远距离启动按钮;

4—阀门;5—止回阀;6—水泵接合器;7—安全阀;

8—屋顶消火栓;9—高位水箱;10—至生活、生产管网;

11—蓄水池;12—来自城市管网;13—浮球阀

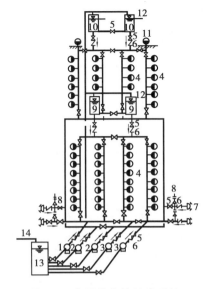

图 3.4　分区消火栓给水系统

1—生活、生产给水泵;2—二区消防给水泵;

3—一区消防给水泵;4—消火栓及水泵远距离启动按钮;

5—阀门;6—止回阀;7—水泵接合器;8—安全阀;

9—分区水箱;10—高区水箱;11—屋顶消火栓

12—至生活、生产管网;13—水池;14—来自城市管网

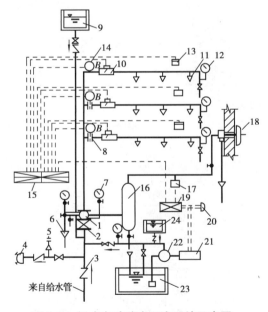

图 3.5　闭式自动喷水灭火系统示意图

1—湿式报警阀;2—闸阀;3—止回阀;4—水泵接合器;5—安全阀;6—排水漏斗;7—压力表;

8—节流孔板;9—高位水箱;10—水流指示器;11—闭式喷头;12—压力表;13—感烟探测器;

14—火灾报警装置;15—火灾收信机;16—延迟器;17—压力继电器;18—水力警铃;

19—电气自控箱;20—按钮;21—电动机;22—水泵;23—蓄水池;24—水泵灌水箱

②开式自动喷水灭火系统：该系统通常用于燃烧猛烈、蔓延迅速的某些严重危险级建筑物或场所,一般由火灾探测自动控制传动系统、自动控制雨淋阀系统、带开式喷头的开式自动喷水灭火系统三部分组成(图3.6)。系统组件使用说明见表3.1。

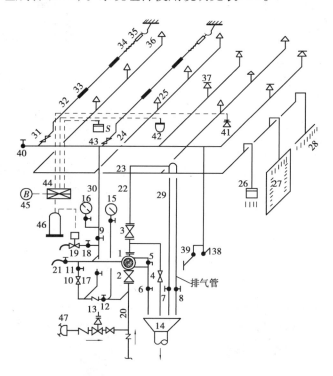

图3.6　开式自动喷水灭火系统示意图

表3.1　开式自动喷水灭火系统组件

编　号	组件名称	用　途	工作状态	
			平　时	失火时
1	雨淋阀	自动控制消防供水	常　闭	自动开启
2	闸　阀	进水闸阀	常　开	开
3	闸　阀	出水闸阀	常　开	开
4	闸　阀	试水闸阀	常　闭	闭
5	截止阀	淋水管充水	微　开	微　开
6	截止阀	系统放水	常　闭	闭
7	截止阀	系统溢水	微　开	微　开
8	截止阀	系统放气	微　开	微　开
9	截止阀	传动管网检修	常　开	开
10	小孔闸阀(孔径3 mm)	传动系统补水	阀闭孔开	阀闭孔开
11	截止阀	检　修	常　开	开

续表

编 号	组件名称	用 途	工作状态	
			平 时	失火时
12	截止阀	检修	常 开	开
13	止回阀	传动系统稳压	开	开
14	漏斗	排水	排 水	排 水
15	压力表	测供水管水压	两压力表相等	水压大
16	压力表	测传动管水压		水压小
17	截止阀	传动管注水	常 闭	闭
18	截止阀	检修	常 开	开
19	电磁阀	电动控制	常 闭	开
20	供水干管	供水	供 水	供 水
21	水嘴	试 水	关	关
22	配水立管	配 水	水满管或空管	均充满水
23	配水干管	配 水		
24	配水支管	配 水		
25	开式喷头	雨淋灭火	不出水	自动喷水
26	淋水器	局部灭火	不出水	自动喷水
27	淋水环	阻火隔火	不出水	自动喷水
28	水幕	阻火灭火	不出水	自动喷水
29	溢流管	淋水管网充水	每秒溢流3滴水	溢 水
30	传动管	传动控制	有压力水	流 水
31	传动阀门	传动管网泄压	常 闭	开 启
32	钢丝绳			
33	易熔锁封	探测火灾	闭 锁	熔 断
34	拉紧弹簧	保持25 kg拉力（约245 N）	拉力为25 kg（约245 N）	拉力为0
35	拉紧连接器	—	—	—
36	钢丝绳钩子	—	—	—
37	闭式喷头	探测火灾并泄压	闭 锁	锁封脱落放水泄压
38	手动开关	人工控制泄压	常 闭	人工开启
39	长柄手动开关	冰冻地区室外人控	常 闭	人工开启
40	截止阀	放气用	常 闭	闭

续表

编　号	组件名称	用　途	工作状态	
			平　时	失火时
41	感光探测器	开启电磁阀	不动作	动　作
42	感温探测器	开启电磁阀	不动作	动　作
43	感烟探测器	开启电磁阀	不动作	动　作
44	收信机	—	—	—
45	报警装置	—	—	报　警
46	自控箱	—	—	—
47	水泵接合器	—	常　闭	开

3.1.2　建筑排水系统介绍

1) 建筑排水系统

根据排放污水的性质,排水系统分为以下 3 类:

(1)生活污水排水系统

生活污水排水系统是指排放人们日常生活中的盥洗污水和粪便污水的排水系统。污水性质比较单一和稳定。

(2)工业废水排水系统

工业废水排水系统是指排放生产车间的工业用水和工艺用水的排水系统,污水性质较为复杂多变。例如,有的工业废水比较清洁,可循环使用;有的含有酸、碱、盐或有害有毒物质以及油垢等,需进行处理并达到排放标准才能排放。

(3)雨、雪水排水系统

雨、雪水排水系统是指专门用来排除雨水、雪水的排水系统,性质单一,排量随雪、雨、气候变化而定,一般建筑物的屋面及道路均设置这种排水系统。

2) 排水系统的组成

室内排水系统由卫生器具和排水管网两大部分组成。其中,卫生器具包括大便器、洗脸盆、淋浴器、盥洗池等,排水管网包括卫生器具排水管、排水支管、排水立管、排出管、通气管及检查设施等部分组成(图 3.7)。各种排水管的具体内容如下:

①卫生器具排水管:指连接卫生器具和排水支管之间的短管(包括存水弯)。

②排水支管:一般指将各卫生器具排水管汇集并排送到立管中去的水平支管。

③排水立管:排水立管是指汇集各层排水支管污水并将污水送至排出管的立管,但不包括通气管部分。

④排出管:指排水立管与室外第一座检查井之间的连接管。

⑤通气管:指顶层的排水立管向上延伸出屋面以外的一段排空气管,以及多层建筑、高层建筑中的辅助通气管。

⑥检查设施:指对管道系统进行维修管理用的检查口、清扫口和检查井等。

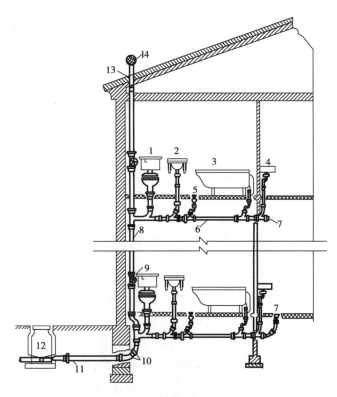

图3.7 建筑内部排水系统

1—大便器;2—洗脸盆;3—浴盆;4—洗涤盆;5—地漏;6—横支管;7—清扫口;8—排水立管;
9—检查口;10—45°弯头;11—排出管;12—排水检查井;13—伸顶通气管;14—网罩

3.1.3 建筑给排水设备和附件

1)建筑给水主要设备

(1)水泵

不管是生活给水系统还是消防给水系统,均需要水泵作主要给水设备。水泵是利用外加能量输送流体与提升流体的流体机械,是建筑给排水工程中乃至建筑环境与设备工程专业中使用最广泛的动力设备。

根据结构特点,水泵一般分为下列几种类型:

①叶片泵:依靠旋转的叶片对液体产生作用力把原动机的机械能传递给液体。

②容积泵:利用原动机驱动部件(活塞、齿轮等)使工作室的容积发生周期性的改变,依靠压差使流体流动,从而达到输送流体的目的。

③其他类型泵:除叶片泵与容积泵外的其他类型水泵。

在建筑设备工程中,离心泵使用相当广泛。离心泵分为单级离心泵和多级离心泵。在离心泵中使用得较多的是单级离心泵,如图3.8所示。若需要较高的压力,单级叶轮无法满足要求,可将多片叶轮安装在一个共用的轴上组成多级泵,如图3.9所示。

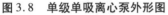 

图3.8　单级单吸离心泵外形图　　　　图3.9　多级离心泵外形图

泵与驱动电机的连接有以下方式:

①直接耦合式:这种泵由电机通过柔性联轴器驱动,固定于钢或铸铁底座上,有独立的轴承,通过调节叶轮直径改变流量。

②皮带驱动式:这种泵有独立的轴承,由被装在其侧面滑轨上或装在其上部的电机通过V形皮带带动泵以适当的转速运转,以输出所需的能量。

③直联式:特制的加长电机轴伸入泵壳,叶轮直接安装在它上面,泵没有独立的转轴,增加的轴向推力由电机轴来抵抗,通过改变叶轮直径来调节流量。

管道泵(图3.10)有以下两种连接方式:

图3.10　管道泵外形图

①安装于地板上:这种泵的泵壳上具有位于同一中心线上的入口及出口接头,便于安装。

②安装于管道上:这种泵具有位于同一条线上的出入口接头,该泵的质量不宜过大。

离心泵以极高的转速利用离心力施加于泵的液体,液体通过安装在螺旋形蜗壳内的叶轮的转动,可以获得压能。液体直接被吸入旋转的叶轮叶片中并在这里获得了极高的速度,泵壳在设计中通过均匀增加螺旋涡形体的面积,或者设置扩散形的导叶,可以最大限度地将动能转化为压能。离心泵可用于各种场所,包括循环或冷热水输送。

水泵的计算和设置应从下列几方面考虑:

①水泵的扬程计算:水泵的扬程应满足建筑物最不利配水点或消火栓等所需的水压和水量。

a.水泵与高位水箱结合供水时的水泵扬程:

$$H_{\mathrm{b}} \geqslant H_{\mathrm{s}} + 0.01\left(H_{\mathrm{y}} + \frac{v^2}{2g}\right) \tag{3.1}$$

式中　H_{b}——水泵扬程,MPa;

H_y——扬水高度，即贮（吸）水池最低水位至高位水箱入口的几何高差，m；

H_s——水泵吸水管和出水管（至高位水箱入口）的总水头损失，MPa；

v——水箱入口流速，m/s。

b. 单独供水时的水泵扬程：

$$H_b \geqslant H_s + 0.01(H_y + H_c) \tag{3.2}$$

式中　H_c——最不利配水点或消火栓要求的流出水头，m。

c. 直接从室外给水管网吸水时，水泵扬程应考虑外网的最小水压，同时应按外网可能的最大水压核算水泵扬程是否会对管道、配件和附件造成损害。

②水泵出水量计算：

a. 在水泵后无流量调节装置时，如变频调速供水方式，应按设计秒流量计算。

b. 在水泵后有水箱等流量调节装置时，一般应按最大小时流量计算。在用水量较均匀、高位水箱容积允许适当加大，且在经济上合理时，也可按平均小时流量计算。

c. 采用人工操作水泵运行时，则应根据水泵运行时间计算，即：

$$Q_b = \frac{Q_d}{T_b} \tag{3.3}$$

式中　Q_b——水泵出水量，m^3/h；

Q_d——最高日用水量，m^3/h；

T_b——水泵每天运行时间，h。

③水泵设置：

a. 室外管网允许直接吸水时，水泵宜直接从室外管网吸水。但应保证室外给水管网压力不低于 0.14 MPa（从地面算起），特别是消防水泵。

b. 当水泵直接从室外管网吸水时，应在吸水管上装阀门、止回阀和压力表，并应绕水泵设置装有阀门的旁通管（图 3.11）。

c. 水泵宜设计成自动运行方式。间接吸水时（如从贮水池），应设计成自灌式。在不可能设计成水泵直接自外部管网抽水时可设计成抽吸式。这时应加设引水装置，以保证水泵正常运行，如底阀、水环式真空泵、水上式底阀和在吸水管上设置阀门等。

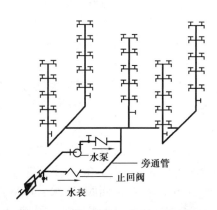

图 3.11　水泵直接从室外管网吸水的
接管形式

d. 每台水泵宜设计单独吸水管（特别是消防泵应有单独吸水管），若设计成共用吸水管一般至少 2 条，并设连通管与每台泵吸水管连接，水泵吸水水平管变径处应采用偏心异径管并使管顶平。吸水管应有坡向水泵吸入口的坡度。吸水管内水流速度一般为 1.0 ~ 1.2 m/s。

e. 每台水泵出水管上应装设止回阀、阀门和压力表，并宜设防水锤措施，如气囊式水锤消除器、缓闭止回阀等。出水管水流速度一般为 1.2 ~ 2.0 m/s。

f. 备用泵设置应根据建筑物重要性、供水安全性和水泵运行可靠性等确定。一般高层建筑物、大型民用建筑物、居住小区和其他大型给水系统应设备用泵。备用泵容量应与最大一台水泵相同。生产和消防水泵的备用泵设置应按工艺要求和"消防规范"确定。

g. 考虑因断水可能会引起事故情况时,除应设备用泵外,还应有不间断电源设施;当电网不能满足时,应设有其他动力备用供电设备。

h. 在有安静要求的房间,其上、下和毗邻的房间内不得设置水泵;如在其他房间设置水泵,则应采用水泵的隔震措施。

(2)水箱

在生活给水系统中有生活水箱,在消防给水系统中有消防水箱。由于各自功能的不同,其水箱容量不同。在实际工程中,水箱可以独立,也可以合用,但必须保证各自的用水量。

①分类:

a. 水箱按形状分,有圆形、方形、矩形、球形等不同形式。

b. 水箱按水箱材质分,有钢筋混凝土、热镀锌钢板、玻璃钢、搪瓷钢板、塑料、不锈钢等不同材质。

c. 水箱按承压能力分,有非承压(开口)、承压两种。

d. 水箱按保温分,有保温和不保温两种。

e. 水箱按用途分,有贮水箱、吸水水箱、膨胀水箱、断流水箱、冲洗水箱、平衡水箱、补水水箱、冷水箱、热水箱等。

②附件:水箱附件一般设有进水管、出水管、溢流水管、泄水管、通气管、水位信号装置、人孔、仪表孔。

a. 进水管及浮球阀:进水管一般从箱壁接入。当水箱利用管网压力进水时,进水管入口应装浮球阀。浮球阀数量一般不少于2个,且管径应与进水管管径相同。在浮球阀前装设阀门,以便检修。当水箱利用水泵加压供水,并利用水箱水位信号装置自动控制水泵运行时,可不装设浮球阀。

水箱水位上部应留有一定空间,以便安装。浮球阀种类繁多,材质也有多种,可适应不同用途。隔膜式、液压式水位控制阀是使用较广的一种形式。它利用压差原理在小浮球阀动作后启动大的进水阀门。

小浮球阀可安装在水箱(水池)内的高液位以上部位,以控制液面高度。进水阀可另安装在水箱(水池)上或水箱(水池)外部。

b. 出水管及止回阀:出水管可从箱壁或箱底接出。出水管内底应高出水箱内底不小于50 mm,并应装设阀门。贮水箱兼作消防贮水箱时,应有保证消防水量不被动用的措施,如采用液位计控制水泵启动,采用顶上打孔的虹吸管破坏真空而停止出水等。与消防合用的水箱,出水管应设止回阀。消防时,水箱中出现消防低水位情况应能确保止回阀启动。

c. 溢流管:溢流管宜从箱壁接出。管径应比进水管大一级。溢流管上不得装设阀门。溢流管口最好做成朝上喇叭形,沿口应比最高水位高20~30 mm。其出口处应设网罩,并采取断流排水或间接排水方式。

d. 通气管:供生活饮用水的水箱应设密封箱盖,箱盖上应设检修人孔和通气管。通气管可伸至室内或室外,但不得伸到有有害气体的地方。管口应有防止灰尘、昆虫和蚊蝇进入的滤网,一般将管口朝下。通气管上不得装阀门、水封等,不得与排水系统和通风管道连接。

e. 泄水管:应从水箱底部接出,并装阀门。泄水管可与溢流管相连,但不得与排水系统直接连接。

f. 水位信号装置：一般应在水箱侧壁上安装玻璃液位计，用以就地指示水位。若水箱液位与水泵连锁，则应在水箱内设液位计。常用的液位计有浮球式、杆式、电容式和浮子式等。液位计停泵液位应比溢流水位低不少于 100 mm，启泵液位应比设计最低水位高不小于 200 mm。

③水箱设置：

a. 非钢筋混凝土水箱应放置在混凝土、砖的支墩或槽钢（工字钢）上，其间宜垫以石棉橡胶板、塑料板等绝缘材料。支墩高度不宜小于 600 mm，以便管道安装和检修。

b. 水箱间应满足水箱的布置和加压、消毒设施要求，见表 3.2。

表 3.2　水箱布置间距

水箱形式	水箱外壁至墙面的距离/m		水箱之间的距离/m	水箱顶至建筑结构最低点的距离/m
	设浮球阀一侧	无浮球阀一侧		
圆　形	0.8	0.5	0.7	0.6
方形或矩形	1.0	0.7	0.7	0.6

注：在水箱旁装有管道时，表中距离应从管道外表面算起。

水箱间应有良好的通风条件，室内气温应大于 5 ℃。水箱间高度应满足水箱顶距梁下不小于 600 mm 的空间。

c. 水箱应设人孔密封盖，并应设保护其不受污染的防护措施。水箱出水若为生活饮用水，则应加设二次消毒措施（如设置臭氧消毒、加氯消毒、加次氯酸钠发生器消毒、二氧化氯发生器消毒、紫外线消毒等），并应在水箱间留有该设备放置和检修位置。

d. 储存生活饮用水时，水箱内壁材质不应对水质造成污染，可以考虑采取衬砌或涂刷涂料等措施，如喷涂瓷釉涂料、食品级玻璃钢面层、无毒的饮用水油漆和贴瓷砖等，并应取得当地卫生防疫站批准。

水箱及其附件接管如图 3.12 所示。

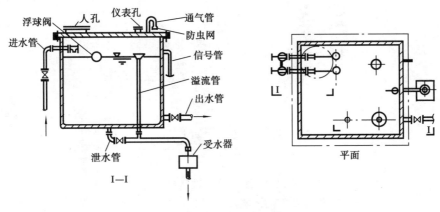

图 3.12　水箱及其附件

（3）变频调速给水

①概述：变频调速给水已被广泛应用于居住区、高层大厦、工矿企业、农村、城镇的生活给水和一些对生产工艺有特殊要求的生产给水系统。它有明显的节能效果。凡需增压的给水系统，为了节能，均可采用变频调速给水系统。随着我国科技发展和生产能力的提高，变频调速给水控制方式也从一般逻辑电子电路控制方式，发展到可编程序控制器控制方式；从一台泵固定变频发展到按可编程序自动切换变频的方式，使之运行更可靠、更合理、更节能。

②特点：

a.设备时刻监测供水水压。在变压（或恒压）给水条件下，经过微机控制水泵机组的工作状态和转速，使之处于高效节能的运行状态，避免了电能的浪费。水泵在微机和变频控制器控制下软启动，启动电流小（一般不超过额定工作电流的110%），能耗小。与常规继电接触器控制相比，节电10%～30%。

b.以微机控制水泵运行，调整速度快，控制精度高。一般恒压给水系统给水压力误差为±0.02 MPa。

c.水泵的软启动，降低了对电网供电容量的要求，减少了水泵机组的机械冲击和磨损及水泵切换时的振荡现象，因而延长了设备的使用寿命。

d.设备一般均具有变频自动、工频自动、手动三种操作方式，且以微机控制运行，使之管理简便，运行可靠。

e.变频给水具有软启动，有过载、短路、过压、欠压、缺相、过热和失速保护功能，在异常情况下的声、光信号报警，且有自检、故障判断功能，设备运行更加安全可靠。

f.设备一般均为一体化装置，体积小，占地少。

③变频调速给水设备：

a.设备组成：一般变频调速给水机组由主工作泵、辅助工作泵、气压罐（自动补气式和隔膜式）、压力开关安全阀、控制柜和管道配件等组成。图3.13为自动补气式的变频调速给水机组流程，图3.14为隔膜式变频调速给水机组。

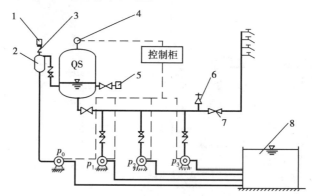

图3.13 自动补气式的变频调速给水机组流程图

1—吸气阀；2—补气罐；3—止回阀；4—压力开关；

5—自动排气阀；6—安全阀；7—闸阀；8—贮水池

p_0—辅助水泵；p_1～p_3—主水泵

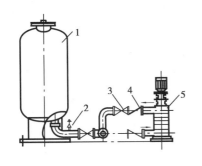
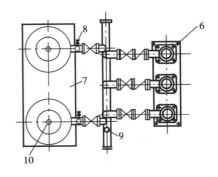

图 3.14　隔膜式变频调速给水机组

1—隔膜式气压罐;2—安全阀;3—阀门;4—止回阀;5—水泵;6—泵基座;

7—气压罐基座;8—放水阀;9—压力开关;10—补气阀门

b. 变频调速给水泵组的设计流量:生活、生产给水应按设计秒流量确定。

生活、生产和消防共用给水除保证消防用水量外,还应满足生活、生产用水量的要求。

变频调速给水泵不宜多于 3 台,宜设备用泵。每台水泵出水量宜按设计流量的 1/3 选泵。若为 2 台工作,每台水泵出水量宜按设计流量的 1/2 选泵。

为节能,如夜间用水量较小的情况,宜设气压罐和水泵(小流量辅助泵)以保持出水量和给水压力。水泵流量应按气压罐贮备调节水量和每小时水泵启动次数为 6~8 次来选择。气压罐贮备调节容积应考虑到用户昼夜用水量的变化和管网漏水情况。

对于中小型变频调速机组,一般几台水泵组装在同一底座上,水泵宜选用立式多级泵。对于大型变频调速给水,水泵可分开,单独设置基础,水泵可选用高效节能立式泵或卧式泵。组装式变频调速给水机组如图 3.15 所示。

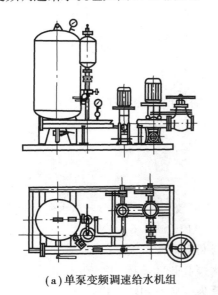
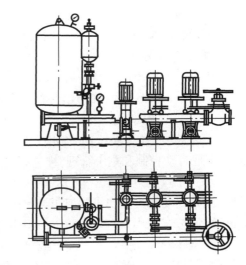

(a)单泵变频调速给水机组　　　　　　(b)双泵变频调速给水机组

图 3.15　组装式变频调速给水机组

水泵工作点应在水泵工作曲线高效区范围内,且宜在该范围右侧。

水泵恒压工作限值应能满足用户最不利点压力所需流出水头,以此计算在满足设计秒流量下水泵的工作压力。

在需要控制噪声的建筑物内,水泵应做减振处理。对组装式机组可在基础下采取减振做法(如橡胶隔振垫、隔振器和弹簧减振器等措施)。对于单独设置水泵的基础,可分开设置减振措施。水泵出水管应做隔振支吊架,以免噪声传出水泵房。

变频调速泵机组附件主要有止回阀、阀门、气压罐用安全阀、压力表、压力控制器、管道和底座。一般组装式设备均由厂家组装好供货。

压力控制器一般有两个触点,可根据具体压力进行调整。对恒压变量机组给水压力误差宜在±0.02 MPa。压力开关可设在供水机房或管网末端。在选择量程时,宜将压力值选在表盘中间部位,以提高测量精度。

安全阀按设计工作压力加上 0.05 ~ 0.08 MPa 来调定其释放压力,同时应把其泄压水排至机房排水沟。

控制柜是变频调速机组的核心部分,一般由供货厂家按水泵功率配套供应。控制柜主要由变频调速器、微机、调节器、各类开关、继电器、接触器、指示灯等电子元器件组成。

控制柜可与机组同座安装,也可单独设置。其工作环境应通风良好,室温在 5 ~ 40 ℃,相对湿度小于 85%,且无结露,便于观察、检修和操作。柜子前后应有足够的检查维修空间。

变频调速机组应有双电源或双回路供电,以保证机组安全运行。电路应有良好接地,其接地电阻不大于 10 Ω。

(4)气压给水

①设备特点:气压给水设备是给水系统中的一种利用密闭贮罐内空气的可压缩性储存、调节和压送水量的装置,其作用相当于高位水箱和水塔。它适用于工业、民用给水及居住小区、高层建筑、农村、施工现场等需要加压供水的场所。

其优点是:

a. 施工、安装简便,便于工程扩建、改建和拆迁。

b. 气压罐可设置在任何高度。

c. 给水压力在一定范围内可进行调节。

d. 地震区建筑、隐蔽工程、临时建筑和具有艺术要求的建筑,不宜设置水箱、水塔,均可采用气压给水。

e. 水质不易被污染(与水箱、水塔相比)。

f. 便于实现自动控制和集中管理,维护管理方便。

其缺点是:

a. 给水压力变动较大。变压式气压给水的压力变动较大时,可能影响给水配件使用寿命。

b. 气压罐调节容积小。有效容积一般只占总容积的 1/6 ~ 1/3。

c. 给水安全性较差。一旦发生断电或自控失灵,断水概率较大。

d. 运行费用较高。水泵频繁启动,且不可能在水泵高效区运行,平均效率较低,能耗较大。

②设备分类:气压给水设备按压力稳定情况可分为变压式和定压式。

a. 变压式气压给水设备:在用户对水压没有特殊要求时,一般常采用变压式给水设备,如图 3.16(a)所示。罐内空气压力随给水工况变化,给水系统处于变压状态工作。

气压罐中的水被压缩空气压送至给水管网,随着罐内水量减少,空气体积膨胀,压力减小。

当压力降至最小工作压力时,压力继电器动作,使水泵启动。水泵出水除供用户外,多余部分进入气压罐,空气又被压缩,压力上升。当压力升至最大工作压力时,压力继电器动作,使水泵关闭。

　　b.定压式气压给水设备:在用户要求水压稳定时,可在变压式给水设备的给水管上安装调压阀,调节阀后水压在要求范围内,使管网处于恒压下工作,如图3.16(b)所示。

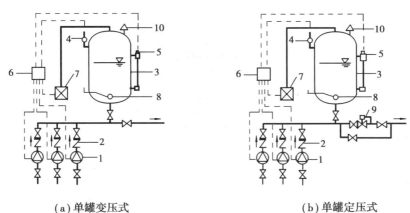

（a）单罐变压式　　　　　　　　　　（b）单罐定压式

图3.16　气压给水设备

1—水泵;2—止回阀;3—气压水罐;4—压力信号器;5—液位信号器;
6—控制器;7—补气装置;8—排气阀;9—压力调节阀;10—安全阀

2)建筑消防给水设备及组件

　　建筑消防设备除消防水泵外,主要包括室外消火栓、室内消火栓、消防卷盘、消防增压设备、水泵接合器。其配合的主要组件有:闭式喷头、报警阀、手动报警按钮、水流报警装置、延迟器、加速器等。

　　（1）消火栓

　　室外消火栓的主要作用是利用市政管网供水满足消防室外用水要求,其规格见表3.3。

表3.3　室外消火栓的规格

参数类别	型　号	公称压力/MPa	进水口	出水口（栓口）		计算出水量/(L·s^{-1})
				口　径	个数/个	
地上式	SS100—1.0	1.0	DN100	DN65	2	10～15
				DN100	1	
	SS100—1.6	1.6	DN100	DN65	2	10～15
				DN100	1	
	SS150—1.0	1.0	DN150	DN65	2	15
				DN150	1	
	SS150—1.6	1.6	DN150	DN65	2	15
				DN150	1	

续表

参数类别	型　号	公称压力 /MPa	进水口	出水口(栓口)		计算出水量 /(L·s⁻¹)
				口　径	个数/个	
地下式	SX100X65—1.0	1.0	DN100	DN65	2	10~15
				DN100	1	
	SX100X65—1.6	1.6	DN100	DN65	2	10~15
				DN100	1	

室内消火栓的规格见表3.4。室内消火栓安装图组件见表3.5。

表3.4　室内消火栓的规格

每支水枪出水量 /(L·s⁻¹)	消火栓	水龙带	直流水枪	水龙带接口
≥5	SN65	DN65	DN65×19(QZ19)	KD65
<5	SN50	DN50	DN50×13(QZ13) 或 DN50×16(QZ16)	KD50

表3.5　室内消火栓安装组件(图集:15S202)

构件名称	材　料	规　格	单　位	数　量		备　注
				单栓	双栓	
消火栓箱	①铝合金-钢 ②钢 ③木制	根据安装方式和内部组件定	—	—	—	装饰标准高的建筑宜用钢或铝合金-钢
室内消火栓	铸铁	SN50 或 SN65 型 (P_N=1.6 MPa)	个	1	2	—
直流水枪	铝或铜	QZ16/ϕ13,ϕ16 QZ19/ϕ16,ϕ19	个	1	2	—
水龙带	①麻质衬胶 ②涤纶聚氨酯衬里	①DN50 或 DN65 ②L 为 15 m 或 20 m、25 m	条	1	2	—
水龙带接口	铝	KD50 或 KD65	—	—	—	—
挂　架	—	—	—	—	—	—
消防按钮	—	防水型	—	—	—	—

(2)消防水泵接合器

消防水泵接合器是消防队使用消防车从室外水源或市政给水管取水,向室内管网供水的接口。

高层厂房(仓库)、设置室内消火栓且层数超过4层的厂房应设消防水泵接合器。

消防水泵接合器的品种与技术参数,见表3.6。

表3.6 消防水泵接合器的技术数据

型 号		工作压力/MPa	直 径	水带接口/mm	安全阀	闸 阀/mm
地上式	SQ100	1.6	DN100	65	25	20
	SQ150	1.6	DN150	80	32	25
地下式	SQX100	1.6	DN100	65	25	20
	SQX150	1.6	DN150	80	32	25
墙壁式	SQB100	1.6	DN100	65	25	20
	SQB150	1.6	DN150	肋	32	25

每栋建筑物的水泵接合器数量按式(3.4)计算,即

$$n = \frac{Q}{q} \tag{3.4}$$

式中　Q——室内消火栓消防用水量,L/s;

　　　q——每个水泵接合器供水量,L/s,一般取 $10 \sim 15$ L/s。

水泵接合器设置位置要求:

①水泵接合器应设在室外便于消防车接近、使用、不妨碍交通的地点。除墙壁式水泵接合器外,距建筑物外墙应有一定距离,一般不宜小于 5 m。

②水泵接合器四周 $15 \sim 40$ m,应有供消防车取水的室外消火栓或消防水池。

水泵接合器应与室内消防环网连接,在连接的管段上均应设止回阀、安全阀、闸阀和泄水阀。止回阀用于防止室内消防给水管网的水回流至室外管网。安全阀用于防止管网压力过高。水泵接合器有地上式、地下式和墙壁式三种安装方式,如图3.17所示。当多个水泵接合器并联设置时,应有适当间距,以便停放消防车和满足消防车转弯半径的需要。

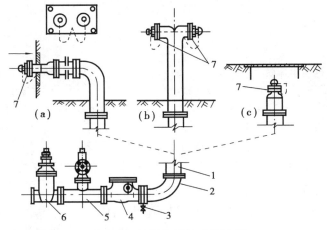

图3.17　消防水泵接合器外形

(a)SQB型墙壁式;(b)SQ型地上式;(c)SQX型地下式

1—法兰接管;2—弯管;3—放水阀;4—升降式止回阀;5—安全阀;6—楔式闸阀;7—进水用消防接口

（3）报警阀

当发生火灾时,随着闭式喷头的开启喷水,报警阀也自动开启发出流水信号报警,其报警装置有水力警铃和电动报警器两种。前者用水力推动打响警铃,后者用水压启动压力继电器或水流指示器发出报警信号。

湿式报警阀(充水式报警阀)适用于在湿式自动喷水灭火系统立管上安装。目前,国产的有导孔阀型和隔板座圈型两种形式。湿式报警阀原理如图3.18所示,安装示意如图3.20所示。湿式报警阀平时阀芯前后水压相等(水通过导向管中的水压平衡小孔保持阀板前后水压平衡),由于阀芯的自重和阀芯前后所受水的总压力不同,阀芯处于关闭状态(阀芯上面的总压力大于阀芯下面的总压力)。发生火灾时,闭式喷头喷水,由于水压平衡小孔来不及补水,报警阀上面的水压下降,此时阀下水压大于阀上水压,于是阀板开启,向洒水管网及洒水喷头供水,同时水沿着报警阀的环形槽进入延迟器,这股水首先充满延迟器后才能流向压力继电器及水力警铃等设施,发出火警信号并启动消防水泵等设施。若水流较小,不足以补充从节流孔板排出的水,就不会引起误报。

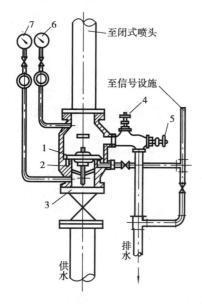

图3.18　湿式报警阀原理示意图
1—报警阀及阀芯;2—阀座凹槽;3—控制阀;
4—试警铃阀;5—排水阀;
6—阀后压力表;7—阀前压力表

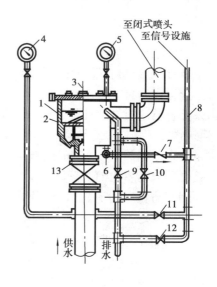

图3.19　干式报警阀原理示意图
1—阀体;2—差动双盘阀板;3—充气塞;
4—阀前压力表;5—阀后压力表;6—角阀;
7—止回阀;8—信号管;9,10,11—截止阀;
12—小孔阀;13—控制阀

干式报警阀(充气式报警阀)适用于在干式自动喷水灭火系统立管上安装。其原理和安装示意如图3.19、图3.21所示。

阀体1内装有差动双盘阀板2,以其下圆盘关闭水,阻止从干管进入喷水管网,以上圆盘承受压缩空气,保持干式阀处于关闭状态。上圆盘的面积为下圆盘面积的8倍,因此为了使上下差动阀板上的作用力平衡并使阀保持关闭状态,闭式喷洒管网内的空气压力应大于水压的1/8,并应使空气压力保持恒定。当闭式喷头开启时,空气管网内的压力骤降,作用在差动阀板上圆盘上的压力降低,因此,阀板被推起,水通过报警阀进入喷水管网由喷头喷出,同时水通过报警阀座上的环形槽进入信号设施进行报警。

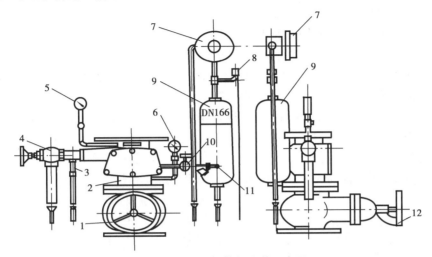

图 3.20 湿式报警阀安装示意图

1—控制阀;2—报警阀;3—试警铃阀;4—放水阀;5,6—压力表;7—水力警铃;
8—压力开关;9—延时器;10—警铃管阀门;11—滤网;12—软锁

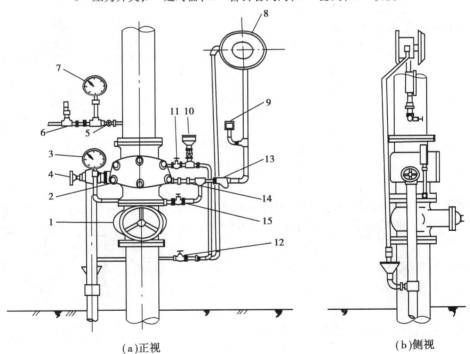

(a)正视　　　　　　　　　　　　(b)侧视

图 3.21 干式报警阀安装示意图

1—控制阀;2—干式报警阀;3—阀前压力表;4—放水阀;5—截止阀;
6—止回阀;7—压力开关;8—水力警铃;9—压力继电器;10—注水漏斗;
11—注水阀;12—截止阀;13—过滤器;14—止回阀;15—试警铃阀

(4)水流报警装置

用感烟、感温、感光火灾探测器可报知在哪里发生了火灾,而用水流报警装置可报知闭式自动喷水灭火系统中哪里的闭式喷头已开启喷水灭火。

水力报警器(即水力警铃)与报警阀配套使用。水力警铃的使用技术要求:

①20个喷头以上的喷水系统都需要设一个警铃。

②在水力警铃的管路中需要设计过滤器以防止入口上的喷孔堵塞,它应该安装在靠近报警阀或延迟器且易于接近的位置,以便定期清理。

③警报管路必须是 DN20 的耐腐蚀管(镀锌钢管),最大长度包括接头在内不得大于 20 m,水力警铃与各报警阀之间高度不得大于 5 m。

④警铃适宜 1 个系统安装 1 只警铃,最多不宜超过 3 个系统共用 1 只警铃。

电动水流报警器由桨状水流指示器、水流动作阀和压力开关组成。

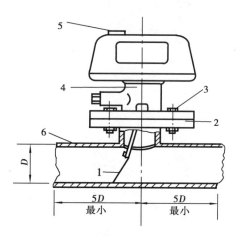

图 3.22　桨状水流指示器
1—桨片;2—法兰底座;3—螺栓;4—本体;
5—接线孔;6—喷水管道

①桨状水流指示器(图 3.22):主要由桨片、法兰底座、螺栓、本体和电气线路等构成,桨面与水流方向垂直。当某处发生火灾时,喷头开启喷水,管道中的水流动,引起桨片随水流而动作,接通延时电路;在预定 15～20 s 延时后,继电器触点吸合,发出电信号。延时发信可消除管内瞬间水压波动可能引起的误报。

桨状水流指示器,多用于湿式自动喷水灭火系统,不宜用于干式系统和预作用系统。

因为在干式系统和预作用系统中,平时管道中没有水、火灾时,当报警阀自动开启后,由于管道中水流的突然冲击,有可能使桨片或其他机械部件遭到损坏。所以当湿式系统第一次充水或检修后重新充水时,都应该防止水流的突然冲击。

②水流动作阀(图 3.23):当管道中有水流

通过时,阀板摆动,阀的主轴随之旋转,由微型开关的动作而发出电信号。水流动作阀可用于任何系统中,不会因水流冲击而造成损坏。

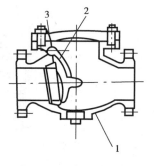

图 3.23　水流动作阀
1—阀体;2—阀板;3—主轴

水流指示器的规格,目前使用得最多的是桨状水流指示器。我国生产的水流指示器有 DN50,DN70,DN80,DN100,DN125,DN150。有些厂家生产的水流指示器,可通过自行调节桨片的长度,安装在不同直径管道上。水流指示器的工作电压一般为直流 24 V。

③压力开关(压力继电器):一般安装在延迟器与水力警铃之间的信号管道上,必须垂直安装。当闭式喷头启动喷水时报警阀亦即启动通水,水流通过阀座上的环形槽流入信号管和延迟器,延迟器充满水后,水流经信号管进入压力继电器,压力继电器接到水压信号,即接通电路报警,并可启动消防泵。电动报警在系统中可作为辅助报警装

置,不能代替水力报警装置。

（5）延迟器

延迟器安装在报警阀与水力警铃之间的信号管道上,用以防止水源发生水锤时引起水力警铃的误动作。当湿式阀因压力波动瞬时开放时,水首先进入延迟器,这时进入延迟器的水量很小,会很快经延迟器底部的节流孔排出,水就不会进入水力警铃或作用到压力开关,从而起到防止误报的作用。只有当湿式报警阀保持其开启状态,经过报警通道的水不断地进入延迟器,经过一段延迟时间由顶部的出口流向水力警铃和压力开关才发出警报。

为了防止水流波动过大时产生误报警的可能性,设计时可在系统中再串联一个延时器。

（6）管网检验装置

管网检验装置一般是由管网末端的放水阀和压力表组成的,用于检验报警阀、水流指示器等在某个喷头作用下是否能正常工作。

（7）加速器

加速器是一个压力控制快开装置。它的基本功能就是"加速"干式阀的打开,使水立即进入喷头喷出。若没有加速器,干式阀的打开时间滞后,延缓喷头喷水影响灭火。在管路系统的容积超过 1 892.5 L 的所有干式系统中,都必须使用加速器。

3）建筑排水设备

在建筑排水系统中,其主要设备为扬水设备。对不能自流排至室内或室外排水管道的少量污、废水,需要利用排水水泵进行提升。排水水泵的选择,应根据污、废水性质（悬浮物含量多少、腐蚀性大小、水温高低以及水）、水量多少、排水情况（如经常、偶然、连续、间断等）,所需扬升的高度和建筑物功能布局状况而定。

常用设备有离心水泵、潜水污水泵、液下污水泵、手摇泵、喷射器、自吸泵等。

污、废水提升设备的适用条件及其优缺点见表3.7。

附图例1　某商场建筑给排水平面图（扫二维码阅览）。

附图例2　某宾馆建筑给排水平面图（扫二维码阅览）。

图例1

图例2

表 3.7　常用污、废水提升设备比较

名　称	适用条件	优　点	缺　点
离心水泵	各种不同性质的污水的经常性提升	①一般效率高、工作可靠; ②型号、规格较多,适用范围较广; ③操作管理方便	①密封不易严密,因此泄漏和腐蚀问题不易解决; ②一般叶轮间隙较小,易于堵塞; ③抽吸式安装时,普通离心泵启动时需灌水或抽气; ④占地面积大

续表

名　称	适用条件	优　点	缺　点
手摇泵	一般用于非经常性的小量排水扬升,扬升高度不大于 10 m	①设备简单,安装方便,投资省; ②不需要动力,一般启动时不需要灌水和抽气	①笨重,占地面积大; ②活塞、活门易磨损; ③人工操作,较费力气
潜水污水泵	①一般用于抽送温度为 20~40 ℃,含砂量不大于 0.1%~0.6%,pH 值为 6.5~9.5 的污水; ②广泛用于人防工程及地下工程,排除粪便污水及废水	①体积小,质量轻,移动方便,安装简单; ②开车前不需引水; ③能抽送带纤维、大颗粒悬浮物的污水	开、停不宜过于频繁
喷射器	一般用于小流量、经常性的污水扬升。扬升高度不大于 10 m	①设备简单,投资省; ②结构紧凑,占地小; ③工作可靠、维修、管理简单,容易防腐	①效率低(一般为 15%~30%); ②必须提供压力工作介质(水、蒸汽、压缩空气等)

3.2 建筑供配电系统

建筑电气设备是建筑设备工程中的重要组成部分之一。

按照电气系统的功能和设计与施工分工的习惯,建筑电气系统可以分为强电系统和弱电系统两大类。强电系统主要包括供配电系统、变配电所、配电线路、电力、照明、防雷、接地、自动控制系统等。弱电系统主要包括电话、广播、电缆电视系统、消防报警与联动系统、防盗系统、公用设施(给排水、采暖、通风、空气调节、冷库等)的自动控制系统及信号传输;在智能建筑电气设计中还包括建筑物自动化、通信系统网络化和办公自动化系统等。

上述各系统并非存在于每一个建筑工程中,但是其中的一些传统内容是所有建筑都要用到的,如低压供配电系统、照明系统、防雷接地系统、电话、电缆电视系统等。

3.2.1 供配电系统

供配电系统包括供电系统和配电系统两部分内容。供电系统:根据用电设备负荷性质、负荷等级、设备容量及用电规模等,确定变配电所的主接线、数量、容量及位置,补偿前后的功率因数、无功补偿容量及补偿方式、备用容量及备用电源的备用方式;继电保护及计量的配置、电工仪表的型号、规格、数量、电缆和导线的型号、规格等。配电系统:确定低压系统的接线方式及接地方式,确定主要配电设备、配电电缆和导线的型号规格及敷设方式。

1)建筑电气工程常用电源

建筑电气工程中使用的电源有城市电力网供给的、自备发电机供给的,也有蓄电池供给的。电源分为交流电源和直流电源两大类。

(1)交流电源

建筑物内的交流电源大都取自城市电力网或自备三相交流发电机组。

由城市电力网提供的电源经2~3级降压变压器降压后,通过10/0.4 kV(或35/0.4 kV)配电变压器的副边绕组向低压用电设备提供380/220 V电源。中小容量的自备(柴油)发电机组直接向用电设备提供380/220 V低压电源。

(2)直流电源

建筑物内的直流电源通常由整流装置或蓄电池提供。直流电源通常用作高压电器的分(合)闸电源,消防设备的控制电源,计算站、电话站的设备电源等。

2)常用的高压主接线系统

民用建筑中常用的高(低)压主接线系统有单母线和单母线分段两种接线方式。

(1)单母线接线

单母线接线一般是一路电源进线,如图3.24所示。其优点是接线清晰、操作方便、便于扩建。其缺点是不够灵活、可靠,任一元件(母线或母线隔离开关)检修时,都将使整个配电装置停电。此种接线方式适用于三级负荷。在6~10 kV的配电所中,单母线配电装置的出线回路数不超过5回。

图3.24(a)为固定式高压柜的高压主接线。图中,高压断路器的作用是切断(过)负荷电流及短路电流,隔离开关的作用是形成可视断点,以保证检修人员的安全及检修高压断路器。母线侧的隔离开关称为母线隔离开关,其作用是隔离母线电源,线路侧的隔离开关称为线路隔离开关,作用是防止从用户侧向母线倒送电或防止雷电波过电压侵入线路。按有关设计规范,对6~10 kV的引出线有电压反馈可能的出线电路及架空出线回路应安装隔离开关。

图3.24(b)为手车式高压柜的高压主接线。手车柜中,高压断路器安装在手车上,通过抽出手车形成可视断点,不需要再设置隔离开关。

(2)单母线分段接线

单母线分段接线是在每一母线段上接一个或两个电源,在母线中间用隔离开关或断路器分段,由各段母线分别引出出线,如图3.25所示。

单母线分段的接线方式可靠性高,某段母线(或开关)故障时,可分段检修,它是民用电气设计中常用的主接线形式。

图3.25所示电路为"互为备用"工作方式:正常时两路电源同时工作,当其中一个电源因故障停电时,可通过手动或自动投入中间的母线分段断路器,另一个未停电的电源承担全部负荷的供电。为了防止两个高压电源并联运行(两路电源并联运行必须满足并联运行条件,一般情况下供电部门不允许两路电源并联运行),两个电源断路器与分段断路器之间应具有避免误操作、误动作而引起的电气故障的联锁措施。

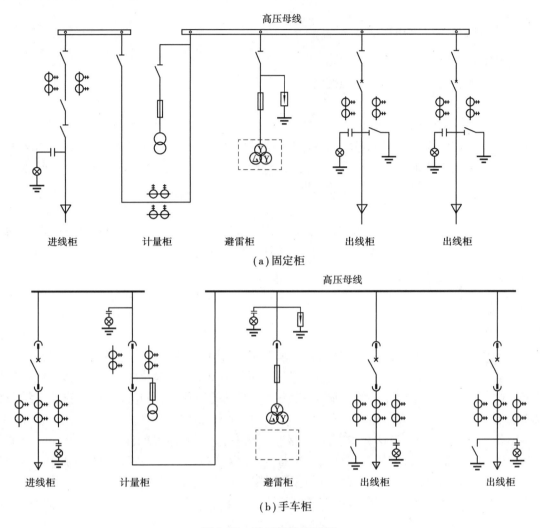

（a）固定柜

（b）手车柜

图 3.24　单母线接线示例

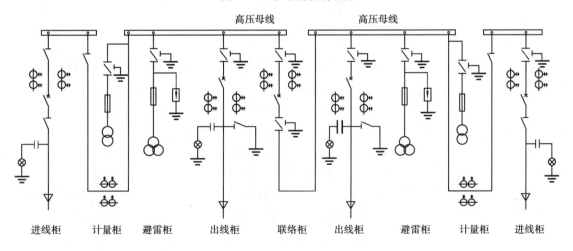

图 3.25　单母线分段接线示例

3)供配电网络

供配电网络是指由电源端(变、配电站)向负荷端(电能用户或用电设备)输送电能时采用的网络形式。

供配电网络是由电力线路将变、配电站与各电能用户或用电设备连接起来构成的网络。对于变电站和电能用户甲、乙、丙,可采用多种形式的连接方式,因而可以构成不同的供配电网络结构。不同的网络结构对供电可靠性产生不同的影响,图3.26展示出了供配电网络的4种基本结构。

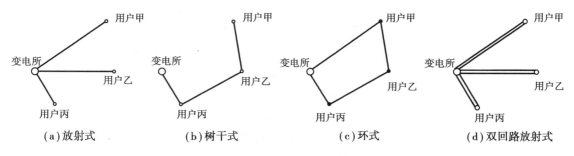

(a)放射式 (b)树干式 (c)环式 (d)双回路放射式

图3.26 供配电网络的基本结构

4)常用的低压配电系统接线方式

低压配电系统的配电线路由配电装置(配电盘)及配电线路(干线及分支线)组成。配电接线方式有放射式、树干式、变压器干线式、链式及混合式等。

(1)放射式接线

此接线的优点是各个负荷独立受电,故障范围一般仅限于本回路,故障时互不影响,供电可靠性较高,便于管理;同时,回路中电动机启动引起的电压波动对其他回路的影响也较小。其缺点是系统灵活性较差,所需开关和线路较多,线路有色金属消耗较多,投资较大。一般用于用电设备容量大、负荷性质重要或在有潮湿、腐蚀性环境的建筑物内。对居住小区内的高层建筑群配电,宜采用放射式。

(2)树干式接线

此接线结构简单,配电设备及有色金属消耗较少,系统灵活性好,但干线发生故障时影响范围大,因而可靠性较差。但当干线上所接用的配电盘不多时,仍然比较可靠。一般用于容量不大、用电设备布置有可能变动时对供电可靠性要求不高的建筑物,如对居住小区内的多层建筑群配电。

(3)变压器干线式接线

由变压器引出总干线,直接向各分支回路的配电箱配电。这种接线比树干式接线更为简单经济并能节省大量的低压配电设备。为了兼顾供电可靠性,从变压器接出的分支回路数一般不超过10个。对于有频繁启动、容量较大的冲击性负荷,为了减少用电负荷的电压波动,不宜用此方法配电。箱式变电站即为此种接线。

(4)链式接线

链式接线适用于距供电点较远而用电设备相距很近且容量小的非重要场所,每一回路的环链设备一般不宜超过 5 台或总容量不超过 10 kW。

（5）混合式接线

混合式接线即为树干式与放射式相混合的配电方式，兼有树干式和放射式接线的共同特点，适用于各类工业与民用建筑。在多数情况下，一个大系统都采用树干式与放射式相混合的配电方式。如对多层或高层民用建筑各楼层配电箱配电时，多采用分区树干式接线方式。

5) 低压系统的配电电压及供电线路

（1）低压系统的配电电压

①交流电压的选择：一般选用 380/220 V，变压器中性点直接接地的三相四线制系统。

交流控制回路电源电压一般选用 AC380 V 或 AC220 V，当控制线路较长而有可能引起接地时，为防止控制回路接地而造成电动机意外启动或不能停车，宜选用 AC220 V 电压。

当因控制元件功能上的原因或因安全需要采用超低压配电时，其控制电压的等级为 36，24，12，6 V。例如，生活水泵的水位控制继电器一般要求 24 V 的控制电压、消防设备（如防火门、防火阀、打碎玻璃按钮等）通常也需要 24 V 控制电压。此外，集中控制系统的模拟灯盘宜采用 24 V 以下的信号电压，以减少灯具尺寸并减少灯具发热，降低能耗。

②直流电压的选择：直流动力电源电压一般选用 DC220 V。直流系统控制电源电压一般选用 DC12～220 V，视设备要求而定。

（2）低压供电线路

低压供电线路包括低压电源引入及电源主接线等。电源引入方式有电缆埋地引入和架空线引入两种。建筑工程电源引入方式，视室外线路敷设方式及工程要求而定。当市电线路为架空敷设时，可采用架空引入方式，但应注意架空引入线不应设在人流较多的主要入口。为了防止雷电波沿架空线入侵建筑内变电所，有条件时可将架空线转换为地下电缆引入方式，电缆埋地长度不应小于 15 m。当市电为地下电缆线路时，电源采取电缆埋地引入方式。如果此处引入电缆并非终端，还需装设"T"或"π"形接线转换箱，将市电转送至其他建筑物。

确定低压供电的主接线及计量方式时，应与当地供电部门协商，典型的主接线有单电源供电和双电源供电两种形式。

低压双电源供电方案有"一用一备"及"互为备用"两种类型。不论哪种类型，两个电源均不能并联工作，即任意时刻两个电源只能有一个投入系统工作。因此，两个电源开关之间应有机械联锁和电气联锁。

例如，"一备一用"方式中，若电源 1 为正常工作电源，电源 2 为备用电源，当电源 1 停电时，用电设备应切换到电源 2 上去。"互为备用"方式中电源 1 和电源 2 均可选作为正常工作电源，其中正在供电的电源停电后，另一电源则通过切换，继续对设备供电。两个电源的切换方式有手动和自动两种。

双电源供电系统可均取自市电，或一路市电，一路自备发电机。当需要双路供电的负荷不大，如公共场所的应急疏散照明，采取两路市电或自备发电机不经济时，可采用带镍铜电池的应急照明灯。平时由市电供电并对蓄电池充电，在紧急情况下，如市电中断，蓄电池向 LED 灯供电或通过逆变器向荧光灯供电，应能保持 20～30 分钟照明。

3.2.2 常用的低压配电设备

按照低压电器与使用系统间的关系,习惯上将其分为低压配电电器和低压控制电器两大类,前者主要用于低压供电系统。这类低压电器有刀开关、自动开关、转换开关以及熔断器等。对这类电器的主要技术要求是分断能力强,限流效果好,动稳定及热稳定性能好。后者主要用于电力拖动控制系统。这类低压电器有接触器、继电器、控制器及主令电器等。对这类电器的主要技术要求是有一定的通断能力,操作频率高,机械寿命长。

民用建筑供电系统中,常用的低压配电设备有断路器、熔断器、隔离开关、负荷开关、互感器、低压配电柜(屏)、动力配电箱、照明配电箱等。

1)低压断路器

低压断路器用于低压配电电路、电动机或其他用电设备的电路中,在正常情况下,它可以分、合工作电流,当电路发生严重过载、短路及失压等故障时能自动分断故障电流,有效地保护串接在它后面的电气设备,是低压电路中重要的保护开关。低压断路器也可以用来不频繁地分合电路以及控制电动机等。由于其动作值可调,动作后不需要更换零部件,应用十分广泛。

低压空气断路器种类繁多,可按用途、结构特点、极数、传动方式等来分类。具体如下:

①按用途分类,可分为保护线路用、保护电动机用、保护照明线路用和漏电保护用断路器。

②按主电路极数分类,可分为单极、两极、三极、四极断路器。微型断路器还可以拼装组合成多极断路器。

③按保护脱扣器种类进行分类,可分为短路瞬时脱扣器、短路短延时脱扣器、过载长延时反时限保护脱扣器、欠电压瞬时脱扣器、欠电压延时脱扣器、漏电保护脱扣器的断路器等。以上各类脱扣器可在断路器中个别或综合组合成非选择性或选择性保护断路器,当配备有漏电保护脱扣器时也称为具有漏电保护功能的低压空气断路器。

④按其结构形式分类,可分为框架式和塑料外壳式低压空气断路器。

⑤按是否具有限流性能分类,可分为一般型和限流型低压空气断路器。

⑥按操作方式分类,可分为直接手柄操作、手柄储能操作快速合闸、电磁铁操作、电动机操作、电动机储能操作快速合闸和电动机预储能操作式低压空气断路器。

2)熔断器

熔断器在配电电路中用于过载或短路保护。当电流超过规定值一定时间后,以它本身产生的热量使熔体熔化而分断电路。熔断器分断电路是利用串联在被保护的电路中的金属熔体在故障电流作用下受热熔化,切断电路。切断电路过程中,在线路电压影响下,往往会产生强烈的电弧,发生剧烈的声、光效应。为了安全和有效熄灭电弧,通常将熔体装在一个绝缘材料制成的管壳内,里面填充灭弧材料,两端用导电材料连接,组成一个整体元件。当熔断器熔断后,需重新更换新熔体,才能接通电路继续工作。

熔断器的结构简单、体积小、质量轻、价格低并具有高分断能力和良好限流性能,与其他低压电器配合使用,具有良好的电气性能和技术经济效益。

3)隔离开关

隔离开关的作用主要是用来隔断电源和无负载的情况下转换电路,检修时隔离开关在线路中造成明显的断开点,以保证其他电气设备能安全检修。因为隔离开关没有专门的灭弧装置,所以不允许它带负荷断开或接通线路。隔离开关闭合后,方可合上断路器;断路器打开后,方可打开隔离开关。

隔离开关的额定电压应等于或大于电路额定电压。其额定电流应等于(在开启和通风良好的使用场合)或稍大于(在封闭的开关柜内或散热条件差的工作场合)电路额定电流,一般按电路工作电流的1.15倍选用。在开关柜内使用的刀开关还应考虑操作方式,如杠杆操作、手动操作或电动操作。

4)负荷开关

负荷开关具有简单的灭弧装置,用于通断负荷电流。但这种开关的断流能力并不大,只能通断额定电流,不能用于分断短路电流。负荷开关必须和熔断器串联使用,用熔断器切断短路电流。负荷开关在断开电路时,也具有明显的断开间隙,因此也具有隔离电源作用。但负荷开关与隔离开关有着本质区别:线路正常工作时,负荷开关可以带负荷进行操作,而隔离开关则不能。

5)电流互感器

电流互感器铁芯上一次绕组匝数少,串联在供配电系统一次回路中,绕组流过一次回路的电流;互感器二次绕组匝数多,与供配电系统二次侧测量仪表(电流表或功率表)等串联,构成闭合的二次回路。理论上,互感器二次绕组电流与一次绕组电流之比等于一次、二次绕组匝数比,这样通过知晓二次绕组电流的大小就可获知一次绕阻电流,用于将大电流变为易于测量的小电流。电流互感器的额定二次电流目前已经标准化了,一般为5A或1A。

电流互感器二次绕组的阻抗很大,而二次回路的负荷阻抗又很小,相当于一台接近短路运行的变流电流源,电流互感器二次回路严禁开路。若发生开路,绕组铁芯温度会急剧升高,可能烧坏铁芯和绕组,而且开口处会出现高达1 000 V的尖脉冲,危及二次仪表或保护继电器的绝缘,并威胁人身安全。

6)电压互感器

电压互感器与电流互感器是一种对偶关系,各种特性和参数可相互比照。电压互感器一次绕组并联在系统的两相或三相电源上,二次负荷并联在二次绕组上。由于一次绕组阻抗很大,因此并联接入一次系统对系统电压的影响可以忽略不计;二次绕组阻抗很小,但二次负荷阻抗相比起来要大得多,因此电压互感器相当于一台接近开路运行的小容量变压器。

普通双绕组电压互感器的额定一次电压与所在线路的标称电压相等;额定二次电压一般为100 V。

7)低压配电柜(屏)

低压配电柜(屏)是一种柜式成套设备。它按一定的接线方式将所需要的一次设备(主电路中的设备,如负荷开关、断路器等开关设备)、二次设备(控制回路中的设备,如测量仪表、保护电器等)及一些操作辅助设备共同组装成一个整体,在配电所中用于控制和保护电力线路。这种成套配电设备结构紧凑、性能可靠、运行安全、安装和运输方便,具有体积小、性能好、节约钢材、减少配电室空间等优点,在建筑电气工程中得到了广泛使用。

低压配电柜分为固定式和抽屉式两大类。抽屉式低压配电柜的断路器等主要电气设备安装于可拉出和推入的抽屉中,具有检修安全、供电灵活、停电时间短和价格较高的特点。

配电柜的进出线方式有下列几种:

①下进下出方式:需要在柜下做电缆沟或电缆夹层。

②上进上出方式:采用电缆桥架或封闭式母线架设。

③混合式出线:上进上出和下进下出根据需要混合使用。

8)照明配电箱和动力配电箱

一般照明配电箱的线路如图3.27(a)所示。目前,常用的照明配电箱内的主要元件是微型断路器和接线端子板。微型断路器是一种模块化的标准元件,分为单极、二极、三极、四极4种,还可装设漏电保护装置。

室内照明配电箱分为明装、暗装及半暗装三种形式。当箱的厚度超过墙的厚度时采用半暗装,室内暗装或半暗装配电箱的下沿距地一般为1.4~1.5 m。

动力配电箱的线路如图3.27(b)—(d)和图3.28所示。常用的动力配电箱有两种,一种用于动力配电,为动力设备提供电源,如电梯配电箱;另一种用于动力配电及控制,如各种风机、水泵的配电控制柜。前一种动力配电箱中仅装有配电开关[图3.27(b)—(d)],而后一种除开关外,还装有接触器、热继电器及相关控制回路和电动机保护电器(图3.28)。

动力配电箱中的进出线开关为断路器或负荷开关,断路器一般为塑壳断路器,这种断路器比微型断路器的容量大、短路电流分断能力高。小型动力配电箱的结构与照明配电箱类似,但其中装设的断路器所具有的工作特性与照明配电箱的不同,是专用于电动机控制的。

9)总配电装置

在很多情况下,由配电所引出的低压电源不直接对末端设备配电箱配电,而是通过照明及动力总配电装置对其配电。照明或动力总配电装置包括低压电源的受电部分、配电干线的控制与保护部分。照明总配电装置一般为落地式配电箱或配电柜,安装在专用的配电室或配电小间内。

如图3.27(b)所示,总配电装置的受电部分一般由电压表(需计量时,还有电能表及表用电流互感器)及总开关(含保护)组成。大型装置通常装设电流表监视负荷情况。总配电装置的配电干线控制与保护部分一般采用具有二段式或三段式保护特性的低压断路器,当出线回路负荷很大时,可在出线回路上设监视负荷的电流表。

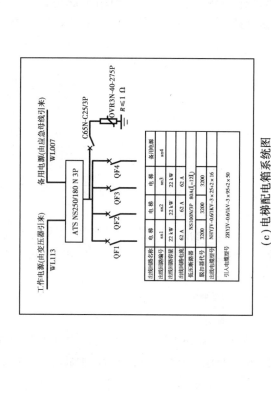

（a）一般照明配电箱系统图

（b）动力配电箱系统图

（c）电梯配电箱系统图

（d）小型动力配电箱系统图

图3.27 配电箱系统图

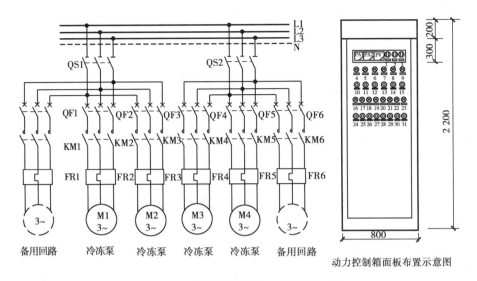

动力控制箱面板布置示意图

图 3.28 动力控制箱电气主接线示意图

3.2.3 照明系统

电气照明系统设计分为光学和电气两大部分设计内容。照明光学部分设计包括确定照明标准、照明方式、照明种类,以及选择电光源、灯具类型等;而电气部分设计包括确定供电电源、配电系统、配电线路,以及保护电器选型、计算电压损失、选择开关控制方式等。

1)照明方式

(1)一般照明

照明器在整个场所或局部基本对称布置的照明方式称为一般照明,用于需要获得均匀水平照度的场所。如行政办公室、学校教室、门厅、商场、超市、一般厂房车间等场所均需要布置一般照明。

(2)分区一般照明

根据房间内工作布置的实际情况,将灯具集中或分组集中在工作区上方,使房间的不同被照面上产生不同的照度,称为分区一般照明。将灯光集中在工作区,而降低通道等非工作区照度,可有效地节能。

(3)局部照明

局部照明是指仅限于工作面上的某个局部需要高照度的照明。如床头灯、台灯等为局部照明。对局部区域需要高照度并对照射方向有要求时,也可装设局部照明。当一般照明受到遮挡或需要克服工作区及其附近的光幕反射时,也宜采用局部照明。按相关规定,一个工作场所内,不宜只装设局部照明。

(4)混合照明

由一般照明与局部照明共同组成的照明称为混合照明。对工作位置视觉要求较高,且对照射方向有特殊要求时,宜用混合照明。混合照明中的一般照明,其照度应按总照度的5% ~ 10%选择,但不宜低于20 lx。

2）照明的种类

根据照明的目的和要求,照明可以分为正常照明、应急照明(包括备用照明、安全照明、疏散照明)、值班照明、警卫照明、障碍照明、装饰与艺术照明等。

（1）正常照明

正常照明指在正常工作时使用的室内、外照明,它一般可单独使用,也可与事故照明、值班照明同时使用,但控制线路必须分开。

（2）应急照明

应急照明指在正常照明因故障熄灭后,供事故情况下继续工作、暂时继续工作或疏散人员用的照明。应急照明灯应布置在可能引起事故的工作场所及主要通道和出入口。应急照明应采用能瞬时点燃的可靠光源,一般采用快速启燃的荧光灯、发光二极管灯等,不能采用高强度气体放电灯。疏散标志灯可采用发光二极管灯。

（3）值班照明

值班照明是指在非工作时间内供值班人员用的照明。在非三班制生产的重要车间、仓库或非营业时间的大型商店、银行等处,通常宜设置值班照明。值班照明可利用正常照明中能单独控制的一部分,或利用事故照明的一部分或全部。

（4）警卫照明

警卫照明是指警卫地区周围的照明。可根据警戒任务的需要,在厂区或仓库区等警卫范围内设置。

（5）障碍照明

装设在飞机场四周高建筑上或有船舶航行的河流两岸建筑上,表示障碍标志用的照明,可按民航和交通运输部门的有关规定装设。如障碍标志灯的水平、垂直距离不宜大于 45 m,装设在建筑物的最高点、建筑顶部和外侧转角;在烟囱上,应距离烟囱口 1.5～3 m 形成三角形水平排列。

障碍标志灯采用自动通断电源的控制装置,电源按建筑物的最高负荷等级供电。

3）室外照明

（1）室外照明种类

①路灯照明:路灯照明光源一般采用高压钠灯、高压汞灯、LED 灯等。交通公路照明主要采用低压钠灯、荧光高压汞灯,城市内街道照明主要采用高压钠灯、金属卤化物灯,室外照明多选用半截光型或非截光型配光灯具。汞灯因其光效低、环保性差等问题已经被淘汰。随着科技的进步,LED 灯已经成了主流的路灯光源,其优点有光效高、寿命长、能耗低、无污染、色温可调等。

②隧道照明:隧道照明应采用两路电源供电,应急照明应由备用电源(如自备发电机组)独立系统供电。城市中的隧道照明一般选用直管荧光灯或低压钠灯,在隧道入口处的适应性照明一般选用高压钠灯。隧道内夜间照明的照度为昼间照度的 1/2,出入口区的照度可为 1/10,并采用调光方式。隧道内应设应急照明,避难区照度应为该区段照度的 1.5～2 倍。照明的控制可采用定时器、光电控制器、电视摄像监视等方式。

③广场照明:一般广场照明为高压钠灯、金属卤化物灯,特殊情况采用氙灯。停车广场照明可采用显色性高、寿命长的光源。

对室外照明,要求能在值班室或配电室进行遥控,深夜能够实行减光控制并在不同控灯方式中保持三相负荷平衡。

(2)室外照明方法

①灯杆照明:灯具安装在灯杆顶端,沿人行道路布置灯杆。灯杆高度在 10 ~ 15 m,灯具的布置可以采用单侧布灯、对称布灯、交错布灯、中央布灯形式。

②高杆照明:一般高杆照明的高度为 20 ~ 35 m(间距为 90 ~ 100 m),最高可达 40 ~ 70 m。高杆照明的光源选用多个高功率和高效率光源组装的灯具。高杆照明宜采用可升降式灯盘。

③悬索照明:在道路中间的隔离带上竖起 15 ~ 20 m 的灯杆,灯杆间距 50 ~ 80 m,灯杆之间用钢索作拉线,灯具悬挂在钢索上,灯具之间的距离为安装高度的 2 倍。

4)照明供电与配线方式

(1)供电方式

照明器端的电压偏移,一般不高于其额定电压的 105% ,也不宜低于额定电压的下列数值:a.对视觉要求较高的室内照明为 97.5% ;b.一般工作场所的室内照明:露天工作场所照明为 95% ;c.事故照明、道路照明、警卫照明及电压为 12 ~ 36 V 的照明为 90% (其中,12 V 电压用于检修锅炉用的手提行灯,36 V 用于一般手提行灯)。

在一般小型民用建筑中,照明进线电源电压可采用 220 V 单相供电。照明容量较大的建筑物,当计算电流超过 30 A 时,其进线电源应采用 380/220 V 三相四线制和三相五线制供电。

正常照明的供电方式,一般可由电力变压器供电。某些大型厂房或重要建筑可由 2 个或多个不同变压器的低压回路供电,如某些辅助建筑或远离变电所的建筑,可采用电力与照明合用的回路。当电压偏移或波动过大,不能保证照明质量和光源寿命时,照明部分可采用有载调压变压器或照明专用变压器供电。

应急照明采用双电源的供电方式,应急电源可采取以下形式:

a.取自电力网并且独立于正常工作电源以外的馈电线路或不同的变压器,这种方式的供电容量大,转换快,持续工作时间长,主要用于有消防负荷的工厂或大型建筑物。

b.专用应急发电机组的供电容量较大,持续工作时间长,但转换较慢,一般用于高层或高层民用建筑中与消防负荷共用。

c.蓄电池组供电容量较小,持续工作时间短,但可靠性高、灵活,主要用于前两种电源不方便获得或应急照明负荷容量较小的场所。

供疏散人员或安全通行的事故照明,其电源可接在与正常照明分开的线路上,并不得与正常照明共用一个总开关。当只装设单个或少量的应急照明灯具时,可使用成套应急照明灯(即当外接交流电源突然中断时,它能及时将灯管与灯具内蓄电池接通,使灯继续点亮的一种照明器)。

应急照明的切换时间为:疏散照明不大于 5 s,安全照明不大于 0.5 s,备用照明不大于 5 s,银行、商场的收款台不大于 1.5 s。

应急照明的光源一般采用荧光灯、LED 灯,不能使用高压气体放电灯。

（2）控制方式与控制线路

①控制方式：主要考虑在安全条件下便于管理和维修，并注意节约电能。每个灯一般应有单独的开关或少数几个灯共用一个开关，可以灵活启闭。照明供电干线应设置带保护装置的总开关。室内照明开关应装在房间的入口处，以便于控制。但在生产厂房内，宜按生产性质，如工段、流水线等分区、分组集中于配电箱内控制。在剧场、餐厅、商场等大型公共建筑内，也宜将灯分组集中于配电箱内控制。

照明回路的分组应考虑房间使用的特点。对于小房间，通常是一路支线供几个房间用电。对于大型场所，当以三相电源供电时，应使三相线路的各相负荷尽可能平衡。室内照明线路，每一单相回路的电流一般不应超过 16 A，同时接用的灯头总数不超过 25 个。

为了节约用电，在大面积照明场所，沿天然采光窗平行布置的照明器应该单独控制，以充分利用天然采光。除流水线等狭长作业的场所外，照明回路控制应以方形区域划分。并推广各种自动或半自动控灯装置（如装在楼梯、走廊等处的定时开关；充分利用白天天然光而设的光控开关；广场或道路照明以光电元件或定时开关自动控制等）。此外，还应在线路上有能切断部分照明的措施，以节约电能。

②控制线路：电气照明控制电路可分为基本控制线路、多控开关电气线路、节能定时开关电气线路、调光控制线路和自动控制线路。

5）照明网络

（1）照明电源

①照明负荷应根据其中断供电可能造成的影响及损失，合理地确定负荷等级，并应正确地选择供电方案。

②当电压偏差或波动不能保证照明质量或光源寿命时，在技术经济合理的条件下，可采用有载自动调压电力变压器、调压器或照明专用变压器供电。

③备用照明应由两路电源或两回线路供电：当采用两路高压电源供电时，备用照明的供电干线应接自不同的变压器。

④应急照明应由两路电源或两回线路供电。

（2）常用的照明系统接线方式

照明供配电系统的配电线路由配电装置（配电盘）及配电线路（干线及分支线）组成。配电接线方式有放射式、树干式、链式、环形网络及混合式等。

从低压电源引入的总配电装置（第一级配电点）开始，至末端照明支路配电盘为止，配电级数一般不宜多于三级，每一级配电线路的长度不宜大于 30 m。

3.2.4 常用的电光源

常用的电光源可分为两大类：一类是热辐射光源，如白炽灯、卤钨灯此类热辐射光源（除特殊场所外，已逐渐淘汰）；另一类是气体放电光源，如荧光灯、低压钠灯、高压钠灯、金属卤化物灯、氙灯等。其特点分别是：热辐射光源以钨丝为辐射体，通电后使之达到白炽温度，产生热辐射；气体放电光源主要以原子辐射形式产生光辐射，根据光源中气体的压力，可分为低压气体放电光源和高压气体放电光源两种。

高压气体放电光源管壁的负荷一般比较大,也就是说灯的表面积不大,但灯的功率较大,一般超过 3 W/cm² ,因此又称为高强度气体放电灯,简称 HID 灯。

以白炽灯为代表的热辐射光源具有构造简单、使用方便、能瞬间点燃、可调光、无频闪现象、显色性好和价格便宜等优点,其缺点是发光效率低(平均光效 7 ~ 9 lm/W)、使用寿命短、抗震性差。白炽灯可用于:①对光源有较高显色特性要求的场所;②对光源有防频闪要求的场所(如水泵房、风机房等有旋转设备的场所);③需要频繁开关、快速燃亮的场所(如楼梯间使用声光控开关、专用应急照明灯具);④需要进行调光的场所(如舞台使用调光灯);⑤需防射频干扰的场所(如电视台、广播电台的调音室);⑥非主要的辅助性建筑等。其不宜用在空调房间、有震动的场所及紧靠易燃物品的场所。普通照明用白炽灯已禁止生产销售和使用。

荧光灯具有发光效率高(平均光效为 70 ~ 100 lm/W)、寿命长、表面温度低、显色性较好和光通量分布均匀等优点,是民用建筑中使用最广泛的光源。其缺点是在低电压和低温环境下启燃困难,显色指数低于热辐射光源,有频闪效应。当荧光灯开、关频繁时会加快灯丝上所涂发射物的损耗,影响其寿命。因此,无防频闪功能的荧光灯不宜用于有旋转设备的场所及需要频繁开关的场所,不能用作专用应急照明灯具光源。

荧光灯以外的气体放电灯均属于第三代光源。它们都具有光效高、耐震、耐热、寿命长的优点,其主要缺点是不能瞬时点燃、启燃和再启燃时间长、对电光源的电压质量要求较高。

普通型高压钠灯的显色性较差(显色指数 $R_a \approx 21$),但其光效高(超级高压钠灯的光效可达 150 lm/W)、体积小、透雾性好、寿命长,广泛应用于道路、隧道、泛光照明等场所,在室内则多用于对显色性要求不高的重工业厂房照明。

金属卤化物灯(简称金卤灯)是一种充有金属卤化物的高压汞放电灯,它以其高光效(平均光效 70 ~ 190 lm/W)、高亮度、寿命长、显色性好、结构紧凑、光束易控、热辐射量低、性能稳定等特点,成为最理想的高效节能光源,广泛用于要求照明质量高而耗电量低的室内高大照明场所及户外(城市、交通、港口、码头、机场、体育馆等)投光照明。

高强气体放电灯的功率因数较差,一般为 0.4 ~ 0.6。在大量采用高强气体放电灯的场所需考虑采用电容器补偿。另外,电源电压变化对灯的光电参数影响较大,故要求电源电压变化不大于5%。

发光二极管(LED)被称为第四代光源,即是以 LED 作为发光体的光源。它是一种常用的发光器件,在照明领域应用广泛,具有效率高、寿命长、体积小的特点。理论上它可连续使用 10 万小时,寿命约为普通白炽灯泡的 100 倍。LED 色域宽广、色彩纯度高、外形尺寸灵活,无红外和紫外线辐射,可谓节能环保的"绿色光源"。

3.3　建筑弱电系统

3.3.1　消防报警与联动控制系统

建筑物的防火分为主动及被动两种方式。被动防火是指建筑物的防火设施:防火结构、防火分区、非燃性及阻燃性材质、疏散途径和避难区等固定设施。其作用在于尽量减少起火因素,防止烟、热气流及火的蔓延,确保人身安全。以上内容在建筑工程设计中应该予以充分考虑。主动防火是指火灾自动报警、防排烟、引导疏散和初期灭火等报警、防火和灭火系统,其各种系统形成了建筑物自动防火工程。

1)现代自动防火体系

建筑物的现代自动防火体系是由报警、防火、灭火和火警档案管理4个系统组成的。

①报警系统:具有火灾探测及报警两种功能的系统。它包括全部火灾探测器和报警器。

②防火系统:具有防止灾害扩大,及时引导人员疏散的两大功能。它包括所有以下防灾设备:防火门、防火墙、防火卷帘、消防应急照明疏散指示等。

③灭火系统。具有控火及灭火功能,包括人工水灭火(消火栓)、自动喷水灭火,专用自动灭火装置等。

④火警档案管理系统。具有显示、记录功能,它包括模拟显示屏、打印机和存储器等。

2)火灾自动报警系统的组成

火灾自动报警系统是自动探测火灾早期特征,发出火灾报警信号,为人员疏散、防止火灾蔓延和启动自动灭火设备提供控制与指示的消防系统,可用于人员居住和经常有人滞留的场所、存放重要物资或燃烧后产生严重污染需要及时报警的场所。

火灾自动报警系统应设有自动和手动两种触发装置,系统设备应选择符合国家有关标准和有关市场准入制度的产品。系统中各类设备之间的接口和通信协议的兼容性应符合现行国家标准《火灾自动报警系统组件兼容性要求》(GB 22134—2008)的有关规定。

火灾探测报警系统的构成框图,如图3.29所示。

3)火灾报警系统分类

①区域报警系统:仅需要报警,不需要联动自动消防设备的保护对象宜采用区域报警系统,系统应由火灾探测器、手动火灾报警按钮、火灾声光警报器及火灾报警控制器等组成,火灾报警控制器应设置在有人值班的场所。

②集中报警系统:不仅需要报警,同时需要联动自动消防设备。且只设置一台具有集中控制功能的火灾报警控制器和消防联动控制器的保护对象,应采用集中报警系统,并应设置一个消防控制室。系统应由火灾探测器、手动火灾报警按钮、火灾声光警报器、消防应急广播、消防专用电话、消防控制室图形显示装置、火灾报警控制器、消防联动控制器等组成,其中起集中控制作用的消防设备应设置在消防控制室内。

③控制中心报警系统:设置两个及以上消防控制室的保护对象,或已设置两个及以上集中报警系统的保护对象,应采用控制中心报警系统。有两个及以上消防控制室时,应确定一个主消防控制室,主消防控制室应能显示所有火灾报警信号和联动控制状态信号,并应能控制重要的消防设备;各分消防控制室内消防设备之间可互相传输、显示状态信息,但不应互相控制。

集中报警系统,如图3.30所示。

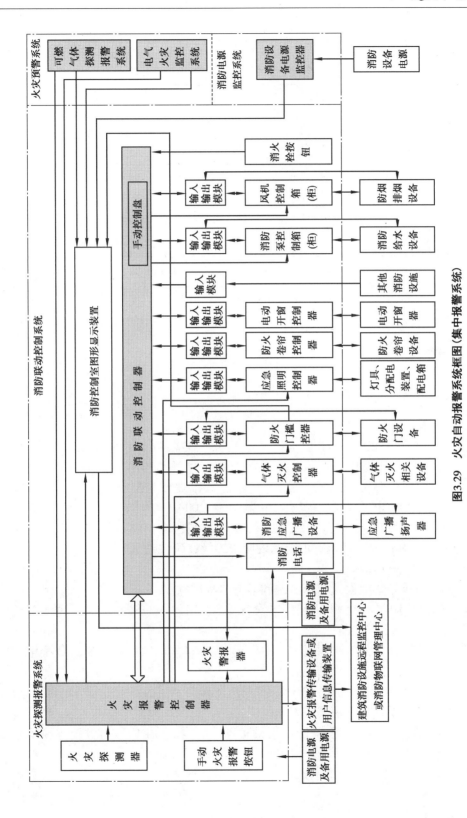

图3.29　火灾自动报警系统框图（集中报警系统）

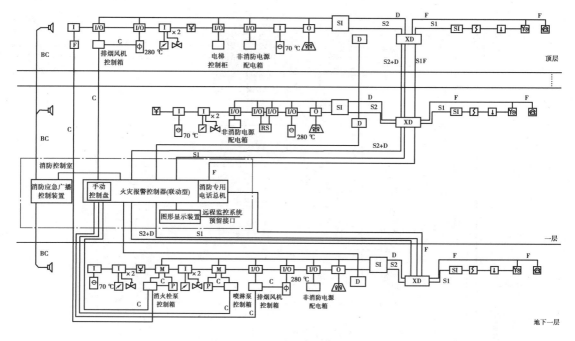

图 3.30　集中中心报警系统示例

4)对消防设备的供配电要求

(1)供电要求

建筑高度大于 50 m 的乙、丙类厂房和丙类仓库,一类高层民用建筑的消防用电应按一级负荷供电;室外消防用水量大于 30 L/s 的厂房(仓库),室外消防用水量大于 35 L/s 的可燃材料堆场、可燃气体储罐(区)和甲、乙类液体储罐(区),粮食仓库及粮食筒仓,二类高层民用建筑,座位数超过 1 500 个的电影院、剧场,座位数超过 3 000 个的体育馆,任一层建筑面积大于 3 000 m² 的商店和展览建筑,省(市)级及以上的广播电视、电信和财贸金融建筑,室外消防用水量大于 25 L/s 的其他公共建筑的消防用电应按二级负荷供电。

此外,还应满足下列要求:

①火灾自动报警系统应设置交流电源和蓄电池备用电源。

②消防控制室、消防水泵房的消防用电设备及消防电梯等的供电,应在其配电线路的最末一级配电箱处设置自动切换装置。

③防烟和排烟风机房的消防用电设备的供电,应在其配电线路的最末一级配电箱内或所在防火分区的配电箱内设置自动切换装置。

④防火卷帘、电动排烟窗、消防潜污泵、消防应急照明和疏散指示标志等的供电,应在所在防火分区的配电箱内设置自动切换装置。

⑤消防控制室图形显示装置、消防通信设备等的电源,宜由 UPS 电源装置或消防设备应急电源供电。

⑥消防水泵、防烟风机和排烟风机不得采用变频调速器控制。

(2)配电要求

①消防用电设备的供电电源干线应有两个路由。

②消防用电设备应采用专用的供电回路,当建筑内的生产、生活用电被切断时,应仍能保证消防用电。除三级消防用电负荷外,备用消防电源的供电时间和容量应满足该建筑火灾延续时间内各消防用电设备的要求。

③重要消防用电设备(如消防泵)不应设置过负荷保护装置。因消防用电设备总运行时间不长,短时间的过负荷对设备危害不大,以争取时间保证顺利灭火优先。为了在灭火后及时检修,可设置过负荷声光报警信号。

④消防电源不应设置剩余电流动作保护,如有必要可设单相接地保护装置,在故障发生时发出报警信号。

⑤消防用电设备应采用专用的供电回路,其配电设备应设有明显标志,其配电线路和控制回路宜按防火分区划分。

⑥消防水泵、消防电梯、消防控制室等的两个供电回路,应由变电所或总配电室放射式供电。消防用电设备配电系统的分支干线宜按防火分区划分,分支线路不宜跨越防火分区。

图 3.31 所示为工程上常用消防负荷的供电形式。

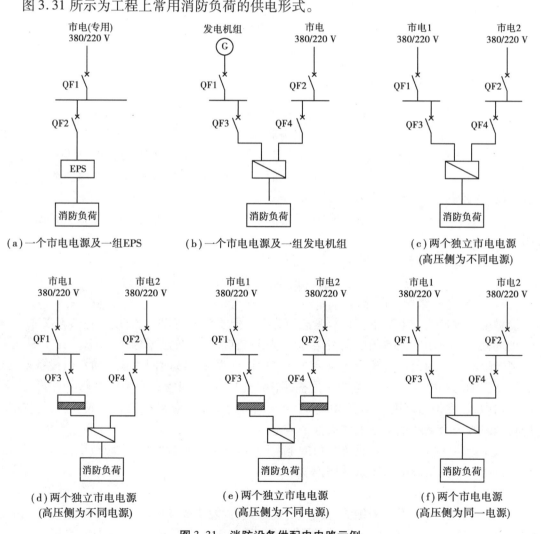

（a）一个市电电源及一组EPS　　（b）一个市电电源及一组发电机组　　（c）两个独立市电电源（高压侧为不同电源）

（d）两个独立市电电源（高压侧为不同电源）　　（e）两个独立市电电源（高压侧为不同电源）　　（f）两个市电电源（高压侧为同一电源）

图 3.31　消防设备供配电电路示例

图 3.31(a)为市电直供一路电源给 EPS 不间断电源,再由 EPS 向消防负荷供电;市电正常时,由市电直接向消防负荷供电,EPS 内置充电路给蓄电池充电;当市电发生故障时,EPS 逆变器将蓄电池内储存的直流电逆变成为稳定的交流电源向负载供电,确保应急用电的需要。市电恢复正常后,EPS 自动向蓄电池组充电,同时监控市电实时状态。因此,该电源可以向一级消防负荷供电,用于消防负荷容量较小的场所。

图 3.31(b)中,发电机组、市电各直供一路电,经双电源切换后向消防负荷供电,为独立双电源引至消防负荷,因此满足一级负荷供电要求。

图 3.31(c)中,两路独立市电电源各直供一路电,经双电源切换装置后向消防负荷供电,满足一级负荷供电要求。

图 3.31(d)中,两路独立市电电源,一路直供,另一路经配电箱后供给双电源切换装置后向消防负荷供电。由于其中一路电源带有非消防负荷,因此仅满足二级负荷供电要求。

图 3.31(e)中,两路独立市电电源,两路均经配电箱后供给双电源切换装置后向消防负荷供电,满足二级负荷供电要求。

图 3.31(f)中,高压侧为同一电源的两路市电供给双电源切换装置,由切换装置向消防负荷供电,满足二级负荷供电要求。

5)消防配电线缆选择及线路敷设

(1)消防配电线缆选择

①火灾报警、控制及信号回路均应采用铜芯导线或电缆。当回路电压低于 220 V 时,导线和电缆的耐压等级应不低于 250 V,当回路电压为 380 V 时,耐压等级应不低于 500 V。

②消防用电的电力回路导线或电缆的截面,应按计算电流的 1.2 倍选择,以便在发生火灾时能在较高的环境温度下继续运行。

③凡属电源回路及重要探测器回路的线路应用耐火配线方式;而指示灯、报警和控制回路宜用耐热配线。

(2)消防设备配电线路的敷设

消防用电设备应采用专用的供电回路,即从低压总配电室(包括分配电室)至最末一级配电箱,与一般配电线路均应严格分开。

消防用电设备的配电设备应设有紧急情况下方便操作的明显标志,以避免引起误操作,影响灭火进程。消防用电设备的配电线路和控制回路宜按防火分区划分。

消防配电线路的设计和敷设应满足在建筑的设计火灾延续时间内为消防用电设备连续供电的需要。消防用电设备配电线路敷设采用暗敷设时,穿金属管或阻燃塑料管并埋设在不燃烧体结构内,且保护层厚度不小于 30 mm。当采用明敷设时,应采用金属管或金属线槽保护,并应在金属管或金属线槽上采取防火保护措施。

当采用绝缘和保护套为不延燃材料的电缆时,可不穿金属管保护,但应敷设在电缆竖井或吊顶内有防火保护措施的封闭式线槽内。

(3)配线要求

①耐热配线。可用常用的绝缘导线或电缆穿钢管、硬质或半硬质塑料管暗敷,也可用耐热温度大于 105 ℃的非延燃性材料绝缘的导线或电缆穿钢管或非延燃性的硬质、半硬质塑料管

明敷。

②耐火配线。可用常用的绝缘导线或电缆穿钢管,暗敷于非延燃体结构内,其保护厚度不小于 30 mm;明敷时应用耐温大于 105 ℃的导线穿钢管,在钢管上采取防火措施(加防火涂料)或用耐火电缆明敷。

③用非延燃材料作护套的导线或电缆在弱电专用竖井中敷设时,可不穿金属保护管。弱电与强电合用竖井时,二者应分别布置于竖井两侧,交叉时应穿钢管保护。

④不同系统、不同电压、不同电流类型的线路不能共管敷设。当同一系统的不同电流类别或不同电压等级的线路置于同一配电箱内汇接时,应分别接在不同回路的接线端子板上,各端子板应有明显标志和隔离。

⑤建筑物内横向敷设的穿管线路,不同防火分区不应共管布线。

⑥火灾自动报警系统的传输网络不应与其他系统的传输网络合用。

6)消防报警广播系统

消防报警广播系统由广播音响系统产品与信号源组成,主要用于商场、宾馆饭店及其他需要提供消防报警广播的场合。

(1)系统功能

将广播覆盖的区域划分为若干分区,如商场的各楼层营业区、宾馆饭店的各层走廊、各层客房、休闲娱乐区及其他公共区域等,系统应具有背景音乐广播系统的全部功能。

①向公众活动的各分区提供背景音乐信号或广播信号,创造轻松和谐的购物或休闲环境。

②向客房各分区提供多套背景音乐或广播信号,客人可利用客房内的床头控制板选择收听。

③具有分区广播、全呼广播和各种优先权功能。

(2)消防报警广播功能

火灾发生时,能够在消防控制室将火灾疏散层的扬声器与广播设备强制转入火灾事故广播状态,并用扬声器及时通知火灾发生楼层及上、下一层人员迅速疏散。

消防报警广播控制台通常设有两套电源:电网 ~220 V 和-24 V 蓄电池组。在交流断电的情况下,仍应进行 15 ~ 30 分钟的火灾事故广播(视选用的蓄电池组的容量及系统的大小而定)。

7)火灾自动报警系统的类型

(1)具有报警功能的火灾自动报警系统

①仅有一个防火分区的火灾自动报警系统。这类系统通常仅有一个防火分区,系统构成方式十分简单,适用于二级保护的小型建筑物。

②需作防火分区的火灾自动报警系统。这类系统中,由火灾报警显示盘作火灾报警分区内的火灾报警显示装置,系统构成方式较为简单,与一个报警区域设置一台区域报警控制器的系统相比,这种系统具有造价低、可靠性较高的优点,适用于不要求联动控制的二级保护建筑物。

(2)具有报警功能和联动控制的系统

火灾自动报警与消防联动控制系统有两种系统构成方式:一种方式为火灾自动报警与消

防联动控制采用不同的控制器,分别设置总线回路,称为报警、联动分体化系统;另一种方式为火灾自动报警与消防联动控制采用同一控制器,报警与联动共用控制器总线回路,称为报警、联动一体化系统。

①报警、联动一体化系统。将火灾探测器与各类控制模块接入同一总线回路,由一台控制器进行管理,这种系统的造价较低,施工与设计较为方便。但由于报警与联动控制器共用控制器总线回路,裕度较小,系统的整体可靠性比分体化系统略低。

当高层建筑内有多个防火分区时,需要在各防火分区的消防电梯前室内设置复显器或区域报警器,以便消防人员迅速找到事故点灭火。

②报警、联动分体化系统。火灾探测器通过报警回路总线接入火灾报警控制器,由火灾报警控制器管理;而各类监视与控制模块则通过联动总线接入专用消防控制器,由联动控制器进行管理。由于分别设置了控制器及总线回路,整个报警及联动系统的可靠性较高。但系统的造价也较高,设计较复杂,施工与布线较为困难。

火灾报警控制系统总线上应设总线短路隔离器,每只总线短路隔离器保护的火灾探测器、手动火灾报警按钮和模块等消防设备的总数不应超过32点。总线穿过防火分区时,应设置总线短路隔离器。

8)火灾报警及联动控制系统工程实例

火灾报警及联动控制系统工程实例如图3.32所示。

9)消防报警及联动控制设备

(1)火灾探测器

在火灾初起阶段,利用各种不同敏感元件探测到烟雾、高温、火光及可燃性气体等火灾参数,并转变成电信号的传感器称为火灾探测器。根据火灾的探测方法及原理,火灾探测器通常可分为五类:感烟式火灾探测器、感温式火灾探测器、感光式火灾探测器、可燃气体式火灾探测器和复合式火灾探测器,每一类型又按其工作原理分为若干种形式。民用建筑电气工程上常用的火灾探测器有感烟式、感温式和感光式三类。

(2)火灾报警控制器

火灾报警控制器是一种能为火灾探测器供电以及将探测器接收到的火灾信号接收、显示和传递,并能对自动消防等装置发出控制信号的报警装置。其主要作用是:供给火灾探测器高稳定的工作电源;监视连接各火灾探测器的传输导线有无断线、故障,保证火灾探测器长期有效稳定地工作;当火灾探测器探测到火灾形成时,明确指出火灾的发生部位以便及时采取有效的处理措施。

按其用途和设计使用要求,火灾报警控制器可分为区域火灾报警控制器、集中火灾报警控制器和通用报警控制器。

设备及材料表

图例	名称	型号	安装高度	数量
S	智能感烟探测器	OP620	吸顶安装	63
﹣	智能感温探测器	HI620	吸顶安装	40
Y	手动报警器按钮	MT340	距地1.4 m	12
■	火警广播扬声器	—	吸顶安装	20
C	消防对讲电话	—	吸顶安装	5
O	消防对讲电话插件		距地1.4 m	15
DY	非消防防电源			6
LD	楼层显示器	FD680A	距地1.8 m	13
	气体灭火联动驱动设备			31
C	气体灭火驱动瓶			10
	气体灭火手动控制盒		距地1.4 m	10
⊗	气体释放指示灯		距地2.3 m	10
	气体声光报警器		距地2.3 m	10
FW	水流指示器			10
AB1122	输入模块	AB1122		10
A	输出模块	DC1134-A		10
C	输出/偏入模块	DC1136-A		10
E	输入模块	DC1131-A		10
DY	电梯控制箱	—	距地1.5 m	1
	火灾报警控制器	FS1120	框内安装	1
	消防对讲系统	ZA2721A	框内安装	1
	消防广播系统	ZA5711	框内安装	1
	图形显示系统	—	框内安装	1

备注：本教材采用的图形符号详见附录1。

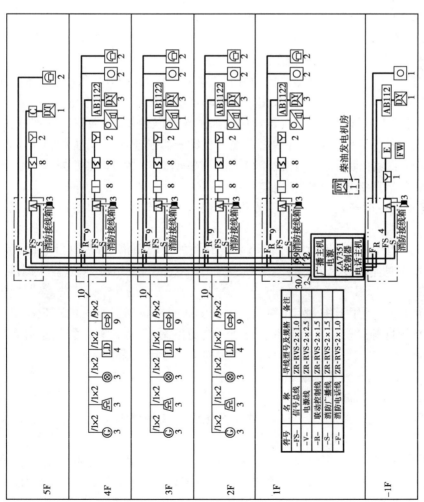

图3.32　某综合楼火灾报警及联动控制系统

符号	名称	导线型号及规格	备注
-FS-	信号总线	ZR-RVS-2×1.0	
-V-	电源线	ZR-RVS-2×2.5	
-R-	联动控制线	ZR-RVS-2×1.5	
-S-	消防广播线	ZR-RVS-2×1.5	
-F-	消防对讲电话	ZR-RVS-2×1.0	

（3）火灾自动报警系统的配套设备

①手动报警按钮。手动报警按钮与自动报警控制器相连，用于手动报警。各种型号的手动报警按钮必须和相应的自动报警器配套才能使用。

②中继器。中继器用于将系统内部各种电信号进行远距离传输，放大驱动或隔离的设备，属于系统中常用的一种辅件。

③地址码中继器。如果一个区域内的探测器数量过多致使地址点不够用时，可使用地址码中继器。

④编址模块。编址模块分为地址输入模块和编址输入/输出模块两大类。

a.地址输入模块：将各种消防输入设备的开关信号接入探测总线，来实现报警或控制的目的。

b.编址输入/输出模块：将控制器发出的动作指令通过继电器控制现场设备来实现，同时也将动作完成情况传回到控制器。

⑤短路隔离器。短路隔离器用在传输总线上。当系统的某个分支短路时，能自动让其两端呈高阻或开路状态，使之与整个系统隔离开，不影响总线上其他部件的正常工作。故障消除后，自动将被隔离出去的部分重新纳入系统。

⑥区域显示器。区域显示器是一种可以安装在楼层或独立防火区内的火灾报警显示装置，用于显示来自报警控制器的火警及故障信息。

⑦总线驱动器。当报警控制器监控的部件太多（超过 200 个），所监控设备电流太大（超过 200 mA）或总线传输距离太长时，采用总线驱动器增强线路的驱动能力。

⑧报警门灯及引导灯。报警门灯与对应的探测器并联使用，一般安装在巡视观察方便的地方，如会议室、餐厅、房间及每层楼的门上端。当探测器报警时，门灯上的指示灯亮。

引导灯安装在疏散通道上，与控制器相连接。在有火灾发生时，消防控制中心通过手动操作打开有关的引导灯，引导人员尽快疏散。

声光报警盒是一种安装在现场的声光报警设备，作用是当发生火灾并被确认后，发出声光信号提醒人们注意。

⑨CRT 报警显示系统。把所有与消防系统有关的平面图形及报警区域和报警点存入计算机内，火灾发生时能在显示屏上自动用声、光显示火灾部位及报警类型，发生时间等，并用打印机自动打印。

⑩辅助指示装置。用于将火灾报警信息进行光中继的设备。常见的有模拟显示盘、辅助指示灯、疏散指示灯等。模拟显示盘主要安装于消防控制室，将火灾报警信息直观化，便于观察。疏散指示灯常安装于公共空间部分，用于帮助人员进行正确的火灾疏散。

（4）用于联动控制和火灾报警的设备

①水流指示器和水力报警器：

a.水流指示器一般装在配水干管上，作为分区报警使用。水流指示器不能单独作喷淋泵的启动控制用，可与压力开关联合使用。

b.水力报警器包括水力警铃及压力开关。水力警铃装在湿式报警阀的延迟器后。当系统侧排水口放水后，利用水力驱动警铃，使之发出报警声。它可用于干式、干湿两用式、雨淋及预作用自动喷水灭火系统中。

压力开关是装在延迟器上部的水-电转换器,其功能是将管网水压力信号转变成电信号,以实现自动报警及启动消火栓泵的功能。

②消火栓按钮及手动报警按钮

a.消火栓按钮:消火栓灭火系统中的主要报警元件。消火栓按钮用于向消防控制中心发出申请启动消防水泵的信号。

b.手动报警按钮:与自动报警控制器相连,用于手动报警。

③排烟阀和防火阀。排烟阀的控制应满足:正常时处于关闭状态,由感烟探测器现场控制开启;排烟阀动作后应启动相关的排烟风机和正压送风机,停止相关范围内的空调风机及其他送、排风机;同一排烟区内的多个排烟阀,当需同时动作时,可采用接力控制方式开启,并由最后动作的排烟阀发送动作信号。

防火阀正常时处于开启状态,当发生火灾时,温度上升,熔断器熔断使阀门自动关闭。一般用在有防火要求的通风及空调系统的风道上。防火阀可用手动复位(打开),也可用电动机构进行操作。电动机构一般采用电磁铁,接受消防中心命令而关闭阀门。设在排烟风机入口处的防火阀动作后应联动停止排烟风机。

3.3.2 视频监控系统

视频监控系统是安全技术防范体系中的一个重要组成部分,这是一种先进的、防范能力强的综合系统。它可以通过遥控摄像机及其辅助设备(镜头、云台等)直接观看被监视场所的情况;同时,还可以与防盗报警系统等其他安全技术防范体系联动运行,使其防范能力更加强大。

视频监控系统能在人们无法直接观察的场合,实时、清晰、真实地反映被监视对象的画面,并已成为人们在现代化管理中监控的一种极为有效的观察工具。

1)系统结构

典型的视频监控系统主要由前端设备和后端设备两大部分组成,后端设备可分为中心控制设备和分控制设备。前、后端设备有多种构成方式,它们之间的联系(也可称作传输系统)可通过电缆、光纤或微波等多种方式来实现。如图3.33所示,视频监控系统包括前端设备、传输设备、处理控制设备和记录显示设备四个部分组成。

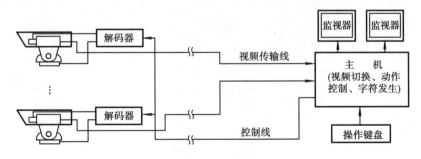

图3.33 视频监控系统的基本组成

(1)前端设备

前端设备包括摄像机、镜头、防护罩、支架和电动云台,摄像装置是视频监控系统的前沿部分,是整个系统的"眼睛"。一般安装在现场,其作用是对监视区域进行摄像并将被监视目标的光、声信号变成电信号送入传输分配系统。

摄像机是光电信号转换的主体设备,是摄像装置的核心设备。相关辅助设备为补光灯、支架、护罩和云台等。

（2）传输设备

传输设备包括线缆、调制与解调设备、线路驱动设备,信号传输系统一般指系统的图像信号通路。由于某些系统中除图像外,还要传输声音信号和控制室对摄像机、镜头、云台、防护罩等的控制信号,因此传输系统也常指所有要传输的信号的总和的信号通路。

（3）记录显示设备

记录显示设备包括监视器、多工画面处理器和录像机等,其作用是把从现场传来的电信号转换成图像在监视设备上显示并录像。

（4）处理控制设备

处理控制设备则负责所有设备的控制和图像信号的处理。

安防监控的视频传输一般采用同轴电缆作介质,但同轴电缆的传输距离有限,随着技术的不断发展,双绞线传输、射频传输、光纤传输等多种传输系统在实际工程中的应用也不断增加。

2）中小型监控系统

中小型监控系统规模不大（摄像监视点数不超过 32 点）,功能相对简单,但应用范围广,可以方便地实现对人、商品、货物或车辆实现监控,还可用于燃气站、排污管等特殊场所。监控系统既可自成体系,也可与防盗报警系统或出入口控制系统合用,构成综合保安监控系统。

（1）简单的定点监控系统

简单的定点监控系统由定点摄像机和室内监视器组成。配接定焦镜头的定点摄像机安置在监视现场,通过同轴电缆将视频信号直接传输到监控室内的监视器,进行实时监控。与录像机配合使用,则可记录监视的画面,便于存档。

摄像机的数量较多时,可借助于多路切换器、画面分割器或系统主机进行监视,如图 3.34 所示。

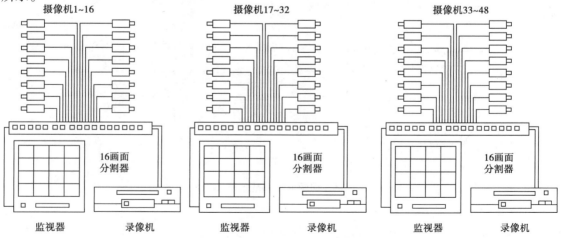

图 3.34 某超市视频监控系统的构成

监视点数增加时,系统规模随之增大,但如果没有其他附加设备及要求,这类监控系统仍可归属于简单的定点系统。以图3.34所示的某大型超市视频监控系统为例,该超市共安装了48台定点摄像机,采用简单定点系统时,可将48路监控信号分成3组,分别接入对应的16画面分割器、监视器及录像机。

（2）简单的全方位监控系统

将简单定点系统中的定焦镜头换成电动变焦镜头,加上全方位云台,便构成全方位监控系统。云台及电动镜头的动作需要由控制器或与系统主机配合的解码器进行控制。因此,需要在控制室增加控制器,从监控现场到控制室应增设多芯控制电缆。工作人员可在监控室内通过操作控制器使摄像机对整个监控现场进行监控,也可以实现局部定点监视。

实际应用中,并不需要对各监视点均按全方位配置,一般对需要进行特别监控的监视点配备全方位设备。例如,在招待所走廊等的定点监控系统中,可将停车场定点摄像机改为全方位摄像机,以扩大对停车场的监视范围,并可进行车牌识别和停车位显示与管理等。图3.35为增加一个全方位监视点的定点监控系统方框图。

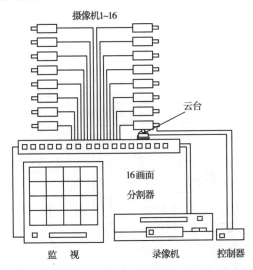

图3.35　在定点监控系统中增加一个全方位监视点

（3）具有小型主机的监控系统

当监控系统中的全方位摄像机数量达到3台以上时,为了减少控制线缆数量,可采用小型系统主机代替多台单路控制器（或多路控制器）,实现对全方位摄像机的控制。

有主机的监控系统中,由于系统主机与现场解码器之间采用总线方式连接,因而系统中只有1根2芯通信电缆。另外,集成式的系统主机具有报警探测器接口,便于将防盗报警系统与电视监控系统整合于一体。当探测器报警时,主机可自动将主监视器画面切换到发生警情的现场画面。图3.36为采用系统主机的小型视频监控系统框图。

（4）具有声音监听的监控系统

有些监控场所需要对现场声音进行同步监听,此时,电视监控系统由图像和声音两部分组成。由于增加了声音信号的采集及传输,系统的规模比纯定点图像监控系统更大,在传输过程中还应保证图像与声音信号的同步。

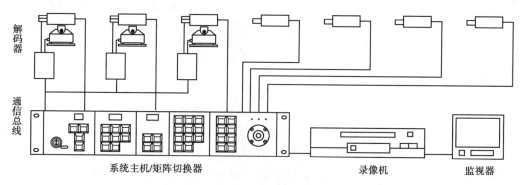

图 3.36 采用系统主机的小型视频监控系统的结构

在由"摄像机—录像机—监视器"构成的简单系统中,只需要增加拾音器及音频传输线,即可将音频信号与视频信号同步显示监听。对于需要切换监控的系统,则要配置视音频同步切换器,从多路输入的视音频信号中切换并输出已选中的视频及对应的音频信号,如图 3.37 所示。

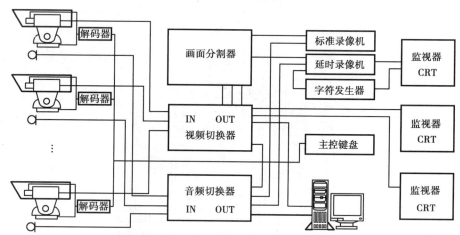

图 3.37 具有声音监听的监控系统组成结构图

3)大中型视频监控系统

大中型视频监控系统具有大量的全方位监视点,常与防盗报警系统集成为一体的特点。由于汇集在中心控制室的视音频信号很多,因此需要多种视音频设备进行组合,有时还需要设置分控制中心,系统相对庞大,如图 3.38 和图 3.39 所示。

4)多主机多级视频监控系统

常规的视频监控系统一般只有 1 台主机。但是对某些特殊应用的场合,需要多台主机构成多级视频监控系统。以某综合大楼的监控系统为例,需要在其每栋塔楼安装 1 套闭路电视监控系统,各塔楼内有独立的监控室,整个建筑内设置监控系统,将各塔楼监控子系统组合在一起,并设立大型视频监控中心,在该中心可以调看建筑内任意摄像机的图像,并对该摄像机的云台及电动变焦镜头进行控制。此即为多主机多级视频监控系统,如图 3.40 所示。

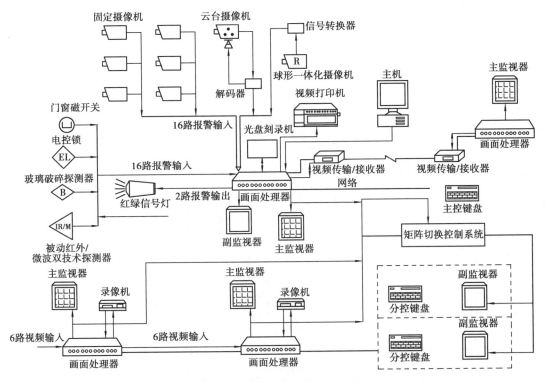

图 3.38 大型视频监控系统示例

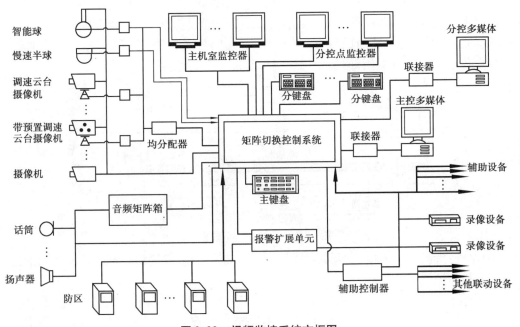

图 3.39 视频监控系统方框图

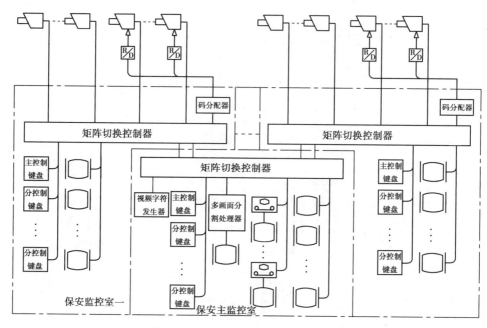

图3.40 多主机多级电视监控系统

5)视频监控系统的主要设备

(1)视频监控系统的前端设备

如图3.41所示,电视监控系统的前端设备通常由摄像机、手动或电动镜头、云台、防护罩、监听器、报警探测器和多功能解码器等部件组成,其间通过有线、无线或光纤传输媒介与中心控制系统的各种设备建立相应的联系(传输视/音频信号及控制、报警信号)。实际监控系统中,这些设备不一定同时使用,但摄像机和镜头是最基本的元件。

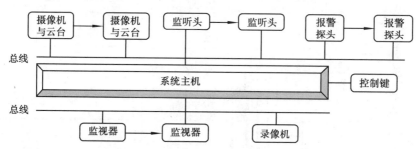

图3.41 视频监控系统框图

①摄像机:摄像机是光电信号转换的主体设备,是摄像装置的核心设备。相关辅助设备还有灯、支架和防护罩等。

②云台与防护罩:云台是承载摄像机进行水平和垂直两个方向转动的装置。电动云台内装两台电动机,一个负责水平方向的转动,另一个负责垂直方向的转动。云台可分为室内用云台及室外用云台,前者承重小,没有防雨装置。后者承重大,有防雨装置。

防护罩用于对摄像机的保护,使其在有灰尘、雨水、高低温等情况下正常使用。

摄像装置在室外安装时,应对摄像机及镜头加装专门的防护罩,对云台也要有防尘、防雨、抗高低温、抗腐蚀的相应防护措施。

③云台控制器及多功能控制器：云台控制器与电动云台配合使用，其作用是输出控制电压至云台，驱动云台电动机转动，从而完成云台的旋转动作，通过云台控制摄像机做水平的或全方位的旋转，以扩大监控范围。

多功能控制器主要完成对电动云台、变焦距镜头、防护罩的雨刷及射灯等受控设备的控制。一般安装在中心机房、调度室或某些监视点上。

（2）系统主机

系统主机是大中型电视监控系统的核心设备。将系统控制单元与视频矩阵切换器集成为一体，简称系统主机，而系统主机的核心部件则为微处理器（CPU）。

系统主机主要是实现多路视/音频信号的选择切换（输出到指定的监视器或录像机）并在视频信号上叠加时间、日期、视频输入号及标题、监视状态等重要信息在监视器上显示，通过通信线对指定地址的前端设备（云台、电动镜头、雨刷、照明灯或摄像机电源等）进行各种控制。

（3）视频处理设备

①视频切换器：它是闭路电视监控系统的常用设备，其功能是从多路视频输入信号中选出一路或几路送往监视器或录像机显示或录像。

②画面处理器：用1台监视器显示多路摄像机图像或1台录像机记录多台摄像机信号的装置。当需要同时监控很多场所时，采用摄像机与录像机一对一方式导致系统庞大、设备数量多、大幅提高设备及管理费用。此时，可采用画面处理器简化系统，提高系统运转效率。

画面处理设备可分为画面分割器和多工处理器。

由于画面处理器实质上是以降低画面质量来简化系统的，采用画面处理器后，画面的分辨率及品质降低，但保安监控的目的在于识别罪犯特征，不必强调作案细节，因此满足使用需要。评价多画面分割器性能优劣的关键是影像处理速度和画面的清晰程度。

③视频分配器：视频分配器可以将一路视频信号均匀分配为多路视频信号，以供给多台监视器或录像机等后续视频设备同时使用。

视频运动检测器通常和画面处理器、硬盘录像机等合为一体用于防盗报警系统。

（4）传输系统

监控系统的视频信号近距离传输时，一般采用同轴电缆作介质，传输距离较远时，可采用光纤传输、射频传输、电话线传输等多种传输系统。

①同轴电缆传输：当系统的图像信号传输距离较近，可采用同轴电缆传输视频基带信号的视频传输方式；传输距离较远，监视点分布范围广，或需进电缆电视网时，宜采用同轴电缆传输射频调制信号的射频传输方式。同轴电缆对外界电磁波和静电场具有屏蔽作用，导体截面积越大，传输损耗越小，视频信号传送得越远。

由于同轴电缆对信号的衰减作用，采用同轴电缆直接传输摄像机图像信号时，对其长度有一定限制。当摄像机距监视器距离较远时，需采用较大截面的同轴电缆或加装线路放大器等措施，方能保证清晰地显示信号。

②光纤视频传输：系统的图像信号需要进行长距离传输或需避免强电磁场干扰时，可采用传输光调制信号的光缆传输方式。当有防雷要求时，需要采用无金属光缆。

光纤是能使光以最小的衰减从一端传到另一端的透明玻璃或塑料纤维，光纤的最大特性是抗电子噪声干扰,信号衰减小,传输距离远。光纤可分为多模光纤和单模光纤。单模光纤的传播路径单一,一般用于长距离传输,而多模光纤有多种传播路径。多模光纤的带宽为 50 ~ 500 MHz/km,单模光纤的带宽为 2 GHz/km。

③射频传输:在不宜布线的场所,可采用近距离的无线传输方式。无线视频传输由发射机和接收机组成,每组发射机和接收机具有相同的频率,可以传输彩色和黑白视频信号,并可有声音传输通道。无线传输的设备体积小巧,质量轻,一般采用直流供电,常用于电视监控系统。

由于大功率无线电传输设备有可能干扰正常的无线电通信,目前无线传输设备常采用 2.4 GHz 频率,传输范围较小,一般只能传输 200 ~ 300 m。

④电话线传输:利用现有的电话线路也可以进行长距离视频传输。目前,有线电话线路已分布到各个地区,构成了便捷的传输网络。利用现有的电话传输网络,在发送端及监控端分别加上发射机和接收机,通过调制解调器与电话线路相连,即构成了电话线传输系统。但由于电话线路带宽较小,加之视频图像数据量很大,因而传输到终端的图像连续性差,分辨率越高,帧与帧之间的间隔越长。

3.3.3 安全防范系统

安全防范系统包括出入口管理及周界防越报警系统、视频监控系统、数字视频远程网络监控系统、对讲/可视防盗门系统、住户报警系统、保安巡更管理系统等。

1)出入口控制(门禁)

出入口控制就是对出入口的管理。出入口控制系统在建筑物内的主要管理区入口、电梯厅、主要设备控制中心机房、贵重物品的库房等重要部位的通道口安装门磁开关、电控锁或读卡机等控制装置,由中央控制室监控,系统采用计算机多重任务的处理,能够对各通道口的位置、通行对象及通行时间等进行实时控制或设定程序控制,适应银行、停车场、博物馆、医院、商住楼、货仓、别墅区、金融贸易楼和综合楼等公共安全管理。该系统控制各类人员的出入以及他们在相关区域的行动,通常被称作门禁系统。其控制的原理是:按照人的活动范围,预先制作出各种层次的卡或预定密码。在相关的大门出入口、金库门、档案室门和电梯门等处安装磁卡识别器或密码键盘,用户持有效卡或输入密码方能进入。

由读卡机阅读卡片密码,经解码后送控制器判断。如身份符合,门锁被开启,否则自动报警。通过门禁系统,可有效控制人员的流动,并能对工作人员的出入情况及时查询。目前门禁系统已成为现代化建筑智能化的标准配置之一。

出入口控制系统一般要与防盗(劫)报警系统和视频监视系统相结合,以有效地实现安全防范。

(1)门禁系统的组成

门禁控制系统一般由出入口目标识别子系统、出入口信息管理子系统和出入口控制执行机构 3 部分组成,如图 3.42 所示。

①系统的前端设备为各种出入口目标的识别装置和门锁启闭装置。它包括识别卡、读卡器、控制器、电磁锁、出门按钮、钥匙、指示灯和警号等,主要用来接收人员输入的信息,再转换成电信号送到控制器中。同时,根据来自控制器的信号,完成开锁、闭锁、报警等工作。

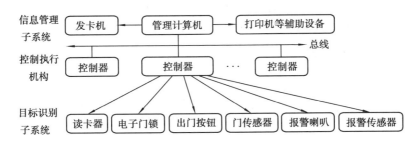

图 3.42　门禁系统的组成框图

②控制器接收底层设备发来的相关信息,同自己存储的信息相比较,以做出判断,然后再发出处理的信息,当然也接收控制主机发来的命令。单个控制器就可以组成一个简单的门禁系统来管理一个或多个门。多个控制器通过通信网络同计算机连接起来就组成了可集中监控的门禁系统。

③管理计算机(上位机)装有门禁系统的管理软件,它管理着系统中所有的控制器,向它们发送命令,对它们进行设置,接收其发来的信息,完成系统中所有信息的分析与处理。

④整个系统的传输方式一般采用专线或网络传输。

⑤出入口目标识别子系统可分为对人的识别和对物的识别。以对人的识别为例,可分为生物特征识别系统和编码识别系统两类。

生物特征识别(由目标自身特性决定)系统如指纹识别、掌纹识别、眼纹识别、面部特征识别、语音特征识别等。

编码识别(由目标自己记忆或携带)系统如普通编码键盘、乱序编码键盘、条码卡识别、磁条卡识别、接触式 IC 卡识别和非接触式 IC 卡识别等。

(2)门禁管理系统控制方式

①门磁开关控制方式:在需要了解其通行状态的门上安装门磁开关(如办公室门、通道门、营业大厅门等)。当通行门开/关时,由门磁开关向系统控制中心发出该门开/关的状态信号,同时,系统控制中心记录该门开/关的时间、状态及门地址。

②“门磁开关+电动门锁”控制方式:用于需要进行监视并控制的门,如楼梯间通道门、防火门等。系统管理中心既可监视这些门的状态,也可控制这些门的启闭,还可以利用时间控制命令设定某通道门在某时间区间内处于开启或闭锁状态。或利用事件诱发程序命令,在发生火警时,联动防火门立即关闭。

③“门磁开关+电动门锁+磁卡识别器”控制方式:用于需要监视、控制和身份识别的门或有通道门的高安保区。在这些重要场所,除了安装门磁开关、电控锁,还要安装磁卡识别器或密码键盘等出入口控制装置,由中心控制室监控,以确保安全。

(3)楼宇对讲系统

楼宇对讲系统是一种被广泛用于公寓、住宅小区和办公楼的安全防范系统,通过该系统,入口处的来访者可以与室内主人建立(视)音频通信联络。按其功能可分为单对讲型和可视对讲型两种,如图 3.43 所示。

①对讲分机:室内对讲分机用于住户与访客或管理中心人员的通话、观看来访者的影像及开门功能,同时也可监控门口情况。它由装有黑白或彩色显示屏、电子铃、电路板的机座及监

视按钮、呼叫按钮和开门按钮等功能键和手机组成,由系统自身电源设备供电。对讲分机具有双向对讲通话功能。可视分机通常安装在住户的起居室的墙壁上或住户房门后的侧墙上,与位于单元门口的主机配合使用。

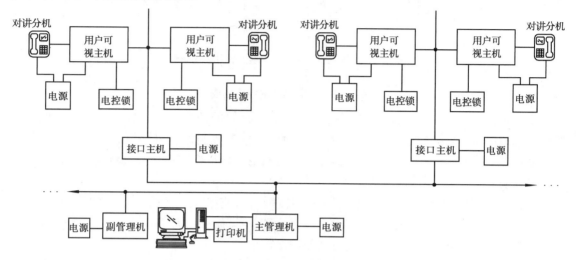

图 3.43　楼宇对讲系统的结构框图

②接口主机:接口主机又称门口主机,用于实现来访者通过机上功能键与住户的对讲通话,并通过机上的摄像机提供来访者的影像。机内装有摄像机、扬声器、话筒和电路板,面板设有功能键,由系统电源供电。通常安装在单元楼门外的左侧墙或特制的防护门上。

③电源:楼宇对讲系统采用 220 V 交流电源供电,直流 12 V 输出。可选用充电电池作为备用电源。

④电控锁:电控锁安装在入口门上,受控于住户和保安人员,平时闭锁。当确认来访者可进入后,通过主人室内对讲分机上的开门键来打开电锁,来访者便可进入,进入后门上的电锁自动闭锁。另外,也可以通过钥匙、密码或门内的开门按钮打开电锁。

⑤控制中心主机:管理中心主机通常设在保安人员值班室,主机装有电路板、电子铃、功能键和手机(有的管理主机内附荧光屏和扬声器),并可外接摄像机和监视器。

物业管理中心的保安人员可以与住户或来访者进行通话,并能观察到来访者的影像;管理中心主机可接收用户分机的报警,识别报警区域及记忆用户号码,监视来访者情况,并具有呼叫和开锁的功能。

2)防盗报警系统

防盗报警系统具有报警及联动两大类功能。它利用各类探测器对建筑物内外重点区域、重要地点布防,在探测到非法入侵者时,信号传输到报警主机,声光报警,显示地址。有关人员接到报警后,根据情况采取措施,以控制事态的发展。同时联动开启报警现场灯光(含红外灯)、联动音视频矩阵控制器、开启报警现场摄像机进行监视,使监视器显示图像、录像机录像等,全方位对报警现场的声音、图像等进行复核,从而确定报警的性质(非法入侵、火灾、故障等),以采取有效措施。

防盗报警系统能对设防区域的非法入侵进行实时、可靠和正确无误的报警,不应有漏报警情况。为预防抢劫(或人员受到威胁),系统设有紧急报警装置并留有与110接警中心联网的接口。同时该系统还具有安全、方便的设防和撤防等功能。

(1)系统基本组成

该系统一般安全防范系统的组成,如图3.44所示。

图3.44 入侵防范系统组成

①报警控制中心:由信号处理器和报警装置等设备组成。处理传输系统传来的各类现场信息,有异常时,控制报警装置发出声、光报警信号。保安人员可以通过该设备对保安区域内各位置的探测器的工作情况进行集中监视。

②传输系统(信道):用于探测器和报警控制中心之间传递信息。传输信道常分为有线信道(如双绞线、电力线、电话线、电缆或光缆等)和无线信道(一般是调制后的微波)两类。

③探测器:由传感器和前置信号处理电路两部分组成。根据不同的防范场所选用不同的信号传感器,如气压、温度、振动和幅度传感器等,来探测和预报各种异常情况。红外探测器中的红外传感器能探测出被测物体表面的热变化率,从而判断被测物体的运动情况;振动电磁传感器能探测出物体的振动,把它固定在地面或保险柜上,就能探测出入侵者走动或撬挖保险柜的动作。前置信号处理电路将传感器输出的电信号处理为探测电信号,以便在信道中传输。

(2)警报接收与处理主机

①分线制和总线制:警报接收与处理主机也称为防盗主机。它将管理区域内的所有防盗防侵入传感器组合在一起,负责接收报警信号,控制延迟时间,驱动报警输出等工作。

报警主机分为分线制和总线制两种。分线制即各报警点至报警中心回路都有单独的报警信号线,报警探测器一般可直接接在回路终端;而总线制则是所有报警探头都分别通过总线编址器并联接入系统总线上再传至报警主机。分线制传输距离受到报警回路电压的限制,系统容量受到线缆敷设量的限制,一般只在小型近距离系统中使用。总线制需要在前端增加总线编码器等设备,但用线少且传输距离较长,用于中大型系统。

②防盗主机:采用微处理器控制,内有只读存储器和数码显示装置,可以对其编程并有较高的智能。其主要功能为:

a.以声光方式显示报警,可以人工或延时方式解除报警。

b.对所连接的防盗防侵入传感器,可按照实际需要设置成布防状态或者撤防状态,可以用程序来编写控制方式及防护性能。

c.可接多组密码键盘,可设置多个用户密码,保密防窃。

d.遇到有警报时,其报警信号可以经由通信线路,以自动或人工干预方式向上级部门或保安公司转发,快速沟通信息或者组网。

e.可以编程设置报警联动动作,即遇有报警时,防盗主机的编程输出端可通过继电器触点闭合执行相应的动作。

f.电话拨号装置同警号、警灯一样,都是报警输出设备。不同的是警灯、警号输出的是声音和光,电话拨号装置是通过电话线把事先录制好的声音信息传输给某个人或某个单位。

g.高档防盗主机可以与闭路电视的监控摄像联动,一旦在系统内发生警报,则该警报区域的摄像机图像将立即显示在中央控制室内,并且能将报警时刻、报警图像、摄像机号码等信息实时地加以记录,若是与计算机联机的系统,还能以报警信息数据库的形式储存,以便快速地检索与分析。

3)应用举例

(1)出入口管理及周界防越报警系统

如图3.45所示,该系统设置应满足以下要求:

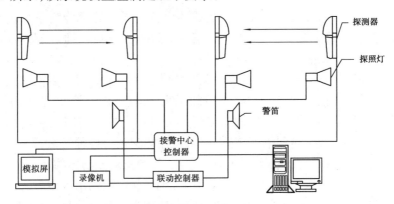

图3.45　周界防越报警系统

①周界须全面设防,无盲区和死角。

②探测器应有较强的抗不良天气环境干扰能力。

③防区划分适于报警时准确定位。

④报警中心具备语音/警笛/警灯提示。

⑤中心通过显示屏或电子地图识别报警区域。

⑥翻越区域现场报警,同时发出语音警笛/警灯/警告。

⑦报警中心可控制前端设备状态的恢复。

⑧夜间与周界探照灯联动,报警时,警情发生区域的探照灯自动开启。

⑨与电视监控系统联动,报警时,警情发生区域的图像在监控中心监视器中自动弹出。

⑩报警中心进行报警状态、报警时间记录。

(2)对讲/可视防盗门系统

①系统功能:

a.可以实现住户、访客语音/图像传输。

b.通过室内分机可以遥控开启防盗门电控锁。

c.门口主机可利用密码、钥匙或感应卡开启防盗门。

d.高层住宅在火灾报警情况下自动开启楼梯门锁。

e.高层住宅具有群呼功能,一旦灾情发生,可向所有住户发出报警信号。

②组成:由管理员主机、单元主机、住户对讲机和防盗门电控锁组成。传输速度为5帧/s,它是一种窄带电视。

(3)住户报警系统

①系统功能:

a. 接警管理中心功能:监视和记录入网用户/同步地图显示。

b. 处警功能。

c. 信息管理。

②组成:由家庭报警单元、信号传输单元、物业接警单元等部分构成。

住户报警系统原理结构框图、防盗报警示例如图3.46、图3.47所示。

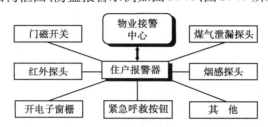

图3.46 住户报警系统原理结构框图

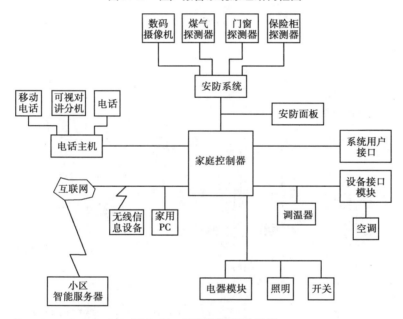

图3.47 防盗报警系统示例

③探测器的选择:用于门窗防范的可选门磁开关、微动开关及"电子栅窗";用于空间防范的可选被动红外探测器和微波探测器;用于火灾、煤气泄漏防范的可选感烟探测器、感温探测器及可燃气体探测器。选用震动探测器时,应注意远离各种震源。

(4)小区住户报警系统

结构框图如图3.48所示。

(5)小区智能化一卡通系统

结构框图如图3.49所示。

4)巡更管理系统

巡更管理系统用于实现巡逻人员的签到管理,增强保安防范。系统的主要功能和作用是保证巡更值班人员能够按巡更程序所规定的路线与时间到达指定的巡更点进行巡逻,同时保护巡更人员的安全。作为人防和技防相结合的一个重要手段,巡更管理系统目前已被广泛采用。

巡更管理系统有离线式和在线式两种数据采集方式。

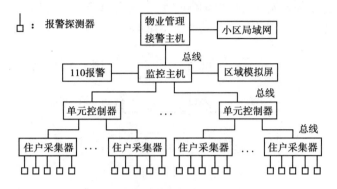

图 3.48　小区住户报警系统结构

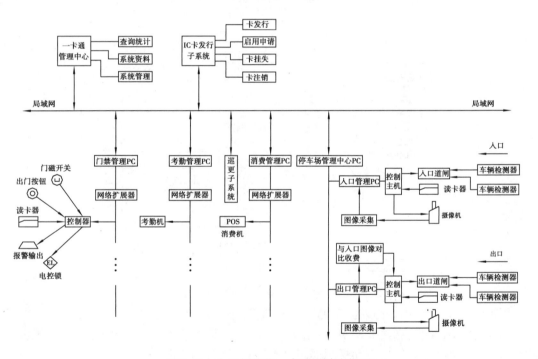

图 3.49　小区智能化一卡通系统方框图

(1)离线式巡更系统

离线式巡更系统由非实时巡更管理系统软件、巡更信息点(RFID)、巡更器、管理主机组成,主要用于保障物品的安全,控制和监督巡逻人员的工作。离散巡更系统采用手持式 IC 卡读卡器作为巡更机、IC 卡作为巡更点,巡更员携巡更器,按预先排好的巡更班次、时间间隔、线路走向到各巡更点巡视,读取有关信息。返回管理中心后将巡更机采集到的数据下载至计算机中,进行整理分析。

该系统主要由信息钮、巡更器、通信座、系统管理软件四部分组成,如图 3.50 所示。

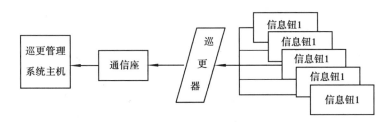

图3.50 巡更系统结构框图

其工作原理是在每个巡查点设一信息钮(一种无源的、只有纽扣大小的、不锈钢外壳封装的存储设备),信息钮中贮存了巡查点的地理信息;巡查员手持巡更器,到达巡查点时只需用巡更器轻轻一碰嵌在墙上(树上或其他支撑物上)的信息纽扣,即把到达该巡查点的时间、地理位置等资料自动记录在巡查器上。巡查员完成巡查后,把巡更器插入通信座,将巡查员的所有巡查记录传送到计算机,系统管理软件立即显示出该巡查员巡查的路线、到达每个巡查点的时间和名称及漏查的巡查点,并按照要求生成巡检报告。

离线式巡更器的优点是:一个或几个巡更人员可以共用一个信息采集器,到各个指定的巡更点采集巡更信息。由于信息纽扣体积小,质量轻,安装方便,并且采用不锈钢封装,适用于较恶劣的室外环境。此系统为无线式,巡更点与管理计算机之间无安装距离限制,应用场所灵活。

(2)在线式巡更系统

在线式巡更系统由巡更监控主机、实时巡更管理软件、区域控制器、网络巡更器组成。

在线式巡更系统采用 IC 卡作为巡更牌,IC 卡读卡器作为巡更点,在各巡更点安装控制器,通过有线或无线方式与中央控制主机联网,有相应的读入设备。巡更员携巡更牌,按预先排好的巡更班次、时间间隔、线路走向到各巡更点巡视。巡更点读取有关信息,实时上传至管理中心,供分析、处理。实现了实时管理保安巡逻人员的巡视情况,增加了保安防范措施。

巡更管理系统既可以用计算机组成一个独立的系统,也可以纳入整个监控系统。但对于智能化的大楼或小区来说,巡更管理系统应与其他子系统合并在一起,以组成一个完整的楼宇自动化系统,也可以简化布线体系,节省投资。

典型的巡更管理系统由现场控制器、监控中心和巡更点匙控开关等组成。

巡更管理系统的工作过程如下:巡更人员在规定的时间内到达指定的巡更点,使用专门的钥匙开启巡更开关或按下巡更信号箱上的按钮,向系统监控中心发出"巡更到位"的信号,系统监控在收到信号的同时将记录下巡更到位的时间、巡更点编号等信息。如果在规定的时间内指定的巡更点未收到巡更人员"到位"的信号,则该巡更点将向监控中心发出报警信号;如果巡更点没有按规定的顺序开启巡更开关或按下按钮,则未巡视的巡更点将发出未巡视的信号,同时中断巡更程序记录在系统监控中心。监控中心应对此立即做出处理。

在线式巡更系统的结构框图如图3.51所示。

5)安保系统的主要设备

(1)门禁系统的主要设备

①识别卡:按照工作原理和使用方式等方面的不同,可将识别卡分为不同的类群,如接触

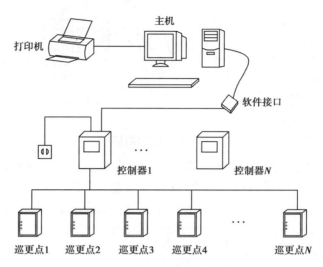

图 3.51　在线式巡更系统结构框图

式和非接触式、IC 和 ID、有源和无源。它们最终的目的是作为电子钥匙被使用,只是在使用的方便性、系统识别的保密性等方面有所不同。

IC 卡可分为接触型和非接触型(感应型)两种。

接触型智能卡:由读/写设备的接触点与卡上的触点相接触而接通电路进行信息读/写。

非接触型智能卡:由 IC 芯片、感应天线组成,并完全密封在一个标准 PVC 卡片中,无外露部分。它分为两种,一种为近距离耦合式,卡必须插入机器缝隙内;另一种为远程耦合式。

非接触式 IC 卡的读/写,通常由非接触型 IC 卡与读卡器之间通过无线电波来完成。非接触型 IC 卡本身是无源体,当读卡器对卡进行读/写操作时,读卡器发出的信号由两部分叠加组成。一部分是电源信号,该信号由卡接收后,与其本身的 L/C 产生谐振,产生一个瞬间能量来供给芯片工作;另一部分则是结合数据信号,指挥芯片完成数据的修改、存储等,并返回给读卡器。

②读卡器:读卡器分为接触卡读卡器(磁条、IC)和感应卡(非接触)读卡器等几大类,它们之间又有带密码键盘和不带密码键盘的区别。读卡器设置在出入口处,通过它可将门禁卡的参数读入,并将所读取的参数经由控制器判断分析,准入则电锁打开,人员可自行通过;禁入则电锁不动作,并且立即报警,做相应的记录。

③写入器:写入器是对各类识别卡写入各种标志、代码和数据(如金额、防伪码)等。

④控制器:控制器是门禁系统的核心,由微处理机和相应的外围电路组成。控制器用于确定识别卡是否为有效卡及是否符合所限定的授权,从而对电锁进行控制。

⑤电锁:门禁系统所用电锁一般有三种类型,即电动阴锁、电磁锁和电插锁。视门的具体情况选择。电动阴锁和电磁锁一般用于木门和铁门,电插锁则用于玻璃门。电动阴锁一般为无电闭锁、通电开门,电磁锁和电插锁为通电锁门。

⑥管理计算机:门禁系统的管理计算机通过专用的管理软件对系统所有的设备和数据进行管理。可进行:

a. 设备注册:如在增加或减少控制器或卡片时,进行登记,以使其生效或失效。

b. 级别设定:对已注册的卡片进行行为及操作方面的授权与限制。

c.时间管理:设定管理时间阈值。

d.数据库管理:对系统所记录的数据进行转存、备份、存档和读取等处理。系统正常运行时,对各种出入事件、异常事件及其处理方式进行记录并保存备查。

e.报表生成:能够根据要求定时或随机地生成各种报表。进而组合出"考勤管理""巡更管理"和"会议室管理"等各种报表。

f.网间通信:实现安保系统与其他系统之间的信息传送。如在有非法闯入时及时向电视监视系统发出信息,使摄像机及时重点监视并进行录像。

g.友好的人机界面。

(2)防盗系统的主要设备

①探测器:探测器通常按其传感器种类、工作方式和警戒范围来区分类型。

按传感器种类分类(即按传感器探测的物理量分类),可分为开关报警器,振动报警器,超声、次声波报警器,红外报警器,微波、激光报警器等。

按工作方式分类,可分为被动探测报警器、主动探测报警器。

按警戒范围分类,可分为点探测报警器、线探测报警器、面探测报警器和空间探测报警器。

按报警器材用途分类,可分为防盗防破坏报警器、防火报警器和防爆炸报警器等。

按探测电信号传输信道分类,可分为有线报警器和无线报警器。

a.微波探测器:微波探测器是利用微波能量的辐射及探测技术构成的报警器。按工作原理,可分为微波移动报警器和微波阻挡报警器两种。

b.红外线报警器:利用红外线的辐射和接收技术构成的报警装置,可分为主动式和被动式两种类型。

c.超声波报警器:使用 25 ~ 40 kHz 超声波进行工作,其工作方式与微波报警器类似。当入侵者在探测区内移动时,超声反射波会产生大约±100 Hz 的频移,接收机检测出发射波与反射波之间的频率差异后,即发出报警信号。该报警器的缺点是容易受到振动和气流的影响。

d.双鉴探测器:微波、红外、超声波三种单技术报警器均会因不同的环境干扰及其他因素引起误报警。为了减少误报,把两种不同探测原理的探测器结合起来,组成双技术的组合报警器,即双鉴报警器。双技术的组合必须满足:组合中的两个探测器有不同的误报原理,两个探测器对目标的探测灵敏度相同;上述原则不能满足时,应选择对警戒环境产生误报率最低的两种类型的探测器(如果两种探测器对外界环境的误报率都很高,当两者结合成双鉴鉴探测器时,并不能显著降低误报率);所选探测器应对外界经常或连续发生的干扰不敏感。

微波与被动式红外复合的探测器就是将微波和红外探测技术集中运用在一体构成的双技术探测器。在控制范围内,只有两种报警技术的探测器都产生报警信号时,才输出报警信号。此探测器既有微波探测器可靠性强、与热源无关的优点,又有被动式红外探测器无须照明和亮度要求的优点,可昼夜运行,大大降低了探测器的误报率。利用声音和振动技术的复合型双鉴式玻璃报警器只有在同时感受到玻璃振动和破碎时的高频声音,才发生报警信号,从而大大减弱了因窗户的振动而引起的误报,提高了报警的准确性。

e.门磁开关:一种广泛使用、成本低、安装方便且不需要调整和维修的探测器。门磁开关分为可移动部件和输出部件。可移动部件安装在活动的门窗上,输出部件安装在相应的门窗上,两者安装距离不超过 10 mm。输出部件上有两条线,正常状态为常闭输出,门窗开启超过

10 mm,输出转换成常开。当有人破坏单元的大门或窗户时,门磁开关会立即将这些动作信号传输给报警控制器进行报警。

f.玻璃破碎报警器:利用压电式微音器装于面对玻璃的位置,由于只对高频的玻璃破碎声音进行有效的检测,因此不会受到玻璃本身的振动而引起反应。该感知器主要用于周界防护,安装在单元窗户和玻璃门附近的墙上或天花板上。当窗户或阳台门的玻璃被打破时,玻璃破碎探测器探测到玻璃破碎的声音后即将探测到的信号传给报警控制器进行报警。

②紧急呼救按钮:紧急呼救按钮主要安装在人员流动比较多的位置,以便在遇到意外情况时,用手或脚按下紧急呼救按钮向保安部门或其他人进行紧急呼救报警。

③报警扬声器和警铃:报警扬声器和警铃安装在易于被听到的位置。在探测器探测到意外情况并发出报警时,能通过报警扬声器和警铃来发出高分贝的报警声。

④电动门锁及磁卡识别器。

⑤报警指示灯:报警指示灯主要安装在单元住户大门外的墙上。当报警发生时,便于前来救援的保安人员通过报警指示灯的闪烁迅速找到报警用户。

思考题

3.1 在建筑给水系统中,变频调速设备是如何实现节能的?

3.2 漏电开关的作用何在? 如何选用? 中性线上为什么不能安装独立操作的开关或熔断器?

3.3 一幢 5 万 m^2 的超高层星级宾馆,建筑高度为 119 m,请确定以下问题:

①整个建筑物的电力负荷是多少? 变配电所应设在哪些地方? 为什么? 请选择变压器的种类及型号并说明选择依据。

②需要几路电源? 是否需要设置柴油发电机组? 多大容量?

③选择高低压主接线的形式并说明理由。

④确定该建筑物的防雷等级,并指出所采用的防雷措施。

⑤是否需要采用航空障碍灯? 用什么颜色? 是否闪光?

3.4 从低压配电室到用电设备之间的配线有哪几种形式? 你认为从变配电室到制冷机组的配线应采用哪种形式? 沿电气竖井上升向各楼层进行照明供电的配线应采用哪种形式?

3.5 除建筑高度小于 27 m 的住宅建筑外,一般民用建筑应在哪些部位设置应急疏散照明设施?

3.6 某住宅小区安装视频监控系统,对公共区域和目标进行视频监控,该系统应具备哪些主要的系统功能?

4

建筑安装工程招投标

4.1 概　述

1) 建筑安装工程

严格意义上的建筑设备安装工程包括机械设备安装工程,电气设备安装工程,热力设备安装工程,炉窑砌筑工程,静置设备与工艺金属结构制作与安装工程,工业管道工程,消防及安全防范设备安装工程,给排水、供暖、燃气工程,通风空调工程,自动化控制装置及仪表安装工程,油漆、防腐蚀、绝热工程和通信设备及线路安装工程。需要说明的是,本书所介绍的建筑安装工程为建筑设备安装工程简称,主要包括:电气设备安装工程,消防及安全防范设备安装工程,给排水、供暖、燃气、通风、空调工程和通信设备及线路安装工程。

2) 招投标

招投标是指由采购人事先提出货物、工程或服务的条件和要求,邀请必要数量的投标者参加投标并按照法定或约定程序选择交易对象的一种市场行为,包括招标和投标两个基本环节。前者是招标人以一定的方式邀请不特定的自然人、法人或其他组织投标,后者是投标人响应招标人的要求参加投标竞争。

招投标在性质上既是一种经济活动,又是一种民事法律行为,其整个过程包含招标、投标和定标三个主要阶段,而定标是核心环节。

3) 建筑安装工程中的招投标

建筑设备工程的招投标可分为建筑设备设计招投标、建筑设备采购招投标和建筑设备施工招投标。实际操作过程中具备上述二种或三种形式的称为建筑设备综合招投标。本章主要讲述建筑设备施工招标、投标。

4.2 建筑安装工程招投标综述

4.2.1 建筑安装工程招投标基本概念

建筑安装工程招投标是指招标人(一般是业主)就建筑设备工程安装任务,事先公布选择分派的条件和要求,招引他人承接,投标人(承包商)做出愿意参加任务竞争的意思表示,招标人按照规定的程序和办法择优选定中标人的活动。

4.2.2 建筑安装工程招投标的作用

建筑安装工程项目的招投标活动是建筑工程项目招标投标活动的重要组成部分,它伴随着建筑工程项目招标投标的发展而发展。特别是近年来,工程设备技术的不断发展和提高,新技术、新功能的不断出现,建筑安装工程项目投资在工程建设中的投资比例逐年增加,建筑安装工程项目的招标数量也逐年提高。

建筑安装工程项目招标、投标是在建筑安装工程市场引入竞争机制,用以体现价值规律的一种方式,是推进技术进步、管理创新,实现现代化、科学化项目管理的重要环节。它能充分调动建设企业和个人的积极性,实现公平竞争和合理分配;促进企业改善经营方式,实现人力、物力、财力的优化组合,提高工作效率和工作质量,为采用最佳技术方案和新工艺、新结构及新的生产线创造条件。

4.2.3 建筑安装工程招投标的特点

1)建筑设备安装工程的特点

(1)项目种类繁多

建筑工程中的设备安装项目种类繁多,较常见的主要有电梯、扶梯、中央空调系统、建筑智能化系统、给排水设备、消防设备、高低压配电设备等。

(2)项目技术发展快

建筑项目的发展主要体现在设备的发展上。随着经济的发展,人们的物质生活水平不断提高,对住宅和办公场所的要求也不断提高,更多先进设备设施进入了房屋建筑工程。如电梯、扶梯已成了高层房屋建筑工程的主要配套项目;中央空调系统、建筑智能化系统也成为办公及商业建筑的主要设备并逐渐进入普通住宅楼工程。新的设备将随着新技术的不断发展而出现,设备招投标项目将不断扩大。

(3)项目实施方案多

由于技术的不断发展,每一种设备安装项目都会出现不同技术并存的局面,使得设备安装项目实施方案众多。如中央空调系统有水冷离心机系统、水冷螺杆机系统、空气源热泵系统、可变冷媒流量系统、冰蓄冷系统等;电梯设备从建筑上分为有机房电梯与无机房电梯两类(其中,有机房又可分为有齿轮和无齿轮,无机房又可分为上置主机和下置主机);从控制上分为VVVF(Variable Voltage and Variable Frequency,可变电压、可变频率)控制、交流调速控制、交流双速控制。

2) 建筑安装工程招投标的特点

(1) 不同类型建筑设备招投标中需考虑的因素众多且不尽相同

不同类型建筑设备的主要技术参数、招标范围、制造验收标准、验收方式、售后服务要求都不相同。例如,水泵、变压器等设备招标,仅需考虑主要技术参数、选材、配套件的要求;而对电梯的招标,除要考虑主要技术参数、选材、配套件因素外,还要考虑电梯的使用功能,装饰、土建的配套性,舒适性参数要求,故障率、售后服务的承诺等条件。

(2) 建筑设备安装工程招投标不同于土建工程的招投标

建筑设备的形成过程与建筑产品的形成过程在客观上存在很大的区别,使得建筑工程的设备安装招投标与土建施工招投标也有所不同。建筑工程土建施工招投标要求各投标单位按施工设计图纸投标,按统一的工程量报价。而建筑设备招投标过程中,设计只能提供基本的规格、技术参数、平面布置图,各制造厂家为了实现招标文件规定的基本要求,其加工制造图纸、加工设备、加工工艺是不同的,加工完成的设备的具体功能、性能配置、质量、使用寿命也是有区别的,这就造成了不同品牌厂家的产品价格悬殊(因为符合工程基本设计要求的设备存在不同的档次)。高档设备的用材、加工精度、加工工艺、组装水平、外购件质量、控制系统的先进性、设备性能的稳定性相对较好,后期使用过程中质量相对稳定、效率高、返修率低;低档设备的优势通常是价格便宜。

4.2.4 建筑安装工程招投标的原则

(1) 合法、正当原则

合法原则要求招标人、投标人和中介服务机构的一切活动必须符合法律、法规、规章和有关政策的规定。正当原则要求当事人所进行招标投标活动必须符合社会公共道德和社会公共利益,能获得社会的肯定评价。

(2) 统一、开放原则

统一原则要求招投标的市场、管理和规范必须统一,这样才能真正发挥市场机制的作用。开放原则要求根据统一的市场准入规则,打破地区、部门和所有制等方面的限制和束缚,向全社会开放招标投标市场,破除地区和部门保护主义。

(3) 公开、公正、平等竞争原则

公开原则要求招投标活动具有较高的透明度。公正原则是指在招投标活动中,按照同一标准实事求是地对待所有当事人和中介机构。平等竞争原则是指所有当事人和中介机构在招投标活动中,享有均等的机会,具有同等的权利,履行相应的义务,任何一方都不受歧视。

(4) 诚实信用原则

在招投标活动中,当事人和有关中介机构应当以诚相待、讲求信义、实事求是,做到言行一致、遵守诺言、履行成约,不得见利忘义、投机取巧、弄虚作假、隐瞒欺诈、以次充好、掺杂使假、坑蒙拐骗,不得损害国家、集体和他人的合法权益。

(5) 自愿、有偿原则

自愿原则是指当事人和中介服务机构在招投标活动中,享有独立、充分表达自己真实意愿和自主决定自己行为的自由,任何一方不得将自己意志强加于对方或干涉对方意志。有偿原则是指在招投标活动中,当事人和中介机构在享有权利的同时,必须偿付相应的代价。

(6)求效、择优原则

求效、择优原则即建设工程招投标的终极原则。实行招投标的目的就是追求最佳的投资效益,在众多的竞争者中选出最优秀、最理想的投标人作为中标人。

(7)招投标正当权益不受侵犯原则

招投标正当权益不受侵犯原则是当事人和中介机构进行招投标的前提和基础,保护合法招投标权益则是维护招投标秩序、促进建筑安装工程市场健康发展的必要条件。

4.2.5 建筑安装工程招标方式

1)按招标方式划分

建筑安装工程招标按招标方式主要分为公开招标、邀请招标、议标三种情况。

(1)公开招标

招标单位通过国家指定的报纸、广播或专业性刊物、信息网络发布招标公告,投标单位根据本单位的技术水平和能力以及以往经验状况,自由报名参加投标。这种方式对招标单位来说,有较大的选择余地,也有利于开展竞争,促进参加投标的企业(单位)进行优化组合。但其工作程序比较复杂,工作量大,经历的时间也较长,大中型项目建设从招标准备到合同签订一般需1年左右。

(2)邀请招标

由招标单位根据建设项目情况,选定若干个能够胜任该项目任务的企业(单位)参加投标。由于招标单位对被邀企业的能力和基本情况比较熟悉,因而可简化预审工作。但在确定邀请单位名单时,应首先取得被邀单位是否愿意参与该项工程投标的答复。邀请参与投标的单位不得少于3个,不应超过10个。

(3)议标

对于少数不宜公开招标或邀请招标的建设项目,可由有关上级主管部门(或地区)推荐或指定投标单位。推荐或指定的投标单位不得少于两家。议标和招标一样应有完整的合同文本。在议标过程中,双方就工程造价、工期、质量、合同条款等方面的问题进行充分的讨论协商,取得一致意见并签署合同。如果在协商中不能取得一致意见,招标单位可与另一个企业(单位)再行议标。

2)按合同类型和计价方法划分

在项目招标以后,招标单位要与中标单位签订合同,按合同的种类和计价方法可分为固定总价合同、计量定价合同、单价合同、成本加酬金合同及统包合同5种招标形式。

(1)固定总价合同

固定总价合同是指以图纸和工程说明书为依据,将工程造价一次确定,固定不变,即项目总价不因实施过程中的市场波动、工程量增减而变化。这种方式招标对建设单位管理比较方便,因而广泛采用。对中标承包单位来说,如果工程基础资料、设计图纸及说明书都很详细,能精确地估算出工程的总造价,将来不至于发生太大的风险,这种承包方式会比较方便;但如果工程基础资料及设计图纸和说明书不够详细,不能据以精确地估算出工程的总造价,工程设计招标又是单独进行的,未知数比较多,则中标单位将来肯定要承担较大风险。在这种情况下,只有加大不可预见费用额度,中标单位才能接受承包,势必导致工程造价的提高,对建设投资单位不利。所以,国外在采用固定总价合同承包时,总是实行设计、施工一贯制的管理办法,将一个建设项目从规划、设计到施工及竣工后的生产服务不分阶段地全部承包下来。

(2)计量定价合同

计量定价合同是指以工程量清单和单价表为基础来确定工程造价。通常的做法是由建设单位先进行工程设计招标或委托工程咨询公司提出工程量清单,列出项目分部分项的工程量,由投标单位填报单价,再计算出总造价。由于工程量是由设计或咨询单位统一计算出来的,投标单位只需经过复核后填入单价,招标单位也只需对单价的合理性进行审核后即可选定中标承包单位。在这种招投标方式中,投标单位承担的风险较小,因而目前在国际工程施工中采用得较多。

(3)单价合同

单价合同是指根据工程单价所签订的合同。这种合同方式先确定分部分项工程的单价,随后根据工程设计单位提出的需要完成的工程量计算出工程总造价。这种单价可以由投标单位按招标单位提出的分项工程逐项开列;也可由招标单位提出再由中标单位认可或经协调修订后作为正式报价。单价可固定不变,也可商定允许在实物工程量完成时随工资和材料价格指数的变化而调整。具体的调整办法可在合同中明确规定。这类合同能够成立的关键在于双方对单价、工程技术方法的确认。在合同履行中,需双方对实际工程量进行计量并确认。

(4)成本加酬金合同

成本加酬金合同是指按工程实际发生的直接成本(人工、材料、施工机械使用费等)加上商定的管理费用和计划利润来确定工程总造价。成本加酬金合同主要适用于工程设计招标后设计单位还没有提出施工图设计资料,或在遭受地震、水灾或战火等灾害破坏后亟待修复的建设项目。实践中,这种合同还可细分为成本加固定百分数、成本加固定酬金、成本加浮动酬金,以及目标成本加奖罚4种方式。

4.3 建筑安装工程招标

4.3.1 招标必备条件

1)建设单位招标应具备的条件

①招标单位是法人或依法成立的其他组织;
②有与招标工程相适应的经济、技术、管理人员;

③有组织编制招标文件的能力；

④有组织审查投标单位资质的能力；

⑤有组织开标、评标、定标的能力。

上述5条中,①②条是对单位资格的规定,③—⑤条则是对招标人能力的要求。不具备上述招标条件的,须委托具有相应资质的单位或机构代理招标。

2)安装工程项目招标应具备的条件

①概算已经批准；

②安装工程项目已经正式列入国家、部门或地方的年度固定资产投资计划和相关部门批复的社会投资计划；

③安装工程项目对应的土建项目已经具备施工许可证或土建主体结构已经完成；

④有能够满足施工需要的施工图纸及技术资料；

⑤建设资金和主要设备、材料的来源已经落实；

上述规定的主要目的在于促使建设单位严格按基本建设程序办事,防止"三边"工程的现象发生。

4.3.2 招标程序与内容

建筑安装工程招标程序分为六大步骤:建设项目报建;编制招标文件;投标者的资格预审;发放招标文件;开标、评标与定标;签订合同。具体步骤如图4.1所示。

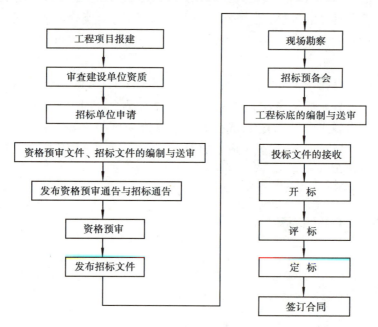

图4.1 建筑安装工程招标程序框图

1)建设工程项目报建

根据《工程建设项目报建管理办法》的规定,凡在我国境内投资兴建的工程建设项目,都必须实行报建制度,接受当地建设行政主管部门的监督管理。

工程项目报建,是建设单位招标活动的前提,除房屋设备、土木等工程外(包括新建、改建、扩建、翻修等),设备安装、管道线路铺设等单项工程仍属于报建范围。报建的内容主要包括工程名称、建设地点、投资规模、资金来源、工程规模、发包方式、计划开竣工日期和工程筹建情况等。

在工程项目的立项批准文件或投资计划下达后,建设单位根据《工程建设项目报建管理办法》规定的要求向建设行政主管部门报建备案,并由建设行政主管部门审批。具备招标条件的,可开始办理建设单位资质审查。

2)审查建设单位资质

审查建设单位是否具备招标条件,不具备有关条件的建设单位,须委托具有相应资质的中介机构代理招标,建设单位与中介机构签订委托代理招标的协议,并报招标管理机构备案。

3)招标申请

招标单位填写"建设工程招标申请表",并经上级主管部门批准后,连同"工程建设项目报建审查登记表"报招标管理机构审批。申请表的主要内容包括:工程名称、建设地点、招标建设规模、结构类型、招标范围、招标方式、要求施工企业等级、施工前期准备情况(土地征用、拆迁情况、勘察设计情况、施工现场条件等)、招标机构组织情况等。

4)资格预审文件、招标文件编制与送审

公开招标时,要求建设单位编制资格预审文件和招标文件,目的是有依据地对参加投标的施工单位进行审查。资格预审文件和招标文件须经招标管理机构审查,审查同意后可刊登资格预审公告、招标公告。

5)刊登资格预审公告、招标公告

公开招标可通过报刊、广播、电视等媒体或网上发布"资格预审公告"或"招标公告"信息。招标公告一般包括招标单位和招标项目名称,招标项目简况和基本要求,投标者资格要求,发放资格预审表或购买招标文件的时间、地点等内容。

6)资格预审

对申请资格预审的投标人送交填报的资格预审文件和资料进行评比分析,确定出合格的投标人的名单,并报招标管理机构核准。审查内容主要包括:企业性质、组织机构、法人地位、注册证明和技术等级证明,企业人员状况、技术力量、机械设备情况,资金、财务状况和商业信誉,主要施工业绩等。

7）发放招标文件

将招标文件、图纸和有关技术资料发放给通过资格预审获得投标资格的投标单位。投标单位收到招标文件、图纸和有关资料后，应认真核对，核对无误后，应以书面形式予以确认。

8）现场踏勘

招标单位组织投标单位进行现场踏勘的目的在于了解工程场地和周围环境情况，使投标单位获取必要的信息。现场踏勘主要是了解工程的施工场地、施工条件等。

9）招标预备会

招标预备会的目的在于澄清招标文件中的疑问，解答投标单位对招标文件和勘察现场中所提出的问题。

10）工程标底的编制与送审

招标文件的商务条款一经确定，即可进入标底编制阶段。标底编制完后应将必要的资料报送招标管理机构审定。

11）投标文件的接收

投标单位根据招标文件的要求，编制投标文件，并进行密封和标志，在投标截止时间前按规定的地点递交至招标单位。招标单位接收投标文件并将其秘密封存。

12）开标

在投标截止日期后，按规定时间、地点，在投标单位法定代表人或授权代理人在场的情况下举行开标会议，按规定的议程进行开标。开标时，在公证人员的监督下，除未按时送达或密封不合格视为废标外，当发现投标书中缺少单位印章、法定代表人或法定代表委托人印章，投标书未按规定的要求填写、字迹模糊、内容不全或矛盾、没有响应招标书中要求响应的内容，投标单位未参加开标会议等情况时，应宣布投标文件为废标。

13）评标

由招标代理、建设单位上级主管部门协商，按有关规定成立评标委员会，在招标管理机构监督下，依据评标原则、评标方法，对投标单位报价、工期、质量、主要材料用量、施工方案或施工组织设计、以往业绩、社会信誉、优惠条件等方面进行综合评价，公正合理择优选出中标单位。

14）定标

中标单位选定后由招标管理机构核准，获准后招标单位发出"中标通知书"。

15）合同签订

建设单位与中标单位在规定的期限内签订工程承包合同。

以上步骤为公开招标的标准程序,邀请招标程序与公开招标类似,其不同点主要是没有资格预审的环节,但增加了"发出投标邀请书"的环节。邀请招标的程序如图4.2所示。这里的"发出投标邀请书",是指招标单位可直接向有能力承担本工程的施工单位发出投标邀请书。

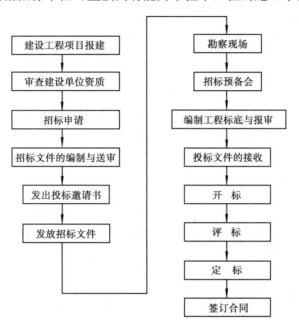

图4.2　邀请招标程序框图

4.3.3　招标文件的编制

招标文件的编制需要遵循一定的规则。首先,招标文件是招标人制定的本次招标活动的规则。从法律意义上讲,招标公告正式发布,投标人购买了招标文件、参与投标之后,招标人、招标代理机构和投标人在本次招标项目进程中须共同遵循。从招标进程上讲,招标文件是招标活动的总纲和"剧本",每项招标工作如何开始、如何发出招标文件、对投标人有什么要求、对招标人有什么要求、如何评标、如何决标、招标程序是什么,都应在招标文件中做出规定。所以,编制招标文件的人员首要先对本次招标工作有一个全局性的认识,把本次招标的要求和安排反映到招标文件当中。在招标文件编制当中也会有新的问题产生,这就需要在编制当中逐一解决。因此,编制招标文件的过程也是制订招标方案的过程。

招标文件是法律文件。在招标的全过程中,除相关的法律法规外,招标人、投标人、招标代理机构共同遵循的规则就是招标文件,具有法律效力。所以,招标文件的编制人员须有法律意识和素质,在招标文件中体现出公平、公正、合法的要求。

1)招标文件的组成

根据2010版《标准施工招标文件》的规定,公开招标的招标文件分为4卷8章,其目录如下:

第一卷

    第一章   招标公告

    第二章   投标人须知

    第三章   评标办法

    第四章   合同条款及格式

    第五章   工程量清单

第二卷

    第六章   图纸

第三卷

    第七章   技术标准与要求

第四卷

    第八章   投标文件格式

邀请招标的招标文件的内容,除去第一章为投标邀请书(适用于邀请招标)以外,其余与公开招标文件的完全相同,我国在施工项目招标文件的编制中除合同协议条款较少采用外,基本都按《建设工程施工招标文件范本》的规定进行编制。

案例1
(附录1)

【案例1】某项目空调采购及安装工程招标文件。

2)投标人须知

投标人须知是招标文件中很重要的一部分内容,主要针对招投标活动的程序性与时限性,以及与招标投标有关的事项进行界定,是招投标活动应遵循的程序规则,并作为整部招标文件各组成部分的基础性文件。投标者在投标时必须仔细阅读和理解,按须知中的要求进行投标,其内容包括:总则、招标文件、投标文件、投标、开标、评标、合同授予、重新招标和不再招标、纪律监督、需要补充的其他内容。

(1)总则

在总则中要说明工程概况和资金来源,资质与合格条件的要求及投标费用等问题。

①工程概况和资金来源通过前附表中所述内容获得。

②资质和合格文件中一般应说明如下内容:

A.参加投标单位至少要求满足前附表所规定的资质等级。

B.参加投标的单位必须具有独立法人资格和相应的施工资质,非本国注册的应按建设行政主管部门有关管理规定取得施工资质。

C.为说明投标单位符合投标合格的条件和履行合同的能力,在提供的投标文件中应包括下列资料:

a.营业执照、资质等级证书及中国注册的施工企业建设行政主管部门核准的资质证件;

b.投标单位在近年中已完成合同和正在履行的工程合同的情况;

c.按规定格式提供项目经理简历,以及拟在施工现场和不在施工现场的管理人员、主要施工人员的情况;

d. 按规定格式提供完成本合同拟采用的主要施工机械设备的情况;

e. 按规定格式提供拟分包的工程项目及承担该分包工程项目的分包单位的情况;

f. 要求投标单位提供自身的财务状况,包括近两年经过审计的财务报表,下一年度财务预测报告和投标单位授权其开户银行向招标单位提供其财务状况的授权书;

g. 要求投标单位提供当前和近年内参与或涉及的仲裁、诉讼资料。

D. 对于联营体投标(两个以上法人或者其他组织组成一个联合体,以一个投标人的身份共同投标),除要求联营体的每一成员提供(a)—(g)的资料外,还要求符合以下规定:

a. 联合体各方均应具备承担招标项目的相应能力;

b. 由同一专业的单位组成的联合体,按照资质等级较低的单位确定资质等级;

c. 投标文件及中标后签署的合同协议对联营体的每一成员均具有法律约束力;

d. 联营体应明确指定其某一成员为联营体主办人,并由联营体各成员法人代表签署一份授权书,证明其主办人的资格;

e. 联营体应随投标文件递交联营体各成员之间签订的"联营体协议书"副本;

f. "联营体协议书"应说明主办人应代表被授权代表的全部成员承担责任和接受命令,并由主办人负责合同的全面实施,只有主办人可以支付费用等;

g. 在联营体成员签署的授权书和合同协议书中应说明为实施合同他们所承担的共同责任和各自的责任。

(2)招标文件

①招标文件的组成:招标文件除了在投标须知写明招标文件的内容,还应对招标文件的解释、修改和补充内容进行说明。投标单位应对组成招标文件的内容全面阅读。若投标文件上有不符合招标文件要求的内容,招标单位可以拒绝。

②招标文件的解释:投标单位在得到招标文件后,若有问题需要澄清,应以书面形式向招标单位提出,招标单位应以通信的形式或投标预备会的形式予以解答,但不说明其问题的来源,答复将以书面形式送交所有的投标者。

③招标文件的修改:在投标截止日期前,招标单位可以补充通知形式、修改招标文件。为使投标单位有时间考虑招标文件的修改,招标单位有权延长递交投标文件的截止日期。对招标文件的修改和延长投标截止日期,应报招标管理部门批准。

(3)投标报价说明

应指出对投标价格、投标报价采用的方式和投标货币三个方面的要求。

①投标价格:

a. 除非合同另有规定,否则具有报价的工程量清单中所报的单价和合价,以及报价总表中的价格均应包括人工、施工机械、材料、安装、维护、管理、保险、利润、税金,政策性文件规定、合同包含的所有风险和责任等各项费用。

b. 不论是招标单位在招标文件中提出的工程量清单,还是投标单位按招标文件提供的图纸列出的工程量清单,其每一项的单价和合价都应填写,未填写的将不能得到支付;并认为此项费用已包含在工程量清单的其他单价和合价中。

②投标价格采用的方式:投标价格可采用价格固定和价格调整两种方式。

a. 采用价格固定方式的应写明:投标单位所填写的单价和合价在合同实施期间不因市场

因素变化而变化,在计算报价时可考虑一定的风险系数。

b.采用价格调整方式的应写明:投标单位所填写的单价和合价在合同实施期间可因市场变化因素而变化。

③投标的货币:国内工程的国内投标单位的项目应写明投标文件中的报价全部采用人民币表示。

(4)投标文件的编制

主要说明投标文件的语言、投标文件的组成、投标有效期、投标保证金、投标预备会、投标文件的份数和签署等内容。

①投标文件的语言:投标文件及投标单位与招标单位之间的来往通知、函件应采用中文。在少数民族聚居的地区也可使用该少数民族的语言文字。

②投标文件的组成:投标文件一般由投标书、投标书附录、投标保证金、法定代表人的资格证明书、授权委托书、具有价格的工程量清单与报价表、辅助资料表、资格审查表(有资格预审的可不采用),以及招标文本须知规定的其他资料组成。

投标文件中的以上内容通常在招标文件中提供统一的格式,投标单位按招标文件的统一规定和要求进行填报。

③投标有效期(指招标人对潜在投标人发出的要约做出承诺的期限,也可以理解为投标人为自己发出的投标文件承担法律责任的期限):

a.投标有效期一般是指从投标截止日起至公布中标的一段时间。一般在投标须知中规定投标有效期的时间(如28天),即投标文件在投标截止日期后的28天内有效。

b.在原定投标有效期满之前,如因特殊情况,经招标管理机构同意后,招标单位可以向投标单位提出延长投标有效期的书面要求,此时,投标单位须以书面的形式予以答复,对于不同意延长投标有效期的,招标单位不能因此而没收其投标保证金。对于同意延长投标有效期的,不得要求在此期间修改其投标文件,而且应相应延长其投标保证金的有效期,对投标保证金的各种有关规定在延长期内同样有效。

④投标保证金(在招标投标活动中,投标人随投标文件一同递交给招标人的一定形式、一定金额的投标责任担保):

a.投标保证金是投标文件的一个组成部分,对于未能按要求提供投标保证金的投标,招标单位将视为不响应投标而予以拒绝。

b.投标保证金可以是现金、支票、汇票和在中国注册的银行出具的银行保函,银行保函应按招标文件规定的格式填写,其有效期应不超过招标文件规定的投标有效期。

c.未中标的投标单位的投标保证金,招标单位应尽快将其退还,一般最迟不得超过投标有效期期满后的14天。

d.中标的投标单位的投标保证金,在按要求提交履约保证金并签署合同协议后,予以退还。

e.对于在投标有效期内撤回其投标文件或在中标后未能按规定提交履约保证金或签署协议者,将没收其投标保证金。

⑤投标预备会:目的在于澄清解答投标单位提出的问题和组织投标单位考察和了解现场情况。

a. 现场踏勘是招标单位邀请投标单位对工地现场和周围的环境进行考察,以使投标单位取得编制投标文件和签署合同时所需的第一手材料,同时招标单位有可能提供有关施工现场的材料和数据,招标单位对投标单位根据现场踏勘期间所获取资料和数据做出的理解和推论及结论不负责任。

b. 投标预备会的会议记录包括对投标单位提出问题答复的副本应迅速发送给投标单位。对于投标单位提出要求答复的问题,须在投标预备会前7天以书面形式送达招标单位;对于在招标预备会期间产生的招标文件的修改,按本须知中招标文件修改的规定,以补充通知形式发出。

⑥投标文件的份数和签署:投标文件应明确标明"投标文件正本"和"投标文件副本",按前附表规定的份数提交,若投标文件的正本与副本不一致,以正本为准。投标文件均应使用不能擦去的墨水打印和书写,由投标单位法定代表人亲自签署并加盖法人公章和法定代表人印鉴。

全套投标文件应无涂改和行间插字,若有涂改和行间插字,应由投标文件签字人在涂改处和行间插字处签字并加盖印鉴。

(5)投标文件的递交

①投标文件的密封与标志:

a. 投标单位应将投标文件的正本和副本分别密封在内层包封内,再密封在一个外层包封内,并在内包封上注明"投标文件正本"或"投标文件副本"。

b. 外层和内层包封都应写明招标单位及其地址、项目名称、投标编号,并注明开标时间以前不得开封。在内层包封上还应写明投标单位的邮政编码、地址和名称,以便投标出现逾期送达时能原封退回。

c. 如果在内层包封未按上述规定密封并加写标志,招标单位将不承担投标文件错放或提前开封的责任,由此造成的提前开封的投标文件将予以拒绝,并退回投标单位。

②投标截止日期:

a. 投标单位应在前附表规定的投标截止日期之前递交投标文件。

b. 招标单位因补充通知修改招标文件而酌情延长投标截止日期的,招标和投标单位在投标截止日期方面的全部权利、责任和义务,将适用延长后新的投标截止日期。

③投标文件的修改与撤回:

投标单位在递交投标文件后,可以在规定的投标截止时间之前以书面形式向招标单位递交修改或撤回其投标文件的通知。在投标截止时间之后,则不能修改与撤回投标文件,否则,将没收投标保证金。

(6)开标

招标单位应在前附表规定的开标时间和地点举行开标会议,投标单位的法人代表或授权的代表应签名报到,以证明出席了开标会议。投标单位未派代表出席开标会议的视为自动弃权。

开标会议在招标管理机构监督下,由招标单位组织主持,对投标文件开封进行检查,确定投标文件内容是否完整和按顺序编制,是否提供了投标保证金,文件签署是否正确。按规定提交合格撤回通知的投标文件不予开封。

投标文件有下列情况之一者将视为无效:投标文件未按规定进行标记和密封;未经法定代表人签署或未盖投标单位公章或未盖法定代表人印鉴的;未按规定格式填写,内容不全或字迹模糊、辨认不清的;投标截止日期以后送达的。

招标单位在开标会议上当众宣布开标结果,包括有效投标名称、投标报价、主要材料用量、工期、投标保证金以及招标单位认为适当的其他内容。

(7)评标

①评标内容的保密:公开开标后,直到宣布授予中标单位为止,凡属于评标机构对投标文件的审查、澄清、评比和比较的有关资料和授予合同的信息、工程标底情况都不应向投标单位和与该过程无关的人员泄露。在评标和授予合同过程中,投标单位对评标机构的成员施加影响的任何行为,都将导致被取消投标资格。

②资格审查:对于未进行资格预审的,评标时必须首先按招标文件的要求对投标文件中投标单位填报的资格审查表进行审查,只有资格审查合格的投标单位,其投标文件才能进行评比与比较。

③投标文件的澄清:为有助于对投标文件的审查评比和比较,评标机构可以个别要求投标单位澄清其投标文件。有关澄清的要求与答复,均须以书面形式进行,在此不涉及投标报价的更改和投标的实质性内容。

④投标文件的符合性鉴定:

a.在详细评标之前,评标机构将首先审定每份投标文件是否实质上响应了招标文件的要求。实质响应招标文件的要求应与招标文件所规定的要求、条件、条款和规范相符,无显著差异或保留。"显著差异或保留"是指对工程的发包范围、质量标准及运用产生实质影响,或者对合同中规定的招标单位权力及投标单位的责任造成实质性限制,而且纠正这种差异或保留,将会对其他实质上响应要求的投标单位的竞争地位产生不公正的影响。

b.如果投标文件没有实质上响应招标文件的要求,其投标将被予以拒绝。不允许通过修正或撤销其不符合要求的差异或保留,使其成为具有响应性的投标。

c.考虑到建筑设备工程投标单位来自全国各地,对各地方的招投标程序及惯例了解不深,在招标文件的规定中应尽量避免非实质性原因的废标,提高招标效率。

⑤错误的修正:

A.评标机构将对确定为实质响应的投标文件进行校核,看其是否有计算和累加的错误,若发现算术错误,应按以下修正:

a.当用数字表示的数额与用文字表示的数额不一致时,以文字数额为准。

b.当单价与合价不一致时,以单价为准,除非评估机构认为有明显的小数点错位,此时应以标出的合价为准,并修改单价。

B.按上述修改错误的方法,调整投标书的投标报价须经投标单位同意后,调整后的报价才对投标单位起约束作用。如果投标单位不同意调整投标报价,则视投标单位拒绝投标,没收其投标保证金。

⑥投标文件的评价与比较:

建设工程项目投标文件的评价与比较通常有以下方法:

a.最低评标价法。最低评标价法作为国际上最常用的评标方法,主要优点有:能较大程度节约资金,提高资金使用效率;遏止腐败现象,规范市场行为;有利于企业走向国际市场;提高企业的经营能力和管理水平。当然,最低评标价法也存在一些问题:价格最低,并不能保证服务和质量最优;投标供应商有危机感(风险太大了,供应商会心有顾虑);成本价不易界定,是最低评标价法受到质疑的核心问题。

b.综合评分法。综合评分法具有更科学、更量化的优点,主要表现在:引入权值的概念,评标结果更具科学性;有利于发挥评标专家的作用;有效防止低价的不正当竞争。同样,综合评分法也存在一些不足,主要有:评标因素及权值难以合理界定(评标因素及权值的确定比较复杂,用户往往希望产品性能占较高权值,财政部门往往希望价格占较高权值,真正做到科学合理更为不易);评标专家不适应(由于专家组成员属临时抽调性质,在短时间内让他们充分熟悉被评项目资料,全面正确掌握评价因素及其权值,有一定的困难);赋予了评委较大的权力,由于评委的业务水平不尽相同,如果对评委缺乏有效约束,就有可能出现"人情标"。

c.性价比法。性价比法与综合评分法具有相似的优点,而其自身独特的优点是充分考虑使用价值,更能体现政府采购"物有所值"的原则。性价比法与综合评分法相比,同样存在评标因素及权值难以界定的缺点。

建筑设备工程安装项目招投标活动中,为了尽可能做到"公正、公平"并保证工程"最优性价比",在评标环节尽可能选择科学、合理、适合工程项目的评标方法。同时,应注意以下方面:

建筑设备工程安装项目招标采用低价中标法对某些工艺简单、技术成熟的设备较为合适,但对有一定技术含量、加工工艺有一定要求的设备安装不太合适。因为技术配置先进、质量性能稳定、功能全面的设备安装公司可能会因为价格高而不能中标,而价格低的设备又不能完全达到理想的技术指标。采用综合评标法较为合理,关键是要科学合理编制招标文件的技术要求、合理设置技术标与报价标的权重,由于不同种类的设备、不同厂家之间价格差距不是固定的,因此在设置权重时既要考虑不同厂家之间合理竞争,又要考虑技术的先进性和使用的稳定性。

(8)合同授予

①中标通知书:经评标确定出中标单位后,在投标有效期截止前,招标单位将以书面的形式向中标单位发出"中标通知书",说明中标单位按本合同实施、完成和维修本工程的中标报价(合同价格),以及工期、质量和有关签署合同协议书的日期和地点,同时声明该"中标通知书"为合同的组成部分。

②履约保证(指发包人在招标文件中规定的要求承包人提交的保证履行合同义务的担保,是工程发包人为防止承包人在合同执行过程中违反合同规定或违约,并弥补给发包人造成的经济损失):中标单位应按规定提交履约保证,履约保证可由在中国注册银行出具银行保函(又称保证书,是指银行、保险公司、担保公司或担保人应申请人的请求,向受益人开立的一种书面信用担保凭证,保证在申请人未能按双方协议履行其责任或义务时,由担保人代其履行一定金额、一定时限范围内的某种支付或经济赔偿责任。保证数额一般为合同价的5%),也可由具有独立法人资格的经济实体企业出具履约担保书(保证数额为合同价的10%)。投标单位可以选其中一种,并使用招标文件中提供的履约保证格式。中标后不提供履约保证的投标单位,将没收其投标保证金。

③合同协议书的签署:中标单位按"中标通知书"规定的时间和地点,由投标单位和招标单位的法定代表人按招标文件中提供的合同协议书签署合同。若对合同协议书有进一步的修改或补充,应以"合同协议书谈判附录"形式作为合同的组成部分。

④其他事项:中标单位按文件规定提供履约保证后,招标单位应及时将评标结果通知未中标的投标单位。

3)施工合同通用条款和施工合同专用条款

(1)施工合同概述

招标文件中的合同通用条款和专用条款,是招标人单方面提出的招标人、投标人、监理工程师等各方权利义务关系的设想和意愿,是对合同签订、履行过程中遇到的工程进度、质量、检验、支付、索赔、争议、仲裁等问题的示范性、定式性阐述。

其中,施工合同通用条款是运用于各类工程项目的普遍适应性的标准化条件,凡双方未明确提出或声明修改、补充或取消的条款,就是双方都要遵守的;施工合同专用条款是针对某一特定工程项目对通用条件的修改、补充或取消。

(2)作用

招标人在招标文件中应明确说明招标工程采用的合同通用条款和专用条款;而投标人则必须对招标文件中的合同通用条款和专用条款做出响应,表明同意或不同意的态度,并在投标文件中一一注明。中标后,双方同意的施工合同通用条款和协商一致的专用条款是双方统一意愿的体现,成为双方合同文件的组成部分。

(3)内容

《建设工程施工合同(示范文本)》(GF-2017-0201)中的合同通用条款内容分为20条:一般约定,发包人,承包人,监理人,工程质量,安全文明施工,工期和进度,材料和设备,试验和检验,变更,价格调整,合同价格、计量与支付,验收和工程试车,竣工结算,缺陷责任与保修,违约,不可抗力,保险,索赔,争议解决。

《建设工程施工合同(示范文本)》中的合同专用条款是依照合同条件的顺序拟定的,主要是为修改、补充或不予采用的合同条件中的某些条款提供一个协议的格式。按照这个格式,招标人在招标文件中针对工程的实际情况,提出协议条款的具体内容,投标人在投标文件中进行响应。根据工程实践,其主要内容集中在工期、质量、材料设备供应、工程付款、保修、分包、违约责任、对施工工艺的特殊要求等。

4)合同格式

合同格式包括合同协议书格式、银行履约保函格式、履约担保格式、预付款银行保函格式。为了便于投标和评标,这些文件都用统一的格式。

合同协议书
(附录2)

5)技术规范

招标文件中的技术规范,反映了招标人对工程项目的技术要求。通常分为工程现场条件和本工程采用的技术规范两大部分。

（1）工程现场条件

工程现场条件主要包括现场环境、地形、地貌、地质、水文、气温、雨雪量、风向、风力等自然条件，以及工程范围、建设用地面积、建筑物占地面积、场地平整情况、施工用水与用电、工地内外交通、防护设施等施工条件。

（2）本工程采用的技术规范

对工程的技术规范，国家有关部门有一系列规定。招标文件要结合工程的具体环境和要求，写明已选定的适用于本工程的技术规范，列出编制规范的部门和名称。同时，技术规范体现了设计要求，招标文件应尽量对招标设备的技术要求、规格参数、功能要求、售后服务要求、合同主要条款等提出明确要求。这样，各个厂家的投标产品在技术性能上也可以尽量接近，以便评标。

6) 图纸、技术资料及附件

招标文件中的图纸，不仅是投标人拟订施工方案、确定施工方法、提出替代方案、计算投标报价必不可少的资料，也是工程合同的组成部分。

一般说来，图纸的详细程度取决于设计的深度和发包承包方式。招标文件中的图纸越详细，越能使投标人比较准确地计算报价。招标人应对这些资料的正确性负责，而投标人根据这些资料做出的分析与判断，招标人不负责任。

7) 其他

招标文件应提供投标书及投标书附录、工程量清单与报价表、辅助材料表、资格审查表等文件的参考格式（可参见相关文献，此处略），便于投标单位编制投标文件及评标机构评标。

4.3.4　业主的招标管理

1) 业主的招标组织管理

建设单位主持招标工作的负责人和参谋人员应通晓建设项目招标的主要策略，不断地提高评标、定标的水平，方能在众多的投标单位中选择能胜任拟建工程的承包单位，才能达到质量好、效率高、工期合理、价格公道的目标。必要时，建设单位可以聘请有资格的工程咨询公司编制标书和进行评标、定标工作。

评标和决标是招标过程中最重要的两个过程，均由依法组建的评标委员会负责。建设单位代表作为评标委员会的成员由建设单位提名，报请主管部门批准。评委会的组成应符合国家有关部委的规定：成员人数应为5人以上的单数，其中具有建设项目招标经验的专家和学者不得少于成员总数的2/3，而这些成员由当地有关部门随机选取，以保证评标工作的公平性。因此，作为建设单位派出的评标人员，必须具有该招标项目的相关工程技术知识，才能在评标过程中既达到评标委员会的要求又满足建设单位的具体情况。

建设单位参与评标工作，必须具备公正性，防止评标委员会的成员对任何单位带有倾向性，也要防止根据上级主管部门的授意或暗示来评定中标单位。同时，还必须对投标书的报价、工期、质量保证、设计方案、工艺技术水平、经济效益以及投标单位的社会信誉等情况进行综合考虑。在整个评标过程中,由有关部门负责监督并检查评标的公正性、独立性和严肃性,切实做到招标工作的"公开""公平""公正"。

2)业主的其他相关事务管理

对于招标形式,招标单位可以根据项目的大小和技术的复杂程度选定。安装工程总承包招标一般可采用邀请招标;工程设计招标、单项安装工程施工招标和设备招标宜采用公开招标方式,在较大的范围内进行;专用设备招标宜采用邀请招标。

对于联合体共同投标,招标单位不得强制投标单位的组成,对于投标单位在投标过程中的竞争,招标单位不得加以限制。

建设单位通过招标,从众多的投标者中进行评选,既要从其突出的侧重面进行衡量,又要综合考虑工期、价格、质量等方面的因素,最后确定中标者。因此,从建设单位的利益出发,并非低价就有利于建设方,不合理的低价会给建设方的项目建设带来更多隐患。

招标单位应严格做好标底。标底是招标工程的预期价格。标底的作用有:a. 使建设单位预先明确在拟建工程上应承担的财务义务;b. 给上级主管部门和投资单位提供核实投资的依据;c. 作为衡量投标单位标价的标准和评标的尺度。因此,制定招标文件和确定标底时,应做到"客观、公正、科学"。

招标文件是由招标单位或委托工程咨询公司编制并发布的纲领性和实施性文件,是向投标单位介绍工程情况和招标条件的文件,也是签订承发包合同的基础文件。标书文件应与合同文件同时提出。文件中提出的各项要求,各投标单位必须遵守。但是,此类文件对招标单位本身同样具有法律约束力。

招标单位在编写招标文件时应做到:内容要全面,文字要简明,概念要准确,逻辑要严密,表述要科学,层次要清楚。因此,招标文件质量的好坏与招标工作的成败和项目建设期的科学管理紧密相关。

4.4 建筑安装工程投标

4.4.1 投标概述

投标是与招标相对应的概念,它是指投标人应招标人特定或不特定的邀请,按照招标文件规定的要求,在规定的时间和地点主动向招标人递交投标文件并以中标为目的的行为。

1)投标人应具备的条件

投标人是响应招标、参加投标竞争的法人或者其他组织,应具备下列条件:

①投标人应具备承担招标项目的能力,国家有关规定或者招标文件对投标人资格条件有规定的,投标人应当具备规定的资格条件。

②投标人应当按照招标文件的要求编制投标文件,投标文件应当对招标文件提出的要求和条件做出实质性响应。投标文件的内容应当包括拟派出的项目负责人与主要技术人员的简

历、业绩和拟用于完成招标项目的机械设备等。

③投标人应当在招标文件所要求提交投标文件的截止时间前,将投标文件送达投标地点。招标人收到投标文件后,应当签收保存,不得开启。招标人对截止时间后收到的投标文件,应当原样退还,不得开启。

④投标人在招标文件要求提交投标文件的截止时间前,可以补充、修改或者撤回已提交的投标文件,并书面通知招标人。补充、修改的内容为投标文件的组成部分。

⑤投标人根据招标文件载明的项目实际情况,拟在中标后将中标项目的部分非主体、非关键性工作交由他人完成的,应当在投标文件中载明。

⑥两个以上法人或者其他组织可以组成一个联合体,以一个投标人的身份共同投标。联合体中标的联合体各方应当共同与招标人签订合同,就中标项目向招标人承担连带责任,但共同投标协议另有约定的除外。

⑦投标人不得相互串通投标报价,不得排挤其他投标人的公平竞争,不得损害招标人或者他人的合法权益。

⑧投标人不得以低于合理预算成本的报价竞标,也不得以他人名义投标或者以其他方式弄虚作假,骗取中标。所谓"合理预算成本"即按照国家有关成本核算规定计算的成本。

2) 投标组织

进行工程投标,需要有专门的机构和人员对投标的全部活动过程加以组织和管理,实践证明,建立一个强有力的、内行的投标班子是投标获得成功的根本保证。为迎接技术和管理方面的挑战,在竞争中取胜,投标人的投标班子应由如下三种类型的人才组成:经营管理类人才、技术专业类人才和商务金融类人才。

(1) 经营管理类人才

经营管理类人才是指专门从事工程承包经营管理、制定和贯彻经营方针与规划,负责工作的全面筹划和安排,具有决策水平的人才。这类人才应具备以下基本条件:知识渊博、视野广阔;具备一定的法律知识和实际工作经验;必须勇于开拓,具有较强的思维能力和社会活动能力;掌握一套科学的研究方法和手段,诸如科学的调查、统计、分析、预测的方法。

(2) 技术专业类人才

技术专业类人才主要包括工程及施工中的各类技术人员,如建筑师、土木工程师、暖通工程师、电气工程师、机械工程师等各类专业技术人员。他们应拥有本学科最新的专业知识,具备熟练的实际操作能力,以便在投标时能从本公司的实际技术水平出发,考虑各项专业实施方案。

(3) 商务金融类人才

商务金融类人才是指具有金融、贸易、税法、保险、采购、保函、索赔等专业知识的人才。这类人才要懂税收、保险、涉外财会、外汇管理和结算等方面的知识。

除上述关于投标班子组成的要求外,一个公司还需注意保持投标班子成员的相对稳定,不断提高其素质和水平,这对提高投标的竞争力至关重要;同时,逐步采用或开发有关投标报价的软件,使投标报价工作更加快速、准确。如果是国际工程(包含境内涉外工程)投标,则应配备懂得专业和合同管理的外语翻译人员。

4.4.2 投标程序及各阶段的主要工作

1)投标程序

投标过程涉及从填写资格预审表开始,到正式投标文件送交业主为止所进行的全部工作,其步骤如图4.3所示。这一阶段工作量很大,时间紧迫,一般需要完成下列各项工作:

①填写资格预审调查表,申报资格预审;

②购买招标文件(当资格预审通过后);

③组织投标班子;

④进行投标前调查与现场考察;

⑤选择咨询单位;

⑥分析招标文件,校核工程量,编制施工规划;

⑦工程估价,确定利润方针,计算和确定报价;

⑧编制投标文件;

⑨办理投标担保;

⑩递送投标文件。

2)各阶段主要工作内容

(1)资格预审

资格预审能否通过是承包商投标过程中的第一关。有关资格预审文件要求、内容及资格预审评定的内容在前面已详细介绍。这里仅就投标人申报资格预审时的注意事项作简要介绍。

①应注意平时对一般资格预审的有关资料的积累工作,并储存在计算机内,到针对某个项目填写资格预审调查表时,再将有关资料调出来,并加以补充完善。如果平时不积累资料,完全靠临时填写,往往会达不到业主要求而失去机会。

②加强填表时的分析,既要针对工程特点下功夫填好重点部位,又要反映出本公司的施工经验、施工水平和施工组织能力,这往往是业主考虑的重点。

③在投标决策阶段,研究并确定今后本公司发展的地区和项目时,注意收集信息,如果有合适的项目,及早动手作资格预审的申请准备。如果发现某个方面的缺陷(如资金、技术水平、经验年限等)不是本公司自己可以解决的,则应考虑寻找适宜的伙伴,组成联营体来参加资格预审。

④做好递交资格预审表后的跟踪工作,如果是国外工程,可通过当地分公司或代理人,以便及时发现问题,补充资料。

(2)投标前的调查与现场考察

调查与现场考察是投标前极其重要的一步准备工作。如果在前述投标决策的前期阶段对拟去的地区进行了较为深入的调查研究,则拿到招标文件后就只需进行有针对性的补充调查;否则,应进行全面调查研究。如果是去国外投标,拿到招标文件后再进行调研,则时间是很紧迫的。

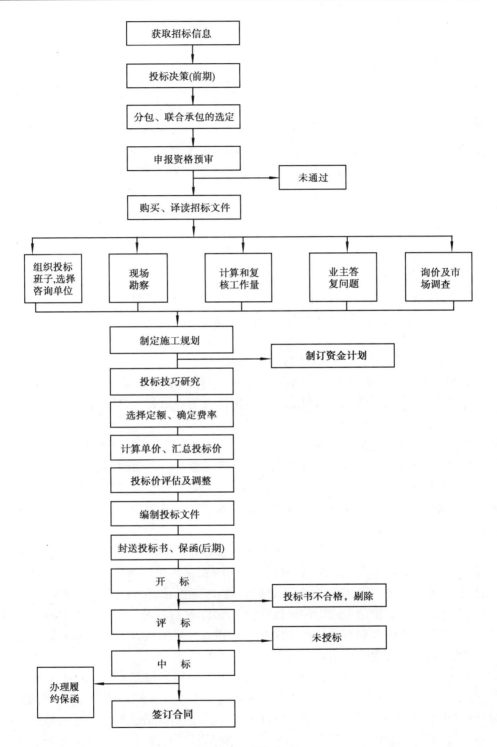

图4.3 投标程序

现场考察主要指的是去工地现场进行考察,招标单位在招标文件中要注明现场考察的时间和地点,在文件发出后就应安排投标者进行现场考察的准备工作。

施工现场考察是投标者必须经过的投标程序。按照国际惯例,投标者提出的报价单一般被认为是在现场考察的基础上编制的。一旦报价单提出之后,投标者就无权因为现场考察不周、情况了解不详细或因素考虑不全面而提出修改投标、调整报价或提出补偿等要求。

现场考察既是投标者的权利也是投标者的职责。因此,投标者在报价以前必须认真地进行施工现场考察,全面、仔细地调查了解工地及其周围的政治、经济、地理等情况。

现场考察之前,应先仔细研究招标文件,特别是文件中的工作范围、专用条款,以及设计图纸和说明,然后拟订调研提纲,确定需要重点解决的问题,做到事先有准备。现场考察费用均由投标者自己支付。

进行现场考察应从下述五方面调查了解:

①工程的性质以及与其他工程之间的关系;

②投标人投标的那一部分工程与其他承包商或分包商之间的关系;

③工地地貌、地质、气候、交通、电力、水源等情况,设备安装的具体位置等;

④工地附近有无住宿条件、加工条件、设备维修条件等;

⑤工地附近治安情况。

(3)分析招标文件、校核工程量、编制施工规划

①分析招标文件:招标文件是投标的主要依据,应仔细地分析研究。研究招标文件,重点应放在投标者须知、合同条件、设计图纸、工程范围以及工程量表上,最好有专人或小组研究技术规范和设计图纸,弄清其特殊要求。

②校核工程量:对于招标文件中的工程量清单,投标者一定要进行校核,因为它直接影响到投标报价及中标机会,如当投标人大体上确定了工程总报价之后,对某些项目工程量可能增加的,可以提高单价,而对某些项目工程量估计会减少的,可以降低单价。如发现工程量有重大出入的,特别是漏项的,必要时可找招标人核对,要求招标人认可,并给予书面证明,这对总价固定合同尤为重要。

③编制施工规划:该工作对投标报价影响很大。在投标过程中,必须编制全面的施工规划,但其深度和广度都比不上施工组织设计。如果中标,需再编制施工组织设计。施工规划的内容一般包括:施工方案和施工方法、施工进度计划、施工机械、材料、设备和劳动力计划,以及临时生产、生活设施。制定施工规划的依据有设计图纸,现行规范,经复核的工程量,招标文件要求的开工、竣工日期以及对市场材料、机械设备、劳力价格的调查。编制的原则是在保证工期和工程质量的前提下,使成本最低、利润最大。

a.选择和确定施工方法。根据工程类型,研究可以采用的施工方法。对于一般的管道安装工程,可结合已有施工机械及工人技术水平来选定实施方法,努力做到节省开支,加快进度。

对于复杂的安装施工工艺,则要考虑几种施工方案,进行综合比较。如高层建筑工程中的设备吊装问题,对工程造价及工期均有很大影响,投标人应结合施工进度计划及能力进行研究确定。

b.选择施工设备和施工设施。一般与研究施工方法同时进行,在工程估价过程中还要不断进行施工设备和施工设施的比较,是利用旧设备还是采购新设备,是国内采购还是国外采

购,须对设备的型号、配套、数量(包括使用数量和备用数量)进行比较,还应研究哪些类型的机械可以采用租赁办法,对于特殊的、专用的设备折旧率须进行单独考虑,订货设备清单中还应考虑辅助和修配机械以及备用零件,尤其是订购外国机械时应特别注意这一点。

c.编制施工进度计划。编制施工进度计划应紧密结合施工方法和施工设备。施工进度计划中应提出各时段应完成的工程量及限定日期。施工进度计划是采用网格进度计划还是线条进度计划,需根据招标文件要求而定。在投标阶段,一般用线条进度即可满足要求。

(4)投标报价的计算

投标报价计算包括定额分析、单价分析、计算工程成本、确定利润方针,最后确定标价。

(5)编制投标文件

编制投标文件也称填写投标书,或称编制报价书。投标文件应完全按照招标文件的各项要求编制。一般不能带任何附加条件,否则将导致投标作废。

(6)准备备忘录提要

招标文件中一般都有明确规定,不允许投标者对招标文件的各项要求进行随意取舍、修改或提出保留。但在投标过程中,投标人对招标文件反复深入地进行研究后,往往会发现很多问题。这些问题大体可分为三类:

第一类是对投标人有利的,可以在投标时加以利用或在以后提出索赔要求的,这类问题投标者一般在投标时是不提的。

第二类是发现的错误明显对投标人不利的,如总价包干合同工程项目漏项或是工程量偏少的,这类问题投标人应及时向业主提出,要求业主更正。

第三类是投标者企图通过修改某些招标文件和条款或是希望补充某些规定,以使自己在合同实施时能处于主动地位。

上述问题在准备投标文件时应单独写成一份备忘录提要,但这份备忘录提要不能附在投标文件中提交,只能自己保存。第三类问题留待合同谈判时使用,也就是说,当该投标使招标人感兴趣且邀请投标人谈判时,再把这些问题根据当时情况,逐个地拿出来谈判,并将谈判结果写入合同协议书的备忘录中。

(7)递送投标文件

递送投标文件也称递标,是指投标人在规定的截止日期之前,将准备完善的所有投标文件密封递送到招标单位的行为。

对于招标单位,在收到投标人的投标文件后,应签收或通知投标人已收到其投标文件,并记录收到日期和时间;同时,从收到投标文件到开标之前,所有投标文件均不得启封,并应采取措施确保投标文件的安全。

关于投标文件的内容详见4.5.2节。

除上述规定的投标书外,投标者还可以写一封更为详细的致函,对投标报价做必要的说明,以吸引招标人、咨询工程师和评标委员,使其对这份投标书更有兴趣和信心。例如,招标文件允许替代方案,且投标人又制订了替代方案,可以阐明替代方案的优点,明确如果采用替代方案,可能降低或增加的标价,并说明愿意在评标时,同业主或咨询公司进行进一步讨论,使报价更为合理等。

4.5 建筑安装工程投标管理

4.5.1 投标决策

1)投标决策的含义

投标人通过投标取得项目,是市场经济条件下的必然结果。但是,作为投标人来说,并不是每标必投,因为投标人要想在投标中获胜,然后又要从承包工程中盈利,就需要研究投标决策的问题。投标决策包括三方面内容:其一,针对项目招标是投标,或是不投标;其二,倘若去投标,是投什么性质的标;其三,投标中如何采用以长制短、以优胜劣的策略和技巧。投标决策的正确与否,关系到能否中标和中标后的效益,关系到施工企业的发展前景和职工的经济利益。因此,企业的决策班子必须充分认识到投标决策的重要意义,把这一工作摆在企业的重要议事日程上。

2)投标决策阶段的划分

投标决策可以分为投标决策的前期阶段和投标决策的后期阶段两阶段进行。

投标决策的前期阶段必须在购买投标人资格预审资料前后完成。决策的主要依据是招标广告,以及公司对招标工程、业主情况的调研和了解的程度,如果是国际工程,还包括对工程所在国和工程所在地的调研和了解程度。前期阶段必须对投标与否做出论证。通常情况下,下列招标项目应放弃投标:

a.本施工企业主营和兼营能力之外的项目;

b.工程规模、技术要求超过本施工企业技术等级的项目;

c.本施工企业生产任务饱满,招标工程的盈利水平较低或风险较大的项目;

d.本施工企业技术等级、信誉、施工水平明显不如竞争对手的项目。

如果决定投标,即进入投标决策的后期,它是指从申报资格预审至投标报价(封送投标书)前完成的决策研究阶段。主要研究投什么性质的标,以及在投标中采取的策略问题。

按性质分,投标有风险标和保险标;按效益分,投标有盈利标和保本标。

(1)风险标

明知工程承包难度大、风险大,在技术、设备、资金上都有未解决的问题,但由于无后续项目,或因为工程盈利丰厚,或为了开拓新技术领域而决定参加投标,同时设法解决存在的问题,即风险标。投标后,如问题解决得好,可取得较好的经济效益,可锻炼出一支好的施工队伍,使企业更上一层楼;解决得不好,企业的信誉就会受到损害,严重者可能导致企业亏损甚至破产。因此,投风险标必须审慎从事。

(2)保险标

根据可以预见的情况对技术、设备、资金等重大问题都有了解决的对策之后再投标,谓之保险标。企业经济实力较弱,经不起失误的打击,往往投保险标。当前,我国施工企业多数都愿意投保险标,特别是在国际工程承包市场上投保险标。

(3)盈利标

如果招标工程既是本企业的强项又是竞争对手的弱项,或建设单位意向明确,或本企业任务饱满、利润丰厚才考虑让企业超负荷运转时,此种情况下的投标,称投盈利标。

(4)保本标

当企业无后继工程,或已经出现部分窝工,必须争取中标。但招标的工程项目本企业无优势可言,竞争对手又多,此时即可投保本标。

需要强调的是在考虑和决策的同时,必须牢记招投标活动应当遵循公开、公平、公正和诚实信用的原则。否则,按照《中华人民共和国招标投标法》规定,出现违规行为,将承担相应经济、行政责任;构成犯罪的,将被依法追究刑事责任。

3)影响投标决策的主观因素

"知彼知己,百战不殆。"工程投标决策研究就是知彼知己的研究。这个"彼"即影响投标决策的客观因素,"己"即影响投标决策的主观因素。投标或是弃标,首先取决于投标单位的实力,其表现在如下几方面:

(1)技术方面的实力

①有精通本行业的造价师、建筑师、建筑设备工程师,会计师和管理专家组成的组织机构。

②有工程项目设计、施工专业特长,有解决技术难度大和各类工程施工中的技术难题的能力。

③有国内外与招标项目同类型工程的施工经验。

④有一定技术实力的合作伙伴,如实力强的分包商、合营伙伴和代理人。

(2)经济方面的实力

①具有垫付资金的能力。如:预付款是多少?在什么条件下拿到预付款?应注意国际上有的业主要求"带资承包工程""实物支付工程",根本没有预付款。"带资承包工程"是指工程由承包商筹资兴建,从建设中期或建成后某一时期开始,业主分批偿还承包商的投资及利息,但有时这种利率低于银行贷款利息。承包这种工程时,承包商需投入大部分工程项目建设投资,而不只一般承包所需的少量流动资金。"实物支付工程"是指有的发包方用该国滞销的农产品、矿产品折价支付工程款,而承包商推销上述物资来谋求利润将存在一定难度。因此,遇上这种项目需要慎重对待。

②具有一定的固定的资产和机具设备及其投入所需的资金。大型施工机械的投入,不可能一次摊销。因此,新增施工机械将会占用一定资金。另外,为完成项目必须要有一批周转材料,如高空施工用的脚手架等,这也是占用资金的组成部分之一。

③具有一定的资金周转用来支付施工用款。已完成的工程量需要监理工程师确认后,并经过一定手续、一定时间后才能将工程款付出。

④承担国际工程尚需筹集承包工程所需外汇。

⑤具有支付各种担保的能力。承包国内工程需要担保,承包国际工程更需要担保,不仅担保的形式多种多样,而且费用也较高,如投标保函(或担保)、履约保函(或担保)、预付款保函(或担保)、缺陷责任期保函(或担保)等。

⑥具有支付各种纳税和保险的能力。尤其在国际工程中,税种繁多,税率也高,诸如关税、进口调节税、营业税、印花税、所得税、建筑税、排污税等。

⑦不可抗力带来的风险。即使是属于业主的风险,承包商也会有损失;如果不属于业主的风险,则承包商损失更大,要有财力承担不可抗力带来的风险。

⑧承担国际工程往往需要重金聘请有丰富经验或有较高地位的代理人,以及其他"佣金",这也需要承包商具有这方面的支付能力。

(3)管理方面的实力

建筑承包市场属于买方市场,承包工程的合同价格由作为买方的发包方起支配作用。承包商为打开承包工程的局面,应以低报价甚至低利润取胜。为此,承包商必须在成本控制上下功夫,向管理要效益。如缩短工期,进行定额管理,辅以奖罚办法,减少管理人员,工人一专多能,节约材料,采用先进的施工方法不断提高技术水平,特别是要有"重质量""重合同"的意识,并有相应的切实可行的措施。

(4)信誉方面的实力

承包商一定要有良好的信誉,这是投标中标的一条重要标准。要建立良好的信誉,就必须遵守法律和行政法规,或按国际惯例办事;同时,认真履约,保证工程的施工安全、工期和质量,且各方面的实力都要雄厚。

4)决定投标或弃标的客观因素及情况

(1)业主和监理工程师的情况

业主的合法地位、支付能力、履约能力;监理工程师处理问题的公正性、合理性等是投标决策的影响因素之一。

(2)竞争对手和竞争形势的分析

是否投标,应注意竞争对手的实力、优势及投标环境的优劣情况。另外,竞争对手的在建工程情况也十分重要。如果对手的在建工程即将完工,可能急于获得新承包项目,投标报价不会很高;如果对手在建工程规模大、时间长,仍参加投标,则标价可能很高。从总的竞争形势来看,大型工程的承包公司技术水平高,善于管理大型复杂工程,其适应性强,可以承包大型工程;中小型工程由中小型工程公司或当地工程公司承包的可能性大。这是因为当地中小型公司在当地有自己熟悉的材料、劳力供应渠道,管理人员相对比较少,有自己惯用的特殊施工方法等优势。

(3)法律、法规的情况

对于国内工程承包,自然适用本国的法律和法规,而且其法治环境基本相同(因为我国的法律、法规具有统一或基本统一的特点)。如果是国际工程承包,则有一个法律适用问题。法律适用的原则有5条:

①强制适用工程所在地法的原则;

②意思自治原则;

③最密切联系原则;

④适用国际惯例原则;

⑤国际法效力优于国内法效力的原则。

（4）风险问题

在国内承包工程,其风险相对要小一些,国际承包工程风险要大得多。投标与否,要考虑的因素很多,需要投标人广泛、深入地调查研究,系统地积累资料,并做出全面的分析,才能对投标做出正确决策。决定投标与否,更重要的是它的效益性。投标人应对承包工程的成本、利润进行预测和分析,以供投标决策之用。

4.5.2 投标文件组成和编制

1)投标文件组成

投标文件组成包括:

①投标书。

②投标书附件。

③投标保证金。

④法定代表人资格证明书。

⑤授权委托书。

⑥具有标价的工程量清单与报价表:随合同类型而异。单价合同中,一般将各项单价开列在工程量表上,有时业主要求报单价分析表,此时则需按招标文件规定在主要的或全部单价中附上单价分析表。

⑦施工规划:列出各种施工方案(包括建议的新方案)及其施工进度计划表,有时还要求列出人力安排计划的直方图。

⑧辅助资料表。

⑨资格审查表(经资格预审时,此表从略)。

⑩对招标文件中的合同协议条款内容的确认和响应。

⑪按招标文件规定提交的其他资料。

2)投标文件编制

投标文件是承包商参与投标竞争的重要凭证,是评标、决标和订立合同的依据,是投标人素质的综合反映和投标人能否取得经济效益的重要因素。可见,投标人应对编制投标文件的工作倍加重视。

（1）编制投标文件的准备工作

①组织投标班子,确定投标文件编制的人员。

②仔细阅读诸如投标人须知、投标书附件等各个招标文件。

③投标人应根据图纸审核工程量表的分项、分部工程的内容和数量。如发现"内容""数量"有误时在收到招标文件7日内以书面形式向招标人提出。

④收集现行定额标准、取费标准及各类标准图集,并掌握政策性调价文件。

（2）投标文件编制

根据招标文件及工程技术规范要求,结合项目施工现场条件编制施工组织设计和投标报价书。

投标文件编制完成后应仔细核对和整理成册,并按招标文件要求进行密封和标识。

4.5.3 投标技巧

投标技巧研究,其实是在保证工程质量与工期条件下,寻求一个好的报价的技巧问题。投标人为了中标并获得期望的效益,投标程序全过程几乎都要研究投标报价的技巧问题。

如果以投标程序中的开标为界,可将投标的技巧研究分为两阶段,即开标前的技巧研究和开标至签订合同的技巧研究。

1)开标前的投标技巧研究

(1)不平衡报价

不平衡报价是指在总价基本确定的前提下,如何调整内部各个子项的报价,以期既不影响总报价,又能让投标人在中标后尽早收回垫支于工程中的资金和获取较好的经济效益。但要注意避免畸高畸低现象,避免失去中标机会。通常采用的不平衡报价有下列几种情况:

①对能早期结账收回工程款的项目(如与管线或设备安装配合的土建等)的单价可报较高价,以利于资金周转;对后期项目(如安装工程中与装饰配合的扫尾工作等)单价可适当降低。

②估计今后工程量可能增加的项目,其单价可提高而工程量可能减少的项目,其单价可降低。但上述两点要统筹考虑。对于工程量数量有错误的早期工程,如不可能完成工程量表中的数量,则不能盲目抬高单价,需要具体分析后再确定。

③图纸内容不明确或有错误,估计修改后工程量要增加的,其单价可提高;而工程内容不明确的,其单价可降低。

④没有工程量只填报单价的项目(如与安装配合的预留、预埋工作等),其单价宜高。这样,既不影响总的投标报价,又可多获利。

⑤对于暂定项目、其实施可能性大的项目,价格可定高价;估计该工程不一定实施的可定低价。

(2)零星用工(计日工)

一般可稍高于工程单价表中的工资单价,因为零星用工不属于承包有效合同总价的范围,发生时实报实销,可多获利。

(3)多方案报价法

利用工程说明书或合同条款不够明确之处,以争取达到修改工程说明书和合同的目的。当工程说明书或合同条款有些不够明确之处时,往往使投标人承担较大风险。为了减少风险就必须扩大工程单价,增加"不可预见费",但这样又会因报价过高而增加被淘汰的可能性。多方案报价法就是为对付这种两难局面而出现的,其具体做法是在标书上报两价目单价:一是按原工程说明书合同条款报一个价;二是加以注解,如工程说明书或合同条款可作某些改变时,则可降低多少费用,使报价成为最低,以吸引业主修改说明书和合同条款。

还有一种方法是对工程中一部分没有把握的工作,注明按成本加若干酬金结算的办法。若合同的方案不容许改动,这个方法就不适用。

2)开标后的投标技巧研究

投标人通过公开开标这一程序可以得知众多投标人的报价。但低价并不一定中标,需要综合各方面的因素,反复审阅,经过议标谈判,方能确定中标人。若投标人利用议标谈判施展竞争手段,就可变自己的投标书的不利因素为有利因素,大大提高获胜机会。

从招标的原则来看,投标人在标书有效期内,是不能修改其报价的,但是,某些议标谈判可以例外。在议标谈判中的投标技巧主要有:

（1）降低投标价格

投标价格不是中标的唯一因素,但却是中标的关键性因素。在议标中,投标者适时提出降价要求是议标的主要手段。需要注意的是:

其一,要摸清招标人的意图,在得到其希望降低标价的暗示后,再提出降低的要求。因为,有些国家的政府关于招标的法规中规定,已投出的投标书不得改动任何文字。若有改动,投标即告无效。

其二,降低投标价要适当,不得损害投标人自己的利益。

降低投标价格可从三方面入手,即降低投标利润、降低经营管理费和设定降价系数。

投标利润的确定,既要围绕争取最大未来收益这个目标而订立,又要考虑中标率和竞争人数因素的影响。通常,投标人准备两种价格,即:既准备了应付一般情况的适中价格,又同时准备了应付竞争特殊环境需要的替代价格,它是通过调整报价利润所得出的总报价。两种价格中,后者可低于前者,也可高于前者。如果需要降低投标报价,即可采用低于适中价格,使利润减少以降低投标报价。

经营管理费应该作为间接成本进行计算。为了竞争的需要也可以降低这部分费用。

降低系数,是指投标人在投标作价时,预先考虑一个未来可能降价的系数。如果开标后需要降价竞争,就可以参照这个系数进行降价;如果竞争局面对投标人有利,则不必降价。

（2）补充投标优惠条件

除中标的关键因素——价格外,在议标谈判的技巧中,还可以考虑其他许多重要因素（如缩短工期、提高工程质量、降低支付条件要求、提出新技术和新设计方案及提供补充物资和设备等）以此优惠条件得到招标人的赞许,争取中标。

思考题

4.1 针对公开招标项目,阐述招标程序和内容。

4.2 试举例说明投标文件无效的情况。

4.3 针对某具体招标项目,试编制一份投标文件。

5

建筑设备工程施工技术

5.1 室外管线安装

5.1.1 室外热力管道安装

1) 室外地下敷设管道的安装

地沟按其构造可分为普通地沟和预制钢筋混凝土地沟。普通地沟为钢筋混凝土或混凝土沟底基础、砖或毛石砌筑的沟壁，钢筋混凝土盖板。预制钢筋混凝土地沟断面上部形状为椭圆形，椭圆长轴以下是直线段。在素土夯实的沟槽基础上，现场浇筑钢筋混凝土地沟基础，管道安装和保温完成后，便可吊装预制的拱形管壳。地沟的高度和宽度应满足安装和使用要求，见表 5.1。

表 5.1 地沟敷设有关尺寸(m)

地沟类型	地沟净高	人行通道宽	管道保温表面与沟壁净距	管道保温表面与沟顶净距	管道保温表面与沟底净距	管道保温结构表面间净距
通行地沟	≥1.8	≥0.7	0.1~0.15	0.2~0.3	0.1~0.2	≥0.15
半通行地沟	≥1.2	≥0.6	0.1~0.15	0.2~0.3	0.1~0.2	≥0.15
不通行地沟	—	—	0.15	0.05~0.1	0.1~0.3	0.2~0.3

地沟内管道的安装，应在管沟砌筑后，盖沟盖板前，安装好支架再进行。直埋管道安装，必须在沟底找平夯实，沿管线铺设位置无杂物，沟宽及沟底标高尺寸复核无误后进行。当地沟经检查合格后，就可进行下管安装。在安装管道前要先用经纬仪测定管道的安装中心线及标高，根据管道的标高先安装好管道的支架垫块，然后安装管道。

对于用砖或钢筋混凝土块砌筑的地沟,一般都是在管道安装完毕后再盖地沟盖板和回填土。所以对于这种地沟可以采用整体下管,即把整段的管子用几台吊车同时起吊,然后慢慢把管段放入地沟支座上。各台吊车在起吊和下管时要力求同步,要有统一指挥,以确保安全和施工质量。也可以用移动式龙门钢架,跨架于地沟两侧的轨道上。钢架的横梁上设有可左右及上下活动的轨道吊车。几台吊车同时把管道吊起,抽掉架设在地沟上的枕木,就可慢慢同时下管。对所选用的吊车的承重量,应按其所吊管段质量的2~3倍选用,并严格检查吊车各零件及钢索有无损坏,以确保安全操作。

(1)地沟管道安装

地沟内管道安装的关键工序是支架的安装。在不通行地沟内,管道的高支座通常安装在混凝土支墩上面的预埋钢板上,其安装应在混凝土沟底施工后(同时浇筑出支墩)、沟墙砌筑前进行。通行和半通行地沟内,管道的高支架安装在型钢支架的横梁上,型钢支架的安装是利用在混凝土沟基土建施工和砌筑沟墙时,预留的预留孔洞或预埋钢板来固定的。地沟内支架间距要求应参照相关标准执行。多根管道共同的支架,应按最小管径确定其最大间距,坡度和坡向相同的管道可以共架,对个别坡和坡度值不同的管子,可考虑用悬吊的方法安装。当给水管道与供热管道同沟时,给水管可用支墩敷设于地沟底部。

地沟内支架安装要平直牢固,同一地沟内若有多层管道时,安装顺序应从最下面一层开始,最好能将下面的管子安装、试压、保温完成后,再安装上面的管子。为了便于焊接,焊口应选在便于操作的位置。所有管子端部的切口、平正检查及坡口切割均应在管子下沟前在地面上完成。

在支架横梁(或支墩上钢板)安装后、管道安装前,应按管道的设计位置及安装坡度,在横梁(或钢板)上挂线弹出管道的安装中心线,以作为管道上架就位的安装基准线。然后将已预制好的高支座按其膨胀伸长量,反方向偏移摆在横梁上。热膨胀量较大的管道上的活动支架的支座应偏心安装,偏移方向为管道热膨胀的反方向,偏心距为该点到固定点间管道热膨胀量的一半,且最大偏心距离 $\Delta_{max} = 1/2$ 支座全长−50 mm,如图5.1所示。同时,将其与横梁点焊,随后即可进行管子的上架及连接。

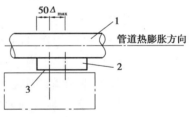

图5.1 支座偏心安装示意
1—管道;2—支座;3—预埋钢板

管子上架后,经吹扫清除管内污物,即可进行焊接连接。每根管道的对口、点焊、校正、焊接等工作应尽量采用转动的活口焊接,以提高焊接速度及保证焊接质量。管道焊接后,调整高支座位置,将高支座与管子焊牢(滑动支座要在补偿器预拉伸并找正位置后才能焊接),打掉高支座的点焊缝,再按水压试验、防腐保温等工序即可完成管道安装。

(2)直埋管道安装

室外管道直埋敷设又称无沟敷设,直埋敷设的管道是热力管道的外层保温层直接与土壤相接触。直埋敷设不需要砌筑地沟和支承结构,既可缩短施工周期,又可节省投资。直埋敷设管道的投资要比不可通行地沟管道造价低,尤其对于供热管道,随着保温材料和外层防水保护层在材质、性能、施工方法、使用寿命等方面的不断发展,供热管道直埋敷设的应用也越来越广泛。但是在地下水位较高的条件下不宜采用,且对保温材料的要求也较高。管道直埋敷设虽然不需要砌筑地沟和支承结构,但是其他的安装与地沟敷设有着一致的操作要求。

直埋管道的敷设,最重要的是保温层的制作质量。一般情况下,保温层可在加工厂预先做好,然后再运到现场安装,只留管子接口,待焊接并试压合格后再进行接头保温;接头保温补做的方法与管保温结构相同。

由于预制保温管的保温结构不允许受任何外界机械作用,向管沟内下管必须采用吊装。下管前应根据吊装设备的能力,预先在地面上把 2 ~ 4 根管子连接在一起,开好坡口,在保温管外面包一层塑料薄膜,同时在沟内管道的接口处,挖出操作坑,坑深为管底以下 200 mm,坑内沟壁距保温管外壁不小于 500 mm。吊管时,不得以绳索直接接触保温管外壳,应用宽度大约为 150 mm 的编织带兜托管子,吊起时要慢,放管时要轻。管子就位后,即可进行焊接,然后按设计要求进行焊口检验及水压试验,合格后可做接口保温。

接口保温前,首先将接口需要保温的地方用钢刷和砂布打净,把接口硬塑套管套在接口上。然后用塑料焊把套管与管道的硬塑保护管焊在一起。再在套管端各钻一个圆锥形孔,以备试压和发泡时使用。接口套管焊接完后,须做严密性试验,将压力表和充气管接头分别装在两个圆孔上,通入压缩空气,充气压力为 0.02 MPa。同时用肥皂水检查套管接口是否严密。检查合格后,可进行发泡。

为了使埋地管道很好地坐落在沟槽内的地基上,减小管道的弯曲应力,管子下面应有 100 mm 厚的砂垫层。在管子铺设完毕后,再铺 75 mm 厚的粗砂枕层,然后用粉状回填土(即细土)填至管顶以上 100 mm 处,以改善管子周边的受力情况,再往上可用沟土回填。如有条件,最好用砂子回填至管顶以上 100 mm 处,对改善管受力效果极佳。

(3)管道的焊接

当管道运入现场后,就可沿地沟边铺放,把管子架在预先找平的枕木上。如为不可通行的矩形地沟,则可直接把枕木横架在地沟墙上,把管子架在枕木上进行锉口、除锈、对口和焊接。管道在对口时,要求两管的中心线在一轴线上,两端接头齐整,间隙一致,两管的口径应相吻合。如两管对接口有不吻合的地方,其差值应小于 3 mm。对于有缝钢管的焊接,要求把其水平焊缝错开,并应使水平焊缝在同一面,以便试水压时检查,如图 5.2 所示。为便于焊接时转动管子,可把管子放在带有两小滚轮的托架上,如图 5.3 所示。

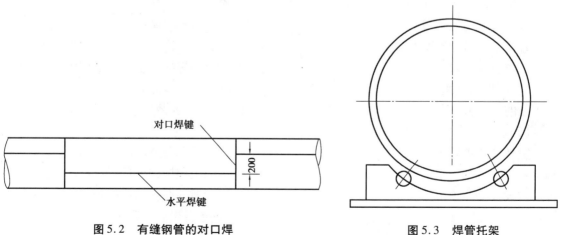

图 5.2　有缝钢管的对口焊　　　　　　　　　　图 5.3　焊管托架

在沟顶焊接管子,其长度根据施工条件而定,一般在小于 DN300 时,其管段长度为 60 ~ 100 m;DN350 ~ DN500 时,其长度为 40 ~ 60 m,然后整体下管,把管段安装在地沟支架上,在沟里进行对口焊接。由于管段不能转动,管口下部须仰焊,因此在焊口周围应有足够空间,以便于焊工操作。

在冬季施工时,由于气温较低,冷空气对焊缝的收缩应力有较大影响,因此应采取必要的措施,如采用熔剂层下的自动熔焊法,这种焊接产生大量的熔渣覆盖了焊缝处,以减小其冷却速度;或搭设可移动保温棚,把焊口处罩上,焊工在棚内作业。也可采用石棉板做的卡箍夹住焊缝,以免焊接处的高温迅速冷却。

2)室外架空管道的安装

(1)架空管道支架安装

架空敷设的管道,可采用单柱式支架、带拉索支架、栈架或沿桥梁等结构敷设,也可沿建筑物的墙壁或屋顶敷设。单支柱式支架可以是钢结构、钢筋混凝土的。其高度通常为 5 ~ 8 m,但如不影响交通,也可采用离地 0.5 m 的低支架来铺设管道。

在安装架空管道之前应先安装好支架,支架的加工制作及吊装就位工作,一般由土建部门来完成。其支架的加工及安装质量直接影响管道施工质量和进度,因此在安装管道以前必须先对支架的稳固性、中心线和标高进行严格的检查,应用经纬仪测定各支架的位置及标高,检验是否符合设计图纸的要求。各支架的中心线应为一直线,不许出现"之"字形曲线,一般管道是有坡度的,故应检查各支架的标高,不允许由于支架标高的错误而造成管道的反向坡度。

在安装架空管道时,为工作的方便和安全,必须在支架的两侧架设脚手架。脚手架的高度以操作方便为准,一般脚手架平台的高度以比管道中心标高低 1 m 为宜,其宽度约 1 m,以便工人通行操作和堆放一定数量的保温材料。根据管径及管数,设置单侧或双侧脚手架,如图 5.4 所示。

架空管道的吊装,一般都是采用起重机械,如汽车式起重机、带式起重机,或用杆及卷扬机等。在吊装管道时,应严格遵守操作规程,注意安全施工。在吊装前,管道应在地面上进行校直、打坡口、除锈。同时,如阀门、三通、补偿器等部件,应尽量在加工厂预先加工好,并经试压合格。在法兰盘两侧应预先焊好短管,吊装架设时仅把短管与管子焊接即成。

低支架、中支架、高支架分别示意如图 5.5—图 5.7 所示。低支架的结构一般采用毛石砌筑或混凝土浇筑,而中、高支架敷设一般采用钢结构或钢筋混凝土结构。

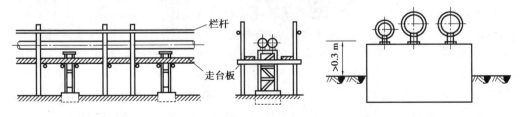

图 5.4　架空支架及安装脚手架　　　图 5.5　低支架示意图

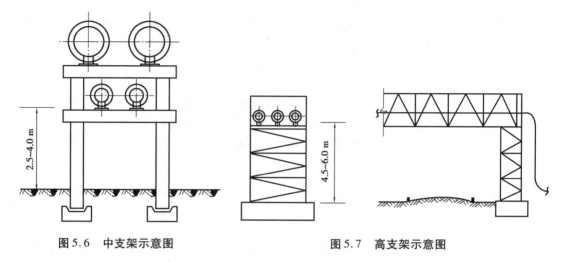

图5.6　中支架示意图　　　　　图5.7　高支架示意图

（2）架空管道安装

架空管道安装的准备工作与支架施工应同时进行，以加快施工进度。在土建进行支架浇筑、养护期间，应进行材料准备、管子检验、清污、防腐、下料、坡口，以及备件加工制作和管段组装等项工作。地面上的预组装是架空管道施工的关键技术环节，必须经施工设计做出全面细致的规划，以尽量减少管子上架后的空中作业量。预组装包括管道端部接口平整度的检查，管子坡口的加工，三通、弯管、变径管的预制，法兰的焊接，法兰阀门的组装等。同时，各预制管件应与适当长度的直管段组合成若干管段，以备吊装预组装管段的长度应按管的上架方式、吊装条件等综合考虑确定。

管道安装前，首先检查支架的标高和平面坐标位置是否符合设计要求，支架顶面预埋钢板的牢固性，钢板的尺寸和位置是否满足安装要求。支架结构的强度及表面质量，支架钢板的位置、标高应作为检查验收的重点。在验收后的管道支架预埋钢板的顶面上挂通线，按管道设计中心线及坡度要求，弹画出管道安装中心线，同时以坡度线为基准，测量并记录各支架处与坡度线的差值，以明确调整管道安装标高的高支座的高度。

在挂线两端的支架顶面钢板上，按已弹出的管道安装中心线，临时焊接挂线圆钢，使其垂直于中心线，在圆钢上挂坡度线逐一安装高支座，并使支座顶部与挂线相吻合，对符合坡度要求的高支座，先点焊就位使高支座对准下部中心线，并向热伸长的反方向偏斜1/2热伸长量。对不符合要求的高支座应重新制作或采用支座下加斜垫铁等方法调整。

支座全部安装合格后，即可进行管道预制管段的吊装工作。吊装时，应先吊装有阀门、三通和弯管的预组装管段，使三通、阀门、弯管中心线处于设计位置上，从而使整体管道定位，以下的管道安装工作变为各管件间直线管道的安装，这是确保架空管道安装位置准确性的关键施工环节。

管子对好口后，先将接口点焊三处，焊点按圆周等分布置，使接口具有一定的抗弯能力。然后拆除搭接板，再进行焊接。接口焊好后，随即检查滑动支座的位置与所确定的安装位置是否吻合，如偏差较大，应进行修正，然后把支座焊在管道上，并铲去临时点焊缝。

管道安装经检查合格后，按规定进行水压试验，试压合格后进行防腐绝热处理。

3)热力管道支架及补偿器安装

（1）活动支座及固定支座的安装

①活动支座:活动支座可直接承受管道的重量,并使管道在温度的作用下能自由伸缩移动。活动支座有滑动支座、滚动支座及悬吊支座,用得最多的是滑动支座。

a.滑动支座:滑动支座有低位的和高位的两种。低位滑动支座用在可通行地沟,高位滑动支座常用在不可通行地沟及半通行地沟。低位的滑动支座如图5.8所示。支座焊在管道下面,可在混凝土底座上前后滑动。在支座周围的管道不能保温,以使支座能自由滑动。高位滑动支座的结构与低位滑动支座类似,只不过其支座较高,保温层把支座包起来,其支座下部可在底座上滑动。

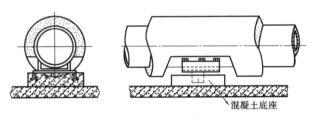

图5.8　低位滑动支座

b.滚动支座:滚动支座如图5.9所示,管道支座架在底座的圆轴上,因其滚动可以减少承重底座的轴向推力。这种支座常用在架空敷设的塔架上。

c.悬吊支座:在架空敷设管道中或悬臂托架上常用悬吊支座。在靠近补偿器的几个吊架上要采用弹簧支座。

安装管道支座时,应正确找正管道中心线及标高,使管子的质量均匀地分配在各个支座上,避免集中在某几个支座上,以免焊缝受力不均而产生裂纹。同时,根据均载荷多跨梁的弯曲应力图可知,管道的焊缝不应在应力最集中的支座上,如图5.10所示,而应在1/5跨距的a、b、c各点上。

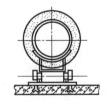
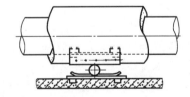
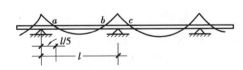

图5.9　滚动支座　　　　　　　图5.10　焊缝的最佳位置

②固定支座:为了分配补偿器之间管道的伸缩量,并保证补偿器的均匀工作,在补偿器的两端管道上,安装有固定支座,把管道固定在地沟承重结构上。在可通行地沟中,常用型钢支架把管道固定住。不可通行地沟及无沟敷设管道常用混凝土结构或钢结构的固定支座。

固定支座承受着很大的轴向作用力、活动支座摩擦反力、补偿器反力及管道内部压力的反力。因此,固定支座结构应经设计计算确定。对于方形补偿器,是把补偿器预拉伸后再把管道焊在固定支座上。

（2）检查井

地下敷设管道在安装有套筒补偿器、阀门、放水、排气和除污装置等管道附件处,应设检查室(井)。检查室的净空尺寸要尽可能紧凑,但必须考虑便于维护检修。同时,检查室内至少设一个集水坑,并应位于人孔下方,以便将积水抽出。中、高支架敷设的管道,在安全阀门,放水、放气、除污装置处应设操作平台。操作平台的尺寸应保证维修人员操作方便,平台周围应设防护栏杆。

（3）补偿器的安装

在室外供热管道安装中,补偿器的安装也是一个主要的环节。在直线管段上,如果两固定支架间管道的热膨胀受到了限制,将会产生极大的热应力,使管子受到损坏。因此,必须设置管道补偿器,用以补偿热膨胀量,减小热应力,确保管子伸缩自由。管道补偿分为自然补偿和专用补偿。自然补偿是利用管路自然转弯的几何形状所具有的弹性来补偿热膨胀,使管子热应力得以减小。专用补偿是利用专门设置在管路上的补偿器的变形来补偿热膨胀,专用补偿器有方形补偿器、套管补偿器、波纹管补偿器及球形补偿器等类型。供热管道上的补偿器,一般由设计部门选定。

①方形补偿器:

a.方形补偿器类型:方形补偿器俗称"方胀力",用管子煨制或用弯头焊制而成,有图5.11所示的四种类型。方形补偿器是通过其结构的形变来吸收管路的热膨胀,而补偿器的形变将引起补偿器两侧管路上的直管段产生一定的弯曲(直观表现是沿管道轴线出现横向位移)。为避免产生弯曲的管段过长,又不影响补偿器的补偿能力,一般在距补偿器40倍公称直径处设置一个导向支架,这个支架的作用是能使管道沿轴向运动,并限制管道出现横向位移。

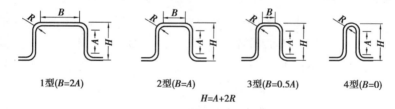

1型(B=2A)　　2型(B=A)　　3型(B=0.5A)　　4型(B=0)

H=A+2R

图5.11　方形补偿器的类型

方形补偿器制造安装方便,不需要经常维修,补偿能力大,作用在固定点上的推力较小,可用于各种压力和温度条件;缺点是补偿器外形尺寸大,占地面积多。

b.方形补偿器的预拉伸及补偿量:为了减小补偿器的变形弹性力,提高补偿能力,可将补偿器预先拉开一定的长度之后再安装在管路上,称此为方形补偿器的预拉伸,也称冷拉。补偿器冷拉安装后,管道受力为拉应力,待处于运行状态时,则变为压应力,但其绝对值远小于不进行预拉伸时所能达到的应力值,因此能增加补偿器的补偿能力和使用年限,也减小了对固定支架的推力。补偿器的冷拉值的大小与管道的工作温度、安装温度和热伸长量有关。

c.方形补偿器的制作:方形补偿器是用钢管煨弯制成的,应经过退火,才能具有足够的塑性。若补偿器较大,需有焊接缝时,根据弯曲力矩图,其焊接点应在受力最小的长臂中间,如图5.12所示的a、b点为焊接点,而不能在受力最大的弯头处焊接。

方形补偿器制作安装的工作内容包括:做样板、筛砂、炒砂、灌砂、打砂、制堵、加热、煨制、清管腔、组成、焊接、张拉试验。制作时最好用一根管子煨制而成,如果制作大规格的补偿器,也可用两根或三根管子焊接而成,但焊口不能设在空出的平行臂上,必须设在垂直臂的中点处,因该处弯矩最小。当管径小于 200 mm 时,焊缝可与垂直臂轴线垂直;管径大于或等于 200 mm 时,焊缝与垂直臂轴线成 45°角,如图 5.13 所示,以适应受力状况,增大焊接强度。

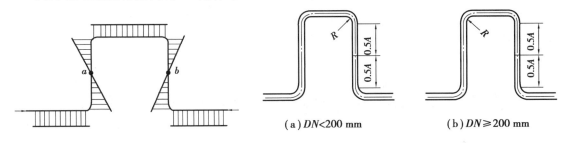

图 5.12 方形补偿器力矩　　　　　　　　图 5.13 方形补偿器的焊缝

d. 方形补偿器的安装:方形补偿器的安装应在固定支架及固定支架间的管道安装完毕后进行,且阀件和法兰上螺栓要全部拧紧,滑动支架要全部装好。补偿器的两侧应安装导向支架,第一个导向支架应放在距弯曲起点 40 倍公称直径处。在靠近弯管设置的阀门、法兰等连接件处的两侧,也应设导向支架,以防管道过大的弯曲变形而导致法兰等连接件泄漏。补偿器两边的第一个支架,宜设在距弯曲起点 1 m 处。

为减少固定支座和方形补偿器所受的应力,在安装方形补偿器时,应把补偿器预先拉开其补偿能力的一半。当管道升高到一定温度,补偿器被压缩到补偿能力的一半时,补偿器的应力将等于零。在压缩到全部补偿能力时,补偿器及固定支座所受到的是与预拉伸时符号相反的应力,即仅一半的压应力。

方形补偿器可水平安装,也可垂直安装。水平安装时,外伸的垂直臂应水平,突出的平行臂的坡度和坡向与管道相同;垂直安装时,最高点应设放气装置,最低点应设放水装置。安装补偿器应做好预拉伸,按位置固定好,然后再与管道相连。补偿器的冷拉接口位置通常在施工图中给出,如果设计未作明确规定,为避免补偿器出现歪斜,冷拉接口应选在距补偿器弯曲起点 2~3 m 处的直线管段上,或在与其邻近的管道接口处预留出冷拉接口间隙,不得过于靠近补偿器。在安装管道时就应考虑冷拉接口的位置,冷拉前检查两管口间的距离是否符合冷拉值,然后进行冷拉与焊接。

补偿器的冷拉方法有两种,一种是用带螺栓的冷拉器进行冷拉;另一种是用带螺丝杆的撑拉工具或千斤顶将补偿器的两垂直臂撑开以实现冷拉。

②套管补偿器:套管补偿器又称填料式补偿器,有铸铁和钢制两种。铸铁式套管补偿器用法兰与管道连接,只用于公称压力小于 1.3 MPa、公称直径小于 300 mm 的管道。钢制套管补偿器与管道焊接连接,可用于公称压力小于 1.6 MPa 的管道,有单向和双向两种补偿器。补偿器的芯管(又称导管)直径与连接的管道直径相同,芯管可以在补偿器的套管内自由移动,从而起到吸收管道热伸长量的作用。在芯管与套管之间的环形缝隙内装填料,使填料靠实端环,用压盖将填料压紧,以保证芯管移动时不出现介质渗漏。常用的填料有涂石墨粉的浸油石棉盘根和耐热橡胶。

套管补偿器的补偿能力大,结构尺寸小,占地少,安装方便,但轴向推力大,易发生介质渗漏,需经常维修,更换填料。套管补偿器必须安装在直线管段上,不得安装偏斜,以免补偿器工作时管芯被卡住而损坏补偿器。为使补偿器工作可靠,应在靠近补偿器管芯处的活动支座上安装导向支座,如图 5.14 所示。套管补偿器较常用在可通行地沟里,因它占地面积小,但它须经常检修。在不可通行地沟内也可使用,但必须设检查井,以便定期检查。若直线管路较长,需设置多个补偿器时,最好采用双向补偿器,如图 5.15 所示。这样不但工作可靠,而且可减少检查井数目,降低造价。

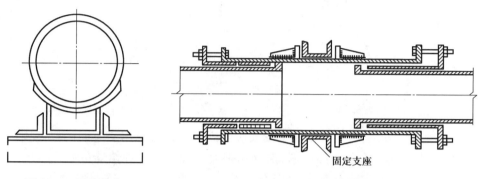

图 5.14　导向支座　　　　　　　　图 5.15　双向套管补偿器

③波纹管补偿器:波纹管补偿器是利用波纹形管壁的弹性变形来吸收管道的热膨胀,故又称方波形补偿器。波纹管补偿器的形式很多,有轴向型、万向型等以及单式和复式等。由于波纹管内装有导流管,减小了流体的流动阻力,同时也避免了介质对波纹管壁面的冲刷,使波纹管的使用寿命得以延长。在采用不锈钢波纹管后,补偿器性能和寿命又进一步提高。波纹管补偿器体积小,重量轻,占地面积小,易于布置,安装方便,且具有良好的密封性能,与套管补偿器相比,它不需要进行维修,承压能力和工作温度都比较高,最大公称压力为 2.5 MPa,最高使用温度可达 450 ℃。但波纹管补偿器也存在补偿能力小的缺点,价格也较高。

波纹管补偿器端管直径与管道直径相同,端管与管道采用焊接连接,有特殊要求时,也可与管道采用法兰连接。为了提高补偿器的补偿能力,波纹管补偿器也应经预拉伸之后再装在管路上,预拉伸量(冷拉值)的计算方法与方形补偿器相同。

波纹管补偿器安装时,补偿器与管道必须同轴,不得用补偿器变形的方法调整管道的安装偏差,不允许补偿器受到扭转力矩。为保证管道在补偿器处的同轴度偏差最小,可先将管道敷设好,然后在需要安装补偿器的位置割下一小段管子,割下的管段长度应等于补偿器本身的长度加冷拉长度,将补偿器预拉伸后再焊接到管路上。一般情况下,两个固定支架之间宜只设置一个补偿器,补偿器一端要靠近固定支架,另一端应安装导向支架。装有波纹管补偿器的管路,在固定支架未安装完毕之前,不得进行水压试验。

5.1.2　室外电力电缆敷设

1)电力电缆敷设的一般要求

电力电缆可以采用直接埋地敷设、电缆沟敷设、电缆排管敷设、穿管敷设以及用支架、托架、悬挂方法敷设等。

①施工前应对电缆进行详细检查,规格、型号、截面、电压等级均应符合设计要求,外观无

扭曲、无损及无漏油、渗油现象。

②电缆敷设前进行绝缘摇测或耐压试验。

③纸绝缘电缆的校潮检验。

④电力电缆的埋设深度、与各种设施交叉的距离、电缆敷设间距等要符合相关规定。

⑤电缆弯曲半径要满足电缆本身的弯曲半径要求,具体要求应符合相关规定。电缆敷设时要防止电缆扭曲或造成死弯破坏电缆的绝缘。

⑥黏性油浸纸绝缘电力电缆垂直或沿坡敷设时,最高点和最低点间的最大允许高差要满足安装规定的要求。

⑦电缆穿越建筑物和路面或引出地面时,均应穿保护管。一根保护管只穿一根电缆,单芯电缆不允许穿过钢质保护管。保护管内径应不小于电缆外径的1.5倍。电缆引出地面时,露出地面2 m长的部分应加装钢管进行保护,以防止机械损伤,并在电缆安装完毕后,将管口用黄麻沥青密封。

2)电缆直埋敷设

(1)电缆直埋敷设的一般要求

①电缆在室外直接埋地敷设的深度不应小于0.7 m,穿越农田时不应小于1 m,并应在电缆上、下各均匀敷设100 mm厚的细砂或软土,然后覆盖混凝土保护板或类似的保护层,覆盖的保护层应超过电缆两侧各50 mm;在寒冷地区,电缆应埋设于冻土层以下;当无法深埋时,应采取措施,防止电缆受到损坏;直埋深度不超过1.1 m可不考虑上部压力的机械损伤;电缆外皮至地下构筑物基础不得小于0.3 m。

②向一级负荷供电的同一路径的双路电源电缆,不应敷设在同一沟内,当无法分开时则该两路电缆应采用绝缘和护套均为非燃性材料的电缆,且应分别置于其他电缆的两侧。

③埋地电缆敷设的长度,应比电缆沟长约1.5%~2%,并做波状敷设。电缆与热力管沟交叉时,如电缆穿石棉水泥管保护,其长度应伸出热力管沟两侧各2 m;用隔热保护层时应超过热力管沟和电缆两侧各1 m。电缆与道路、铁路交叉时,应穿管保护,保护管应伸出路基1 m。

④埋地敷设的电缆,接头盒下面必须垫混凝土基础板,其长度应伸出接头保护盒两侧0.60~0.70 m。

⑤电缆中间接头盒外面应设有铸铁或混凝土保护盒,或者用铁管保护,当周围介质对电缆有腐蚀作用或地下经常有水,冬季会造成冰冻时,保护盒应注沥青。接头与邻近电缆的净距不得小于0.25 m。

⑥直埋敷设的电缆严禁在地下管道的正上方或正下方。重要回路的电缆接头,宜在其两侧约1 m开始的局部地段,敷设电缆要留有备用量。

(2)电缆直埋敷设的施工方法

①电缆沟开挖:按设计图纸开挖电缆沟,其深度不小于0.8 m,其宽度一根电缆为0.4~0.5 m,两根电缆为0.6 m。电缆沟的挖掘应垂直开挖,同时还要保证电缆敷设后的弯曲半径不小于安装规程的规定。

电缆沟挖好后要将沟内杂物清理干净,在沟内铺上100 mm厚的细砂或筛过的软土做电缆的垫层。沿线电缆保护管按要求安装完毕并符合要求。

②电缆敷设:选择适当的位置架设电缆盘。架设电缆盘的地面必须坚实平整,支架必须采用底部平面的专用支架,不得使用千斤顶代替。支架应放置平稳,钢轴的强度与长度应与电缆盘的重量和宽度相配合。

电缆展放的方法可分为人工敷设和机械牵引敷设。电缆敷设时无论采用哪种方法均应注意不要将电缆直接卡在沟边、结构边角、管口等处,以免电缆损伤。机械牵引(拖撬)敷设电缆时所使用的机械速度不要太快,要与电缆轴展放的速度相配合。电缆轴处宜加装刹车装置。

电缆在沟内敷设应有适量的蛇形弯,电缆的两端、中间接头、电缆井内、过管处、垂直位差处均应留有适当的余度。

③隐蔽工程验收:电缆敷设完毕,应进行隐蔽工程验收。

④回填土:隐蔽工程验收合格,在电缆上铺盖 100 mm 厚的细砂或筛过的软土,然后用电缆盖板或砖沿电缆盖好,覆盖宽度应超过电缆两侧 5 cm。使用电缆盖板时,盖板应指向受电方向。回填土前应对盖板敷设再做隐蔽工程验收,合格后,应及时回填土并进行夯实。

⑤埋设标桩:电缆在拐弯、接头、终端和进出建筑物等地段应装设明显的方位标志,直线段上 100 m 间隔应适当增设标桩;桩露出地面一般为 0.15 m。位于城镇道路等开挖频繁的地段,须在保护板上铺以醒目的标示带。

⑥绘制竣工图:施工完成后应根据实际施工情况绘制竣工图,作为竣工资料移交建设单位保存。

3)电缆沿桥架、支架敷设

(1)电缆桥架

使用较多的电缆桥架有梯架和槽架两大类,其高度一般为 50～100 mm,如图 5.16 所示。在电缆桥架连接时,要使用专用的三通、四通、弯头等附件。电缆桥架的直段部分与弯头、三通、四通等连接一般采用螺钉连接。

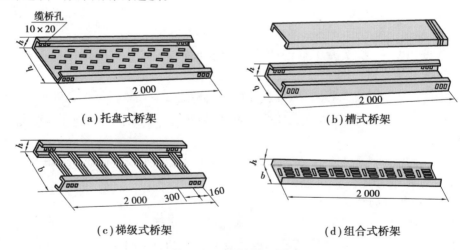

(a)托盘式桥架　　　　　　　　　　(b)槽式桥架

(c)梯级式桥架　　　　　　　　　　(d)组合式桥架

图 5.16　电缆桥架示意图

（2）电缆支架

在生产厂房内及隧道、沟道内敷设电缆时，多使用电缆支架。常用支架有角钢支架、混凝土支架、装配式支架等。加工支架所用钢材应平直，无显著扭曲。

制作支架所用钢材应平直，无显著扭曲。支架焊接应牢固，且无变形。

电缆敷设时应注意：敷设在单侧支架上的电缆，应按电压等级分层排列，高压在上，低压在下，控制电缆与通信电缆在最下面。敷设在双侧电缆支架上时应将电力电缆和控制电缆分开排列。电缆支架间的距离一般为 1 m，控制电缆为 0.8 m，如果电缆垂直敷设时，支架间距为 2 m，而且要求保持与沟底一致的坡度。金属电缆桥架应全长可靠接地，金属电缆桥架的连接处应进行金属跨接连接。

（3）电缆沿桥架、支架水平敷设

电缆沿支架、桥架水平敷设的方法与电缆直埋敷设方法相同，可采用人力或机械牵引。

电缆沿支架、桥架敷设时，应单层敷设，排列整齐，不得有交叉，拐弯处应以最大截面电缆允许弯曲半径为准。

不同等级电压的电缆应分层敷设，高压电缆应敷设在上层。同等级电压的电缆沿支架敷设时，水平净距不得小于 35 mm。

（4）电缆沿桥架、支架垂直敷设

电缆沿桥架、支架垂直敷设时有条件的最好自上而下敷设。在土建未拆吊车前，先将电缆吊至楼层顶部。敷设电缆时将电缆轴架设在楼层顶部，在电缆轴附近和部分楼层应采取防滑及护栏等保护装置。如自下向上敷设时，低层、小截面的电缆可用滑轮人力牵引敷设。高层、大截面电缆，因其自重较大宜采用机械牵引敷设。

电缆穿过楼板时，应装套管，敷设完后应将套管用防火材料封堵。

电缆敷设完毕后应在终端、电缆接头、拐弯处、夹层等处装设标志牌，标志牌应注明线路编号。标志牌规格应统一，标志牌应能防腐，挂装应牢固。

4）电缆的试验

电力电缆用于传输大功率电能，一般在高电压、大电流条件下工作，对其电气性能和热性能的要求较高，为了提高电缆的安装质量，减少运行中的事故概率，确保安全供电，必须对电缆进行试验。电力电缆的试验项目包括：测量绝缘电阻、直流耐压试验及泄漏电流测量、检查电缆线路的相位。

1 kV 以下电缆用 1 kV 摇表测量，要求线间对地的绝缘电阻应不低于 10 MΩ。3～10 kV 电缆应事先做直流耐压和泄漏试验，试验标准应符合国家和当地供电部门规定，或用 2 500 V 兆欧表测量绝缘电阻是否合格。

5）电缆保护管加工预制及敷设

在下列地点应设电缆保护管：电缆进入建筑物，穿越楼板、墙身及隧道、街道等处；从电缆沟引至电杆、设备、内外墙表面或室内行人容易接近处，距地面高度 2 000 mm 以下的一段；易受机械损伤的地方。

电缆保护管加工预制及敷设程序如下：

（1）保护管加工预制

电缆保护管弯制后的弯扁程度不大于管子外径的 10%，管口应做成喇叭口形状或打磨光滑。电缆保护管内径不应小于电缆外径的 1.5 倍。其他混凝土管、石棉水泥管不应小于100 mm。

电缆保护管的弯曲半径应符合所穿入电缆的弯曲半径的规定。每根管最多不应超过 3 个弯头，直角弯不应多于两个。

（2）电缆保护管连接

金属管应采用大一级的短管套接，短管两端焊牢，密封良好。

（3）保护管敷设

电缆保护管敷设有预埋和埋置两种，都应控制好坐标、标高、走向，安装应牢固。

电缆保护管应有小于 0.1% 的排水坡度。连接时管孔应对准同心，接缝应严密，以防止地下水和泥浆渗入。

5.2 室内管线安装

5.2.1 通风空调风管安装

1）风管及部件

（1）金属风管及配件

①风管系统的分类和技术要求

风管系统有以下几种分类方式：

a.按照风管系统的工作压力，风管划分为高压系统、中压系统和低压系统三个类别，不同类型风管制作和安装时根据系统压力采取不同的密封要求。

b.按照风管系统的连接形式，风管分为法兰连接风管和无法兰连接风管。

c.按照风管系统的性能，风管分为通风与空调系统风管、除尘系统风管和净化空调系统风管三类。不同类别的风管，风管加工质量有其特殊要求。如除尘系统风管管内流速高，磨损大，要求风管的管壁厚、系统的严密性能高。为降低系统的阻力损失，要求其弯管的弯曲半径应大于或等于 $3D$，不得采用大于 60° 角度等。

②风管板材的连接方式

金属风管板材的连接按其连接的目的可分为拼接、闭合接和延长接三种情况。拼接是将两金属板与板平面连接以增大其面积，闭合接是把板材卷制成风管或配件时对口缝的连接，延长接是指两段风管之间的连接。

采用金属板材制作风管、风管配件和部件，根据不同板材和设计要求，可采用咬口连接、焊接和铆钉连接。镀锌钢板及各类含有复合保护层的钢板，应采用咬口连接或铆接：不得采用影响其保护层防腐性能的焊接连接方法，风管板材拼接的咬口缝应错开，不得有十字形拼接缝。施工时，应根据板材的厚度、材质及保证连接的强度、稳定性、技术要求，以及加工工艺、施工技术力量、加工设备等条件确定。连接方法的选择见表5.2。风管的密封应以板材连接的密封为主,可采用密封胶嵌缝和其他方法密封。密封胶性能应符合使用环境的要求,密封面宜设在风管的正压侧。如施工具备机械咬口条件时,连接形式可不受表5.2的限制,风管和配件的加工中应尽量采用咬口连接的加工工艺。

表5.2　风管连接工艺与方法

板厚	钢　板	不锈钢板	铝　板
$\delta \leqslant 1.0$	咬接	咬接	咬接
$1.0 < \delta \leqslant 1.2$			
$1.2 < \delta \leqslant 1.5$	焊接(电焊)	焊接(氩弧焊或电焊)	焊接(氩弧焊或气焊)
$\delta > 1.5$			

a. 咬口连接:将要咬合的两个板边折成能互相咬合的各种钩形,钩接后压紧折边。其特点是咬口可增加风管的强度,变形小,外形美观,风管和配件的加工中应尽量采用。咬口连接应根据其适用范围选择咬口形式,常用的形式有平咬口、立咬口、转角咬口、联合角咬口和按扣式咬口等五种,咬口连接应预留一定的咬口宽度,咬口宽度与板材厚度及咬口形式有关。高压风管不得使用按扣式咬口,并应在风管纵向咬口处及风管接合部进行密封。

咬口加工主要是折边(打咬口)、折边套合和咬口压实。折边应宽度一致、平直均匀,以保证咬口缝的严密及牢固;咬口压实时不能出现含半咬口和张裂等现象。咬口加工可用手工或机械加工。机械加工一般适用于厚度为1.2 mm以内的折边咬口。常用的咬口机械有:直管和弯管平咬口成型机、手动或电动折边机、圆形弯管立咬口成型机、圆形弯头合缝机、咬口压实机等。机械咬口成型平整光滑、生产效率高、操作简便、无噪声、劳动强度小。

b. 焊接:通风空调工程中,当风管密封要求较高或板材较厚不能用咬口连接时,常采用焊接。焊接使接口严密性好,但风管焊后往往容易变形,焊缝处易锈蚀或氧化。根据风管的构造和焊接方法的不同,可采用不同的焊缝的形式。

常用的焊接方法有:电焊、气焊、锡焊及弧焊。

c. 铆钉连接:铆钉连接简称铆接。它是将两块要连接的板材的边缘部分相重叠,并用铆钉铆合固定在一起的连接方法。铆接时,必须使铆钉中心垂直于板面,铆钉帽应把板材压紧使板缝密合并且铆钉的排列应整齐、均匀。除设计有要求外,板材之间铆接,一般中间不加垫料。通风空调工程中,板材较厚无法进行咬接或板材虽不厚但材质较脆不能咬接时才采用铆接。铆接大量用于风管与法兰的连接。随着焊接技术的发展,板材间的铆接,已逐渐被焊接所取代。但在设计要求采用铆接或镀锌钢板厚度超过咬口机械的加工性能时,仍需使用铆接。

③风管加固

对于管径或边长较大的风管,为提高风管本体的强度,控制风管截面的变形和降低管壁在系统运转中振动产生的噪声,需要对风管进行加固。

a. 圆形风管的加固:圆形风管本身刚度比矩形强,风管两端法兰也有加固作用,一般可不做加固,但当直径大于或等于800 mm时,且其管段长度大于1 250 mm以上或总表面积大于4 m² 时,均应采取加固措施。常用的加固方法是每隔1 250 mm加设一个加固圈,并用铆钉固定在风管上。当风管直径大于 1 300 mm 时,加固圈间距应缩短。

b.矩形风管的加固:风管的加固可采用楞筋、立筋、角钢(内、外加固)、扁钢、加固筋和管内支撑等形式。矩形风管和圆形风管相比,容易变形,一般对于边长大于或等于 630 mm 和保温风管边长大于或等于 800 mm,其管段长度在 1 250 mm 以上或低压风管单边平面积大于 1.2 mm²、中高压风管大于 1.0 mm² 的情况,应采取加固措施。非规则椭圆风管的加固,应参照矩形风管执行。

空气洁净系统所用的风管,其内壁表面应平整,避免风管内积尘。因此,风管加固部件不得安装在风管内,不应采用起凸棱对风管加固。可采用风管外用角钢加固方法。

(2)非金属风管

国内目前使用较普遍的非金属风管有无机玻璃钢风管、复合风管、硬聚氯乙烯风管、布袋风管(纤维织物风管)等。其中复合风管包括酚醛铝箔复合板风管、聚氨酯铝箔复合板风管、玻璃纤维复合板风管。

①酚醛铝箔复合板风管与聚氨酯铝箔复合板风管:酚醛铝箔复合板风管与聚氨酯铝箔复合板风管同属于双面铝箔泡沫类风管,风管内外表面覆贴一定厚度的铝箔,中间层为聚氨酯或酚醛泡沫绝热材料。它们具有质量轻、外形美观、制作工艺简单等特点。酚醛复合板风管适用于低、中压空调系统及潮湿环境;聚氨酯复合板风管适用于低、中、高压(2 000 Pa 以下)空调系统、洁净系统及潮湿环境。板材拼接应采用 45°角黏接或"H"形加固条拼接,如图 5.17 所示。酚醛泡沫板材尺寸有 4 000 mm×1 200 mm 及 2 000 mm×1 200 mm(长×宽)两种。

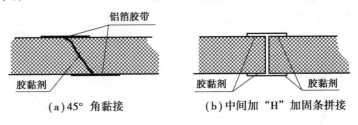

(a)45°角黏接　　　　(b)中间加"H"加固条拼接

图 5.17　板材拼接方式

②玻璃纤维复合板风管:玻璃纤维复合板风管(图 5.18)以离心玻纤板为基材,内复玻璃丝布,外复防潮铝布(进口板材为内涂热敏黑色丙烯酸聚合物,外层为稀纹布/铝/牛皮纸),用防火胶黏剂复合干燥后,再经切割、开槽、黏接加固等工艺而制成。玻璃纤维复合板风管具有美观、重量轻、保温效果和吸声性能好的优点,但风管摩阻系数较大、防积尘性能较差,采用该风管时应注意在空调系统中配置性能较好的过滤器。玻璃纤维复合板风管的复合板厚度应大于或等于 25 mm,保温层的玻璃纤维密度应大于或等于 70 kg/m³。可用于商用和居住建筑的中压(1 000 Pa 以下)通风系统。

③无机玻璃钢风管:无机玻璃钢风管按其胶凝材料性能分为:以硫酸盐类为胶凝材料与玻璃纤维网格布制成的水硬性无机玻璃钢风管和以改性氯氧镁水泥为胶凝材料与玻璃纤维网格布制成的气硬性改性氯氧镁水泥风管两种类型。无机玻璃钢风管分为整体普通型(非保温)、整体保温型(内、外表面为无机玻璃钢,中间为绝热材料)、组合型(由复合板,专用胶、法兰、加固角件等连接成风管)和组合保温型四类,如图 5.19 所示。

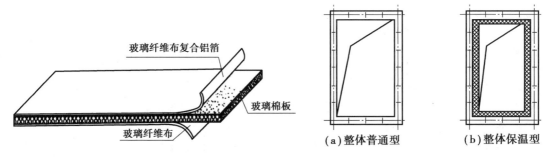

图 5.18 玻璃纤维复合板   图 5.19 整体式无机玻璃钢风管

④硬聚氯乙烯风管:硬聚氯乙烯板可根据需要制作成矩形、圆形风管。加工过程:划线→剪切→打坡口→加热→成形(折方或卷圆)→焊接→装配法兰。硬塑料风管的划线,展开放样方法同金属薄钢板风管及配件。由于该板材在加热后再冷却时,会出现收缩现象,故划线下料时要适当地放出余量。板材的加热可用电加热、蒸汽加热和热风加热等方法。一般工地常用电热箱来加热大面积塑料板材。硬塑料板的焊接采用热空气焊接设备。

圆形风管是在展开下料后,将板材加热至 100 ~ 150 ℃达到柔软状态后,在胎模上卷制成形,最后将纵向结合缝焊接制成的。板材在加热卷制前,其纵向结合缝处必须将焊接坡口加工完好。

⑤布袋风管:布袋风管是一种由特殊纤维织成的柔性空气分布系统,主要靠纤维渗透和喷口射流的独特出风模式实现均匀送风。系统运行安静,可改善环境品质;安装简单灵活,缩短工程周期。纤维织物风管在体育馆、工业工厂、食品工厂等建筑领域得到了广泛应用。

2)风管安装

风管系统的主要安装程序如图 5.20 所示。将预制加工的风管、部件按照安装的顺序和不同系统运至施工现场,确定风管走向、标高;检查风管分段尺寸等,将风管和部件按编号组对,复核无误后方可连接和安装。安装时,要注意管道上所需安装的阀门、管件、仪器仪表等附件及支吊架、管卡,有些管道还要注意坡度、坡向等。安装过程中,多种管道交叉时的避让原则见表 5.3。

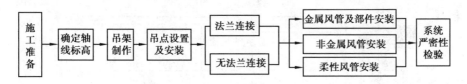

图 5.20 风管系统安装程序图

表 5.3 多种管道交叉时的避让原则

避让管	不让管	理　由
小管	大管	小管绕弯容易,且造价低
压力流管	重力流管	重力流管改变坡度和流向对流动影响大

续表

避让管	不让管	理　由
冷水管	热水管	热水管绕弯要考虑排气、放水等
给水管	排水管	排水管径大,且水中杂质多,受坡度限制严格
低压管	高压管	高压管造价高,且强度要求也高
气体管	水管	水流动的动力消耗大
阀件少的管	阀件多的管	考虑安装操作与维护等多种因素
金属管	非金属管	金属管易弯曲、切割和连接
一般管道	通风管	通风管体积大、绕弯困难

风管安装过程如下：

(1)通风空调施工图的现场复核、现场实测及草图绘制

①现场复核:工程建设应按设计图纸施工。但是,对于通风空调工程的施工,由于风管及其构件的尺寸较大,在施工图中往往只标注了一些主要尺寸,而其他一些细部尺寸往往不标注,因而常发生诸如按施工图制作的风管及管件却无法就位安装。因而,施工安装之前应对通风、空调系统的安装现场进行有关尺寸的实测,以减少材料的浪费和安装困难。

②现场实测:现场实测就是在建筑中测量与通风空调系统有关的建筑结构尺寸、风管预留孔洞的尺寸和位置、通风设备进出口的位置及高度和尺寸。现场实测应向土建施工人员了解室内标高控制点线和间壁位置。

③草图绘制:绘制通风空调系统加工安装草图,其目的是将通风空调工程的预算和安装两个过程有条不紊地组织进行施工。通过对施工现场的实地勘察、测量,结合施工图纸,经分析计算,绘制出通风空调系统加工安装草图,如图 5.21 所示。草图中括号内尺寸为实测尺寸。准确绘制出草图及加工图纸,施工现场技术负责人审核无误后,方可加工或送加工厂进行定做。

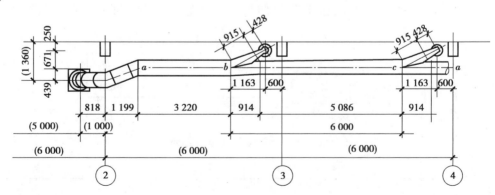

图 5.21　风管加工安装平面草图

(2)风管支吊架的安装

支吊架安装是风管系统安装的第一道工序,其安装质量直接影响风管安装的进程及安装

质量。支(吊)架的形式应根据风管安装的部位,风管截面的大小及工程的具体情况选择,应符合设计图或国家标准图的要求。

①支、吊架的形式和安装:风管标高确定后,按照风管所在的空间位置,确定风管支、吊架的形式。管道支、吊架的形式有吊架、托架和立管卡等。当设计无规定时,支、吊架安装宜符合下列规定:

a.靠墙或柱安装的水平风管宜用悬臂支架或斜撑支架,不靠墙或柱安装的水平风管宜用托底支架,其形式如图 5.22 所示。风管托架横梁一般用角钢制作,当风管直径大于 1 000 mm时,托架横梁应用槽钢。支架上固定风管的抱箍用扁钢制成,钻孔后用螺栓和风管托架结为一体。

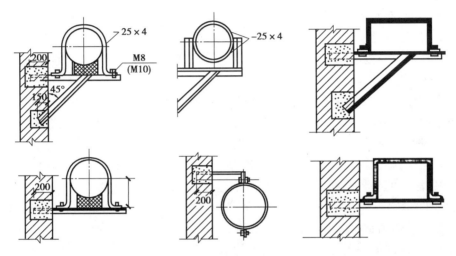

图 5.22　风管在墙上安装的托架

托架安装时,按设计标高定出托架横梁面到地面的安装距离。找到正确的安装位置,打出80 mm×80 mm 的方洞。洞的内外大小应一致,深度比支架埋进墙的深度大 20 ~ 30 mm。用水把墙洞浇湿并冲出洞内的砖屑。然后在墙洞内先填塞一部分 1∶2 水泥砂浆,把支架埋入,埋入深度一般为150 ~ 200 mm。用水平尺校正支架,调整埋入深度,继续填塞沙。

风管支架在柱上安装时,风管托架横梁可用预埋钢板或预埋螺栓的方法固定,或用圆钢、角钢等型钢作抱柱式安装,均可使风管安装牢固。

b.当风管的安装位置距墙、柱较远,不能采用托架安装时,常用吊架安装。圆形风管的吊架由吊杆和抱箍组成,矩形风管吊架由吊杆和托梁组成。

吊杆由圆钢制成,端部应加工有 50 ~ 60 mm 长的螺纹,以便于调整吊架标高。抱箍由扁钢制成,加工成两个半圆形,用螺栓卡接风管。托梁用角钢制成,两端钻孔位置应在矩形风管边缘外 40 ~ 50 mm,穿入吊杆后以螺栓固定。圆形风管在用单吊杆的同时,为防止风管晃动,应每隔两个单吊杆设一个双吊杆,双吊杆的吊装角度宜采用45°。矩形风管采用双吊杆安装,两矩形风管并行时,采用多吊杆安装。

c.垂直风管的固定。垂直风管不受荷载,可利用风管法兰连接吊杆固定,或用扁钢制作的两半圆立管卡栽埋于墙上固定。

②支吊架的间距:金属风管安装的吊托支吊架的安装间距有如下要求。对水平安装的风

管,直径或大边长小于400 mm时,支架间距不小于4 m,大于或等于400 mm时,支架间距不超过3 m;对垂直安装的风管,支架间距不应超过4 m,且每根立管的固定件不应少于两个。保温风管的支架间距由设计确定,一般为2.5~3 m。塑料风管较重,加之塑料风管受温度和老化的影响,所以支架间距一般为2~3 m,并且一般以吊架为主。

(3)风管的连接

将预制加工的风管、部件,按照安装的顺序和不同系统运至施工现场,再将风管和部件按照编号组对,复核无误后即可连接和安装。风管的连接分为风管法兰连接和风管无法兰连接两种。

①风管法兰连接:风管与风管、风管与配件及部件之间的组合连接采用法兰连接,安装及拆卸都比较方便,有利于加快安装速度及维护修理。管或配件(部件)与法兰的装配可用翻边法、翻边铆接法和焊接法。

法兰对接的接口处应加垫料,以使连接严密。输送一般空气的风管,可用浸过油的厚纸作衬垫。输送含尘空气的风管,可用3~4 mm厚的橡胶板做衬垫。输送高温空气的风管,可用石棉绳或石棉板做衬垫。输送腐蚀性蒸汽和气体的风管,可用耐酸橡胶或软聚氯乙烯板做衬垫。衬垫不得突入管内,以免增大气流阻力或造成积尘阻塞。风管组合连接时,先把两法兰对正,能穿入螺栓的螺孔先穿入螺栓并戴上螺母,用别棍插入穿不上螺栓的螺孔中,把两法兰的螺孔对正。当螺孔各螺栓均已穿入后,再对角线均匀用力将各螺栓拧紧。螺栓的穿入方向应一致,拧紧后法兰的垫料厚度应均匀一致且不超过2 mm。

组合法兰(图5.23和图5.24)适用于通风空调系统中矩形风管的组合连接。组合法兰由法兰组件和连接扁角钢(法兰镶角)两部分组成。法兰组件用厚度≥0.75~1.2 mm的镀锌钢板,通过模具轧制而成,其长度可根据风管的边长而定,如图5.23所示。连接扁角钢用厚度$\delta=2.8~4.0$ mm的钢板冲压制成,如图5.24所示。

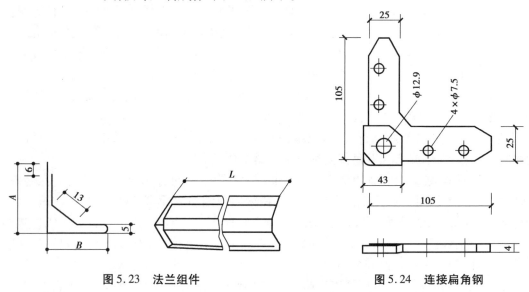

图5.23　法兰组件　　　　　　　　　　　图5.24　连接扁角钢

②风管无法兰连接:风管无法兰连接和法兰连接相比有下列优点:便于集中预制成批生产,加工工艺较简单,易于掌握,加快了施工进度;减少安装工作量,减轻劳动强度,提高工作效

率,连接质量好;减少了钢材用量,节省法兰螺栓、铆钉等材料,造价低;由于风管壁较薄,又采用无法兰连接,所以重量轻,可适当减少支架,加大支架间距。无法兰连接有十几种。

a.矩形金属风管的无法兰连接。矩形金属风管的无法兰连接形式分为薄钢板法兰、S形插条、C形插条、立联合角型插条、立咬口等,并需要根据风管压力确定夹板和插条的厚度。插条式连接适用于风管内风速为10 m/s、风压为500 Pa以内的低速系统,使用在不常拆卸的风管系统中。接缝处凡不严密的地方应采取密封措施,如涂密封胶。

风管无法兰连接,接口应采用机械加工,连接应严密、牢固。具有制作速度快、质量好、安装方便、施工文明、外表美观等优点,并且可以通过自动生产线机械化生产,为越来越多的工程所采用。

共板法兰连接(图5.25),是一种目前工程中常用的无法兰连接技术。其制作风管的加工速度快、方便、漏风率小;节省材料,减少工程投资;漏风量小;降低能耗,节省运行费用,目前广泛应用于我国通风空调工程中的低、中压系统,且风管长边小于等于2 000 mm的风管。

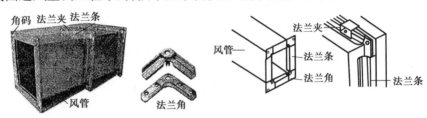

图5.25 共板法兰连接及连接附件示意图

共板法兰连接主要由法兰角(也叫角码)、法兰夹以及与风管一体相连的法兰条组成。标准直管由流水线上直接轧制成连体法兰。非标直管、弯头、三通、四通、配件等下料后,在单机设备上完成共板法兰成型。法兰角由模具直接冲压成型,安装时卡在四个角即可。

风管连接时,一般通风空调系统为了使法兰接口处严密不漏风,接口处应加垫料,其法兰垫料厚度为3~5 mm,用于净化空调系统中的法兰垫料厚度应不小于5~8 mm。在加垫料时,垫片不要凸入管内,否则将会增大空气流动的阻力,减小风管的有效面积,并形成涡流,增加风管内的积尘。共板法兰风管应在法兰角处、支管与主管连接处的内外都进行密封。法兰密封条宜安装在靠近法兰外侧或法兰的中间。4个法兰角连接须用玻璃胶密封防漏,联合咬口离法兰角向下80 mm的地方须用玻璃胶密封防漏,密封胶应设在风管的正压侧。

常用的法兰垫料,如橡胶板、闭孔海绵橡胶板、石棉绳、石棉橡胶板、耐酸橡胶板、软聚氯乙烯等,一般在施工现场临时裁剪,而且表面无黏性,易造成法兰连接后漏风。胶泥垫条是目前工程上应用较广泛的新型风管法兰垫料,经试验风管内的风压在1 000 Pa以上时,不会产生漏风现象,法兰的螺栓间距可由原来的120 mm增加到215~350 mm,而且施工工艺简单,减轻工人劳动强度,提高工作效率,降低施工成本。

b.圆形金属风管的无法兰连接。圆形金属风管的无法兰连接形式有承插连接、芯管连接、立筋抱箍连接、抱箍连接等。其管板厚度以及插入深度应根据风管压力进行选择。

采用承插连接时,将尺寸较小端插入另一节的大端中,用自攻螺钉或拉铆钉固定,铆钉间距不大于150 mm。带加强筋时,在小端距管端部40 mm处压一圈ϕ8 mm凸筋,承插后进行固定。

图 5.26 是抱箍式连接,主要用于钢板圆风管和螺旋风管连接,先把每一段风管的两端轧制出凸筋,并使其一端缩为小口。安装时按气流方向把小口插入大口,外面用钢制抱箍将两个管端的凸筋抱紧连接,最后用螺栓穿在耳环中固定拧紧。

图 5.27 是芯管连接,先制作连接管,其直径或边长比风管直径或边长小 2~3 mm,长度 80~100 mm,然后将连接管插入两侧风管,再用自攻螺钉或拉铆钉紧密固定,铆钉间距 100~120 mm。带加强筋时,在连接管 1/2 长度处压一圈 8 mm 凸筋,然后将连接管与风管连接固定。

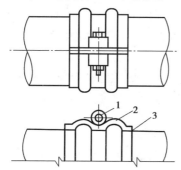
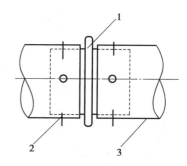

图 5.26　抱箍式无法兰连接　　　　图 5.27　芯管连接
1—耳环;2—抱箍;3—风管　　　1—连接短管;2—自攻螺钉或抽芯铆钉;3—风管

对于内胀芯管连接,主要用于螺旋风管连接。内胀芯管是采用与螺旋风管同材质的宽度为 137 mm 的镀锌钢带、不锈钢带或铝合金带制作的。

（4）风管的吊装

风管的安装应按照先干管、后支管的安装程序进行,并要根据施工安装方案确定的吊装方案(整体吊装、分节装)进行风管连接。因受场地限制,不能进行整体吊装时,可将风管分节用绳索拉到脚手架上,然后抬到支架上对正法兰逐节安装。为加快施工速度,保证安装质量,风管、管件的安装多采用现场地面组装,再分段吊装的施工方法。

风管的连接长度一般可接至 10~12 m 长。无法兰连接的风管一次整体拼接长度一般不超过 4 节。在风管连接时,一定要防止将拆卸的接口装设在墙体或楼板内。为了安装上的方便和美观,所有连接法兰螺栓的螺母应在方便拆装的同一侧。

风管安装后,可用拉线和吊线的方法进行检查。一般只要支架安装得正确,风管接得平直,风管就能保持横平竖直。

（5）风管部件的安装

①风口安装:风口到货后,对照图纸核对风口规格尺寸,按系统分开堆放,做好标识,以免安装时弄错。安装风口前,要进行外观检查、确认调节和旋转部分是否灵活等;检查叶片是否平直,与边框有无摩擦、过滤网有无损坏、开启百叶是否能开关自如等。安装风口时,注意风口与所在房间内的其他设施如灯具、烟感、探测器、喷头等线条一致。各类风口的安装应横平、竖直、表面平整。在无特殊要求情况下,露于室内部分应与室内线条平行。各种散流器的风口面应与顶棚平行。同一方向的风口,其调节装置应在同一侧。风口与风管的连接应严密、牢固,与装饰面紧贴;表面平整、不变形,调节灵活、可靠。接缝处应衔接自然,无明显缝隙。同一厅室、房间内的相同风口的安装高度应一致,排列整齐。

②风阀的安装:风阀与风管多采用法兰连接。在安装前应检查框架结构是否牢固,调节、

制动、定位等装置应准确灵活。安装时要把风阀的法兰与风管或设备上的法兰对正,加上密封垫片上紧螺钉,使其连接牢固、严密。

③防火阀的安装:防火阀分为重力式和弹簧式两种。重力式防火阀有水平安装和垂直安装,左式右式之分。弹簧式防火阀有左式右式之分,阀板开启应呈逆气流方向,易熔件必须置于迎风侧。防火分区隔墙两侧防火阀距墙表面不应大于200 mm。防火阀直径或长边尺寸大于或等于630 mm时,宜设置独立的支、吊架。穿越防火墙风管管壁厚度要大于1.6 mm,安装后应在墙洞与防火阀间用水泥砂浆密封。在变形缝两端均应设防火阀。穿越变形缝的风管中间设有挡板,穿墙风管一端设有固定挡板;穿墙风管严格按与墙间应保持50 mm间隙,其间用柔性非燃烧材料密封,保持有一定的弹性。

④风帽安装:风帽安装方法有两种,一是风帽从室外沿墙绕过屋檐伸出屋面,二是从室内直接穿过屋面伸向室外。采用穿屋面的做法时,屋面板应预留洞,风管安装好后,应装设防雨罩。

不连接风管的筒形风帽,可用法兰固定在屋面板上的混凝土或木底座上。当排送湿度较大的空气时,为了避免产生的凝结水滴漏入室内,应在底座下设有滴水盘并有排水装置。风帽装设高度高出屋面1.5 m时,应用镀锌铁丝或圆钢拉索固定,防止被风吹倒。拉索不应少于3根,拉索可加花篮螺丝拉紧。拉索可在屋面板上预留的拉索座上固定。

⑤柔性短管的安装:柔性短管常用于风机与风管间的连接,以减少系统的机械振动。柔性短管的安装应松紧适当,无明显扭曲。安装在风机一侧的柔性短管可装得绷紧一点,防止风机启动时被吸入而减小断面尺寸。不能将柔性短管当成找平找正的连接管或异径管。柔性短管外部不宜做保温层,以免减弱柔性。柔性短管长度一般为150~300 mm,连接缝应牢固严密。用于空调系统的应采取防结露措施。用于结构变形缝的其长度宜为变形缝的长度加100 mm以上。柔性短管的材质应符合设计要求,一般用帆布或人造革制作。输送潮湿空气或安装于潮湿环境的柔性短管,应选用涂胶帆布,输送腐蚀性气体的柔性短管,应选用耐酸橡胶或0.8~1 mm厚的软聚氯乙烯塑料。

5.2.2 空调水管安装

空调水管主要由空调供冷的冷冻水管、空调供热的热水管、空调供冷冷却水管、空调供冷冷凝水管组成。对于两管制系统,空调供冷和供热的水管为同一套系统;而对于四管制系统,需分别安装空调供冷水管以及供热水管。其分别的空调供冷和供热水管保温厚度以及安装要求,需与设计相吻合。

对于空调冷冻水管路和冷却水管路,其安装工艺是相同的,主要的区别在于冷却水管路通常情况下无保温工艺。对于空调水管,大部分工程采用的是金属材料,部分安装工艺与建筑室内给水近似。由于工艺的不断进步,部分空调工程水管材料已经实施了纤维水管、稳态复合管等非金属材料。对于冷凝水管,目前常用的是PPR管和PVC管。

1)空调冷热水水管安装

空调冷热水管的安装流程如图5.28所示:

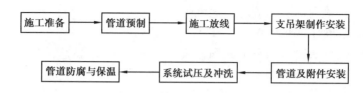

图5.28　空调冷热水管安装流程图

管道在验收及使用前进行外观检查,其表面符合下列要求:无裂纹、缩孔、夹渣、重皮等缺陷;无超过壁厚负偏差的锈蚀、凹陷及其他机械损伤;有材质证明或标记。

管道放线由总管到干管再到支管放线定位。放线前逐层进行细部会审,使各管线互不交叉,同时留出保温、绝热及其他操作空间。

空调水管道在室内安装以建筑轴线定位,同时又以墙柱为依托。定位时,按施工图确定的走向和轴线位置,在墙(柱)上弹画出管道安装的定位坡度线,冷热水坡度为0.003,对于多种管道,定位难度大的系统安装,采用打钢钎拉钢线的方法,将各并行管道的位置、标高确定下来,以便下一步支架的制作和安装,定位坡度线宜取管底标高作为管道坡度的基准。立管放线时,打穿各楼层总立管预留孔洞,自上而下吊线坠,弹画出总立管安装的垂直中心线,作为总立管定位与安装的基准线。

管道支架选用型钢(角钢、槽钢)现场加工制作。管径小于DN200的用角钢,管径大于或等于200的选用槽钢。支吊架制作集中在加工场进行,以方便控制支架的制作质量。加工时要求用剪床或砂轮切割机开料,如支架较大,需用槽钢制作,则可用氧割开料。支架的膨胀螺栓孔要用钻床钻孔,不能用氧割开孔。管道支架的选择考虑管路敷设空间的结构情况、管内流通的介质种类、管道重量、热位移补偿、设备接口不受力、管道减振、保温空间及垫木厚度等因素选择固定支架、滑动支架及吊架。

常见管道支架安装如图5.29示意。

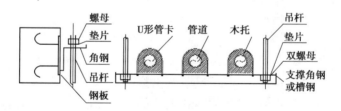

图5.29　空调水管安装示意图

对于管道附件安装,冷冻(冷却)水管的水平管变径时采用偏心异径管,上平下变,立管采用同心异径管,以免管道内部积污和积气,影响管道的使用。冷冻(冷却)水管的三通均现场制作。所有连接冷冻机组和水泵的支管,均要求做顺水三通,顺水三通用半个冲压弯头加工,使水流进入三通时有一定的弯曲半径。三通制作前,应按要求做好画线,放样再开料焊接。搬运阀门时,不允许随手抛掷;吊装时,绳索应拴在阀体与阀盖的法兰连接处,不得拴在手轮或阀杆。阀门安装时应保持关闭状态,并注意阀门的特性及介质流动方向。阀门与管道连接时,不得强行拧紧其法兰上的连接螺栓;对螺纹连接的阀门,其螺纹应完整无缺,拧紧时宜用扳手卡住阀门一端的六角体。安装螺纹连接阀门时,一般应在阀门的出口端加设一个活接头。大管径管道上的阀门单独设支架支撑。

管道系统安装完毕,在与末端设备连接前,进出水管应进行分段、分区清洗,打开系统最低点排污阀排清管网内余水,管网须反复排污数次直至排出水中不夹带泥沙、铁屑等杂质,且水色不浑浊时为合格。在冲洗之前,应先除去过滤器的滤网,待冲洗工作结束后再安装上。管路系统冲洗时,水流不得经过所有设备,系统清洁后方能与空调设备连接。整个系统安装完毕,在加水之前,将所有设备的进出水阀门关闭,打开所有旁通阀门,系统加满水后开动水泵进行管道清洗。运行一段时间后,清除滤污器内的杂物,反复进行数次,直至滤污器无杂物干净为合格。然后打开系统最低点排污阀,排清管网内余水。管网反复排污数次,关闭管网的旁通阀,打开所有设备的进出水阀门进行系统充水。

在系统试压和冲洗后,需进行保温与防腐工作。检查对施工过程中损坏的防锈层做补漆防锈处理。所有管道支吊架和管道焊口在涂漆前应清除被涂表面的铁锈、焊渣、毛刺、油、水等污物,然后再按设计和施工验收规范要求涂刷防锈底漆、色漆各二道。防腐和涂漆应附着良好,无脱皮、起泡、流淌和漏涂缺陷。无缝钢管、焊接钢管在进场后需去除外表面铁锈,再涂红丹防锈漆二度。

空调水管常见的保温材料包括聚氨酯、岩棉、玻璃棉、橡塑等,材料选择需考虑保温性能、耐久性以及安全性。保温施工需要按照专业标准和操作规程进行,包括对管道表面的清洁处理、保温材料的黏接固定、包覆层的设置等步骤。保温施工现场应无大量施工用水,且冬季或室外施工时应有防冻和防雨措施。以橡塑保温材料为例,其保温流程如图5.30所示。

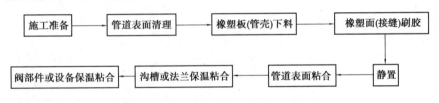

图5.30 空调水管橡塑保温工艺流程

管道、设备保温应粘贴紧密,表面平整、圆弧均匀、无环形断裂。保温层厚度应符合设计要求,允许偏差为+5%。管道保温需要合理安排以保证一个完整的保温。管道穿墙处和楼板处,保温不得间断,并用不燃材料堵严。对于保温工艺所需的黏结剂应符合使用温度的要求,并应和绝热层材料相匹配,不得对金属壁产生腐蚀。黏结剂应固化时间短、翻结力强。在使用前,应进行实地试粘。地沟及管井内管道及设备的绝热必须在其清理后,不再有下道工序损坏绝热层的前提下,方可进行绝热施工。明装管道的绝热,土建若灌浆在后,应有防止污染绝热层的措施。保温管材安装应采用专业工具剖切,切口应形成斜角,增加粘贴面,切线应平直。管道保温需要采用双层或多层板材时,每层不同保温层的纵、环缝均应错开,横管最外层纵向缝应该斜向上,立管纵向缝朝内侧。穿墙套管里的管道应先用整块保温材料保温,外部管道保温时再与套管里管道保温平整密实黏接,不可采用在套管里填碎料的方法。

对于管道保温的安全环保措施有:①地下设备、管道绝热施工前,应先进行检查,确认无瓦斯、毒气、易燃易爆物或酸毒等危险品,方可操作。②防腐与绝热施工期间操作人员加强自身防护,防止受伤、中毒和职业病。③不能用手直接接触保温胶等黏接剂。④废弃的黏结剂、保温胶、防火涂料及其容器和保温余料应妥善收集,按有害废弃物进行处理。

2) 空调冷凝水管安装

空调冷凝水管的布置原则是就近排放,以避免由于安装坡度的要求而导致的建筑层高降低问题。若冷凝水管邻近有排水管或地沟时,可用冷凝水管将空调器接水盘所接的凝结水排放至邻近的排水管中或地沟内。若相邻近的多台空调器距排水管或地沟较远,可用冷凝水干管将各台空调器的冷凝水支管和下水管或地沟连接起来。但需注意,由于冷凝水管的位置安装不当,就有可能导致冷凝水外泄。因此,当冷凝水盘位于机组负压区段时,凝水盘的出水口处必须设置水封,水封的高度应比凝水盘处的负压(相当于水柱高度)大 50% 左右。水封的出口,应与大气相通。所设置竖向的冷凝水管,则需注意冷凝水立管的顶部应安装通向大气的透气管。

空调冷凝水管应根据材料性能进行保温要求计算,以防冷凝水管温度低于局部空气露点温度时其表面结露滴水。由于冷凝水的温度远高于冷冻水温度,因此,采用带有网络线铝箔贴面的玻璃棉保温时,保温层厚度可统一取 25 mm。

空调冷凝水管基本的安装步骤为:①冷凝水管安装前须将其内壁清理干净;②冷凝水管对接或拐弯时须用直通和弯头黏接;③冷凝水管须以设计规定的坡度排放,以保证出水畅通。④所有黏接须尽可能牢固,严防漏水。⑤保温管与冷凝水管须接触紧密,外观达到要求。⑥冷凝水管每 1.5~2 m 左右须装吊钩。⑦冷凝水管在安装完毕后需注水试漏。

若冷凝水管采用 PVC 管道,注水试漏实验时,应打开空调设备的放气装置,让水充满整个 PVC 管道,持续 24 小时,以管道无渗漏,设备凝结水盘不承水为合格。

目前空调冷凝水管使用较多的是 PPR 管,其连接方式主要采用的热熔连接方式。其施工步骤主要为:①接通热熔工具电源,到达工作温度、指示灯亮后开始操作。②剪裁:用管剪剪去所需长度,端面必须垂直于管轴线。为确定所需熔接部分的长度及方向,可用笔在管道上画出所需长度。③热熔接:当管熔接器加热到 260 ℃时,用双手将管材和配件同时推进熔接器模具内并加热 5 s 以上,注意管的长度及方向变化,不可过度加热,以免造成管材变形而导致漏水。④管道与管件接头处应平整、清洁、无油。熔接前应在管道插入深度处做记号,焊接后要对整个嵌入深度的管道和管件的接合面加热。⑤插接:加热后,将管材及管件脱离熔接模头,立即对接。

熔接施工应严格按规定的技术参数操作,在加热及插接过程中不能转动管道和管件,应直线插入。正常熔接时,在接合面应保持均匀的熔接圈。

空调冷凝水管同样需要支吊架。沿墙面或楼面敷设的管道采用管卡固定,管卡用钢钉或膨胀螺丝钉牢在依托墙体或楼板上;悬吊安装的管道应采用吊架或托架来固定。管卡的最小尺寸应根据管件确定。立管和横管支吊架的间距与管径和壁厚以及管道的弹性模数有关,管道支吊架的间距应符合施工规范相关要求。

冷凝水管一般均为重力排水。但是,对于多联机热泵系统的部分明装末端,为保证吊顶高度,会设置水泵通过机械动力排放冷凝水。其安装的注意点有:①排水提升管高度一般控制在 500 mm 以内。②保持排水提升管垂直,并确保其与空调机的距离在 300 mm 以内。③对水盘管用水嘴部分应进行妥善隔热处理,以防止结露。排水管道高度应在图 5.31 所示的距离内。④为防止排水管向下弯垂,每 1~1.5 m 要用吊架等器件辅助固定。⑤连接时,应采取有效措施,保证排水管各接口密封不漏。⑥为防止排水管外壁遇空气后结成露水滴落,排水管从机组引出后,应进行隔热处理。

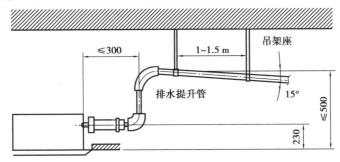

图 5.31　多联机动力排放冷凝水安装示意图

5.2.3　室内给排水管道安装

1)引入管的安装

引入管又称进户管,通常采用埋地敷设,需要穿越建筑物基础。基础预留洞应考虑留有基础沉降量,其做法见图 5.32。有防水要求时应采用图 5.32(c)的做法。

引入管敷设在预留孔内,其管顶距套管内壁净空尺寸不小于 100 mm,以防基础下沉而损坏引入管。引入管应在土建工程回填土夯实后,重新开挖沟槽,严禁在回填土之前或未经夯实的土层上敷管。敷设管道的沟底应平整、标高准确。

敷设引入管时,为便于维修时将室内系统中的水放空,在主立管底部用三通连接,在三通下部装泄水阀或管堵,引入管应有 0.002 ~ 0.005 的坡度坡向室外。引入管埋深,应满足设计要求,当设计无要求时,管顶最小覆土深度不得小于当地冰冻线以下 0.15 m。

引入管与排水排出管的水平净距不得小于 1 m。

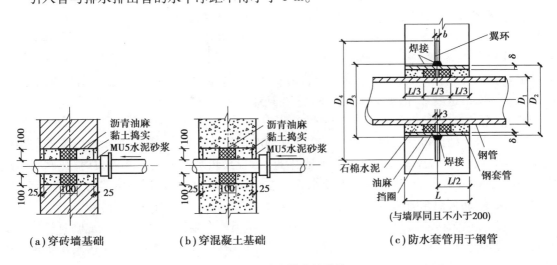

图 5.32　给水管穿墙措施

2）室内给水管道的安装

生活给水系统所涉及的材料必须达到饮用水卫生标准，因此，室内给水管道一般应选用耐腐蚀和安装连接方便可靠的管材，可采用塑料给水管、塑料和金属复合管、铜管、不锈钢管及经可靠防腐处理的钢管。

室内给水管道的敷设，根据建筑物的结构形式、使用性质和管道的工作情况，一般可分为明装和暗装两种形式。

明装管道就是给水管路在建筑物内部明露敷设。其安装形式分为给水干管、立管及支管均为明装，以及给水干管暗装、立管及支管明装两种。明装管道的优点是造价低，安装和维修方便，但影响室内的卫生和美观。暗装管道就是给水管路在建筑物内部隐蔽敷设。其安装形式分为全部管道暗装、供水干管及立管暗装、支管明装两种。暗装管道的优点是不影响室内的卫生和美观，但造价高，施工和维修不方便。

（1）干管安装

明装管道的干管安装位置，一般在建筑物的顶层顶棚下或建筑物的地下室顶板下。沿墙敷设时，管外皮与墙面净距一般为 30～50 mm，用角钢或管卡将其固定在墙上，不得有松动现象。

暗装管道的干管安装位置，一般设在建筑物的顶棚里（闷顶里）、地沟或设备层里，或者直接埋设在地面下。当敷设在顶棚里时，应考虑冬季的防冻措施；当敷设在管沟里时，沟底和沟壁与管壁间的距离应不小于 150 mm，以便于施工和维修；直接埋设在地面下的管道，应进行防腐处理。为了便于维修时放空，给水管宜有 0.002～0.005 的坡度，坡向泄水装置。

（2）立管安装

明装管道立管一般设在房间的墙角或沿墙、梁、柱敷设。立管外皮到墙面净距离：当管径等于或小于 32 mm 时，应为 25～35 mm；当管径大于 32 mm 时，应为 30～50 mm。立管一般应在距地面 150 mm 处装设阀门，并应安装可拆卸的连接件。立管穿楼板应采用防水措施。安装带有支管的立管时，应注意安装支管的预留口的位置，要保证支管的方向坡度的准确性。建筑物层高小于或等于 5 m 时，每层楼内需安装一个立管管卡，层高大于 5 m 时，每层楼内立管管卡不得少于 2 个，管卡安装高度距地面为 1.8 m，2 个以上管卡的位置，可均匀安装。

暗装管道的立管，一般设在管槽内或管道竖井内。塑料给水立管尽可能采用暗敷的形式，以避免受撞击而遭到破坏，如必须明敷时，应在管外加保护措施。

（3）支管安装

明装支管一般沿墙敷设，并设有 0.002～0.005 的坡度，坡向立管或配水点。支管与墙壁之间用钩钉或管卡固定，固定要设在配水点附近。当冷、热水管上下平行敷设时，热水支管应安装在上面；垂直安装时，热水管应在冷水管的左侧，其管中心距为 80 mm。在卫生器具上安装冷、热水龙头时，热水龙头应安装在左侧。

暗装的支管敷设在墙槽内，应按卫生器具的位置预留好接管位置，管子应加临时管堵。工业车间机器设备用水的支管，可以敷设在地面下，以免妨碍生产。如支管采用塑料给水管时应尽可能采用暗敷的形式。

3)室内排水管道的安装

排水管道安装时,应与土建施工程序相协调,一般是先做地下管线,即安装排出管,然后安装排水立管和排水支管,最后安装卫生器具。

(1)排出管的安装

排出管穿过房屋基础或地下室墙壁时应预留孔洞,并应做好防水处理,如图 5.33 所示。

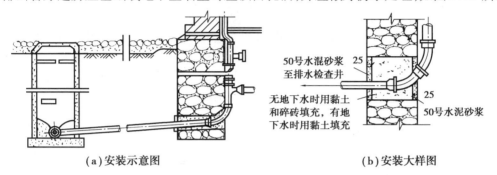

(a)安装示意图   (b)安装大样图

图 5.33 排出管穿墙基础图

铺设排出管时,应注意基础情况,沟槽不要超挖而破坏原土层,以防止因局部沉陷造成管道断裂。室内排水是靠重力流动,在施工安装时,应注意把管道承口作为进水方向,并使管道坡度均匀,不要产生突变现象。生活污水和埋地敷设的雨水排水管道应根据管道尺寸确定最小坡度。

通向室外的排水管,穿过墙壁或基础必须下返时,应采用45°和45°弯头连接,并应在垂直管段顶部设置清扫口。由室内通向室外排水检查井的排水管,井内引入管应高于排出管或两管顶相平,并有不小于90°的水流转角,如跌落差大于300 mm,可不受角度限制。

(2)排水立管的安装

排水立管沿卫生间墙角垂直敷设,施工时,立管中心线可标注在墙上,按量出的立管尺寸及所需的配件进行配管,安装排水管时,立管与墙面应留有一定的操作距离,立管穿浇楼板时,应预留孔洞。立管轴线与墙面距离及穿楼板预留洞尺寸应根据管道直径进行确定。

如果排水管道采用塑料管道,必须按设计要求及位置装设伸缩节,如设计没有明确要求,伸缩节的间距不得大于4 m,如果是在高层建筑中安装的明装塑料排水管道,还必须设置阻火圈或消防套管。为了减小管道的局部阻力和防止污物堵塞管道,排水立管与排出管端部的连接,应采用两个45°弯头或弯曲半径不小于4倍管径的90°弯头。

(3)排水横支管的安装

立管安装后,应按卫生器具的位置和管道规定的坡度敷设排水横支管。排水支管的末端与排水立管预留的三通或四通相连接。排水支管不得穿过沉降缝、烟道和风道等,敷设时应满足设计要求的坡度,排水支管如悬吊在楼板下时,其吊架间距一般不大于2 m。室内排水的水平管道与水平管道、水平管道与立管的连接,应采用45°三通或45°四通和90°斜三通或90°斜四通。

(4)通气管及辅助通气管的安装

通气管应高出屋面0.3 m以上,并且应大于最大积雪厚度,以防止积雪掩盖通气口,在通气管出口4 m以内有门、窗时,通气管应高出门、窗顶600 mm或引向无门、窗一侧。对平顶屋面,若经常有人逗留,则通气管应高出屋面2 m,并应根据防雷要求设置防雷装置。通气口上应做网罩,以防落入杂物。通气管或辅助通气管穿出屋面时,应与屋面工程配合,做好屋面和管道接触处的防水措施。

(5)清通设备

排水立管上每隔一层应设置一个检查口,但在最底层和有卫生器具的最高层必须设置,如有乙字弯管时,则在该层乙字弯管上部设置检查口。在连接两个及两个以上大便器或3个及3个以上卫生器具的污水横管上应设置清扫口。在转角小于135°的污水横管上,应设置检查口或清扫口。

5.2.4　室内消防水管安装

1)室内消火栓灭火系统的安装

室内消火栓灭火系统如图5.34所示,由消火栓、水龙带、水枪等几部分组成。消火栓也称消防龙头,口径分为50和60 mm两种,用丝扣连接在管道上。水龙带有棉质、麻质及胶质等几种,其口径与消火栓配套。长度可根据建筑物大小而定,其长度不宜超过25 m。水枪有铝合金制和硬质聚氯乙烯制两种,喷水口径有13、16和19 mm三种。

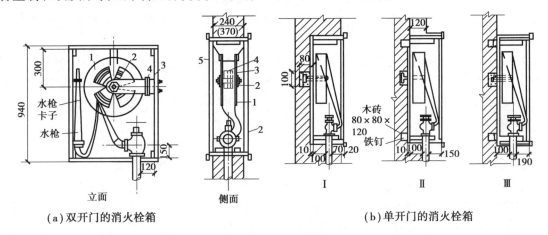

(a)双开门的消火栓箱　　　　　　　　　(b)单开门的消火栓箱

图5.34　室内消火栓装置

1—水龙带盘;2—盘架;3—托架;4—螺栓;5—挡板

水枪与水龙带及水龙带与消火栓之间均采用内扣式快速接头连接。消火栓系统的安装是从室内给水管上,直接接出消防立管(如建筑物单设消防给水系统时,消防立管直接接在消防给水系统上),再从立管上引出短支管接往消火栓。消火栓栓口应朝外,并不应安装在门轴侧。安装时要求栓口中心距地面1.1 m,允许偏差±20 mm,阀门中心距箱侧面为140 mm,距箱后内表面为100 mm,允许偏差±5 mm。消火栓水龙带与水枪和快速接头绑扎好后,应根据箱内构造将水龙带挂放在箱内的挂钉、托盘或支架上,以便有火警时,能迅速展开使用。消火栓箱体安装的垂直度允许偏差为3 mm。消火栓箱体安装在轻质隔墙上时,应采取加固措施。室内消火栓系统安装完成后应取屋顶层(或水箱间内)试验消火栓和首层取两处消火栓做试射试验,达到设计要求为合格。

2)自动喷水灭火系统的安装

（1）管道的安装

自动喷水灭火系统配水管网的管道一般采用镀锌钢管,当管径小于或等于 100 mm 时,使用螺纹连接,其他可用焊接、法兰连接或卡套式专用管件连接。

当管道穿过建筑物的变形缝时,应采取抗变形措施,穿过墙体或楼板时应加设套管,套管长度需大于墙体厚度,穿过楼板的套管其顶部应高出装饰地面 20 mm,穿过卫生间或厨房楼板的套管,其顶部应高出装饰地面 50 mm,且套管底部应与楼板底面相平。对于焊接管道,管道的焊接环缝不得位于套管内。套管与管道的间隙应采用不燃烧材料填塞密实。

自动喷水灭火系统配水管网的横向管道应设 0.002 ~ 0.005 的坡度,坡向排水管;当管网局部区域难以利用排水管将水排净时,应采取相应的排水措施:当喷头数量少于或等于 5 只时,可在管道低凹处加设螺纹堵头排水口;当喷头数量大于 5 只时,宜装设带阀门的排水管。

自动喷水灭火系统的配水管应刷红色环圈标志。环圈标志宽度不小于 20 mm,间隔不大于 4 m,并且要求在一个独立的单元内环圈不少于两处。

（2）管道支架、吊架、防晃支架的安装

管道应固定在建筑物的结构上,管道固定一般采用支架、吊架和防晃支架。防晃支架是为防止喷头喷水时消防配水管道产生大幅度晃动而设置的,防晃支架应能承受管道、配件和管内水重总重 50% 的水平方向推力,而不致损坏变形。

管道支架、吊架、防晃支架的形式、材质、加工尺寸及焊接质量等应符合设计要求和国家现行有关标准的规定,同时,设置吊架或支架的位置应不影响喷头的喷水效果。

管道支架、吊架与喷头之间的距离不宜小于 300 mm,与末端喷头之间的距离不宜大于 750 mm;配水支管上每一直管段、相邻两喷头之间的管段至少应设置 1 个吊架,吊架的间距不宜大于 3.6 m;当管道的公称直径等于或大于 50 mm 时,每段配水干管或配水管应至少设置 1 个防晃支架,设置的防晃支架间距应小于 15 m;当管道改变方向时,应增设防晃支架;竖直安装的配水干管除中间用管卡固定外,还应在其始端和终端设防晃支架或采用管卡固定,其安装位置距地面或楼面的距离宜为 1.5 ~ 1.8 m。

（3）自动喷水灭火系统喷头的安装

闭式喷头在安装前应进行密封性能试验,并以无渗漏、无损伤为合格。试验数量应从每批中抽查 1%,但不得少于 5 只。试验压力应为 3.0 MPa,保压时间不得少于 3 min。当有两只及以上不合格时,不得使用该批喷头。当仅有一只不合格时,应再抽查 2%,但不得少于 10 只。当重新进行密封性能试验后,仍有不合格喷头时,则该批喷头全部不能使用。

喷头安装应在系统试压、冲洗合格后进行。喷头安装时宜采用专用的弯头、三通。喷头安装时,不得对喷头进行拆装、改动,并严禁给喷头附加任何装饰性涂层。喷头安装应使用专用扳手,严禁利用喷头的框架施拧;喷头的框架、溅水盘产生变形或释放原件损伤时,应采用规格、型号相同的喷头更换。当喷头的公称直径小于 10 mm 时,应在配水干管或配水管上安装过滤器。安装在易受机械损伤处的喷头,应加设喷头防护罩。

5.2.5　室内燃气工程管线安装

1）管道敷设

（1）燃气管道安装过程

①熟悉图纸，制订施工方案：熟悉图纸，掌握室内燃气管道的位置、高程和交叉物等情况。现场勘查和设计交底配合，若出现图纸差错及时纠正。然后根据设计要求和现行国家标准，结合现场具体情况，制订施工方案。

②放线打洞：放线就是按设计图把管道及其附件穿越的准确位置标注在墙面或楼板上，要求横平竖直。打洞就是利用手动工具或电钻等将穿越位置的墙洞或楼板洞钻透。孔洞直径略大于燃气管或套管外径，不宜过大，否则难以修补。

③测绘安装草图：在打透孔洞后，按放线位置准确地测量出管道的建筑长度，并绘制管道安装草图。所谓建筑长度是指管道中各相邻管件（或阀门）的中心距离。测绘时应使管道与墙面保持适当的距离，如遇错位墙可采用弯管过渡。

④下料与配管：配管就是通过对管道进行加工（下料切断、套丝、调直和弯曲），把实测后绘制的安装草图中的各种不同形状和建筑长度的管段配置齐全，并在每一管段的一端（或两端）配置相应的管件或阀门。

⑤管道预制：按施工操作便捷和尽量减少现场管件安装工作量的原则，尽量将每一层立管所带的管件、配件在操作台上先预制好。若一个预制管段带数个需要确定方向的管件，预制中应严格找准朝向，然后将预制好的主立管按层编号待用。在主立管的每层管段预制完成后，将预制管段按立管连接顺序自下而上或自上而下，层层连接好并进行调直。调直后将一根立管全部管段和立管上连接的横支管管段集中在一起，就可开展室内安装。

⑥安装固定：室内燃气管道的安装顺序一般是按照燃气流程，从总立管开始，逐段安装连接，直至灶具支管末端的灶具控制阀。燃气表使用连通管临时连通。强度试验合格后，再把燃气表与灶具（或燃具）接入管道。管道安装后应牢固地固定于墙体上。水平管道可采用托钩或固定托卡；立管可采用立管卡或固定卡。托卡间距应保证在最大扰度时不产生倒坡，立管卡一般每层楼设置一个。托卡与墙体的固定一般采用射钉。

（2）燃气管道敷设位置

①燃气引入管不宜穿建筑基础进入室内，住宅燃气引入管应设在厨房、外走廊、与厨房相连的生活阳台等便于检修的非居住房间内。

②住宅燃气立管宜设在厨房、走廊、与厨房相连的阳台内等便于检修的非居住房间内。如条件允许，立管应优先选择敷设在建筑物外墙。

③燃气管道不得敷设在卧室、易燃或易爆品的仓库、有腐蚀性介质的房间、发电间、配电间、变电室、不使用燃气的空调机房、通风机房、计算机房、电缆沟、暖气沟、烟道、进风道、垃圾道和电梯井等地方。

④燃气管道敷设，应符合《城镇燃气设计规范（2020版）》（GB 50028—2016）以及《建筑设计防火规范（2018年版）》（GB 50016—2014）的相关规定。

⑤当户外立管靠近有车辆经过的地方时，为防止车辆碰撞，应加装防撞设施。

⑥燃气支管宜明设。燃气支管不宜穿过起居室(厅)。敷设在起居室(厅)、走道内的燃气管道不宜有接头。

⑦室内燃气管道暗埋与暗封应符合以下规定:暗埋的室内管设计使用年限不应小于50年,管道最高运行压力不应大于0.01 MPa。暗埋管道须为整管,不得有机械接头。暗封部位应检修方便,并应通风良好。暗封管道应设在不受外力冲击、暖气烘烤和潮湿等部位。在覆盖暗埋管道的砂浆中不应添加快速固化剂。砂浆内应添加带色颜料作为永久色标。当设计无明确规定时,颜料宜为黄色。暗埋管道宜加设可有效防止外力冲击的金属防护装置,金属防护装置的厚度宜大于1.2 mm。当与其他埋墙设施交叉时,应采取有效的绝缘和保护措施。公共建筑室内燃气管道局部位于吊顶上方时,可敷设在独立分割的∩形槽中,管槽底部宜采用可拆卸百叶或带孔板,管槽剖面如图5.35所示。

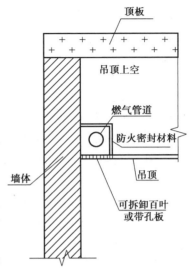

图5.35　管槽剖面示意图

当设置在幕墙或其他装饰材料与墙体之间时,可采取管槽方式敷设,管槽大小应保证管道的检修及维护和通风良好,可参考图5.36、图5.37。

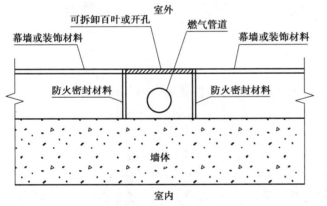

图5.36　立管管槽设置方式1

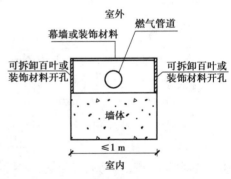

图5.37　立管管槽设置方式2

⑧敷设在管道竖井内的燃气管道安装应符合以下规定:管道安装宜在土建及其他管道施工完毕后进行。且不得与电线、电气设备或氧气管、进风管、回风管、排气管、排烟管、垃圾道等共用一个竖井。每隔4～5层设燃气浓度检测报警器,上、下两个燃气泄漏报警器的高度差不应大于20 m。对于热浸镀锌钢管以及无缝钢管,不推荐采用暗埋形式。

(3)燃气管道穿墙安装

管道应垂直穿墙,且必须加装热缩套和套管保护,管道与套管同轴。燃气管道穿墙套管的两端应与墙面齐平,穿楼板套管的上端高于最终形成的地面50 mm,下端与楼板底齐平。

(4)燃气管道安全间距

中压和低压燃气管道,可沿建筑耐火等级不低于二级的住宅或公共建筑的外墙敷设。沿建筑物外墙的燃气管道距住宅或公共建筑物中不应敷设燃气管道的房间门、窗洞口的净距:中压管道不应小于 0.5 m,低压管道不应小于 0.3 m。燃气管道距生产厂房建筑物门、窗距离不限。同时,室内燃气管道与室内电气及其他设备需保持最小安全间距。

2)管道附件安装

(1)阀门设置及安装

阀门在安装前应对阀门逐个进行外观检查,并宜对引入管阀门进行强度试验和严密性试验。阀门的安装位置应便于操作和维修,并宜对室外阀门采取安全保护措施。寒冷地区输送湿燃气时,应对室外引入管阀门采取保温措施;阀门宜有开关指示标识,对有方向性要求的阀门,必须按规定方向安装。阀门应在关闭状态下安装。

(2)补偿措施

外立管补偿需经计算确定,宜采用自然补偿。当自然补偿不能满足要求时,应设置方形补偿器或波形补偿器,不得采用填料型。

(3)管道支架安装

每个楼层的立管至少应设支架 1 处。当水平管道上设阀门时,应在阀门来气侧 1 m 范围内设支架,并尽量靠近阀门。支架的结构形式应排列整齐,安装牢固。支架与管道接触紧密。固定支架应使用金属材料。当管道与支架为不同种类的材质时,二者之间应采用绝缘性能良好的材料进行隔离或采用与管道材料相同的材料进行隔离。隔离薄壁不锈钢管道所使用的非金属材料,其氯离子含量不应大于 50×10^{-6}。

3)外立管防腐

外立管管材目前一般均采用涂刷防锈漆的方式进行防腐处理。但在外界腐蚀环境、防锈漆本身质量以及涂刷施工质量等因素的综合作用之下,外立管防锈漆一般在 5 ~ 10 年内即会出现严重老化,失去防腐作用。

已有研究结果表明,外立管宜选用熔结环氧粉末防腐层、3PE 防腐层外贴锡箔等抗紫外线辐照、寿命长的防腐层。当建筑对外观要求较高时,经建设单位和燃气公司认可,可对燃气管道另罩面漆一道,其色彩应与建筑相匹配,并间隔 3.0 m 加设 2 个宽度为 20 mm、间距为 10 mm 的褐黄色专用标识环。

4)燃气放散系统安装

当地下室用气时,燃气管道末端须设置放散管。放散管须采用无缝钢管,管道连接采用焊接。采用建筑屋顶放散方式时,放散管的高度应高出建筑屋顶 1 m 以上。工业企业用气车间、锅炉房以及大中型用气设备的燃气管道上应设放散管,放散管管口应高出屋脊(或平屋顶)2 m 以上。当放散管位于防雷区域之外时,放散管的引线应接地,接地电阻应小于 10 Ω。

5)室内燃气管道试压

(1)强度试验

①当设计压力小于 10 kPa 时,试验压力为 0.1 MPa。用发泡剂涂抹所有接头,不漏气为

合格。

②当设计压力大于等于 10 kPa 时,试验压力为设计压力的 1.5 倍,且不得小于 0.1 MPa。应稳压 0.5 h,用发泡剂涂抹所有接头,不漏气为合格;或稳压 1 h,观察压力表,无压力降为合格。

(2)严密性试验

①低压管道系统:试验压力应大于等于 5 kPa。居民用户试压 15 min,商业和工业用户试压 30 min,观察压力表,无压力降为合格。

②中压管道的试验压力为设计压力,但不得低于 0.1 MPa。以发泡剂检查,不漏气为合格。

6)防雷防静电

①室外的屋面管、立管、引入管和燃气设备等处,均应有防雷、防静电接地设施。

②当屋面管道采用法兰连接时,在连接部位的两端应采用截面积不小于 6 mm^2 的金属导线进行跨接;当采用螺纹连接时,应使用金属导线跨接。

③管道不得敷设在屋面的檐角、屋檐、屋脊等易受雷击部位。当燃气管道安装在建筑物避雷保护范围内时,应每隔至少 25 m 与避雷网采用直径不小于 8 mm 的镀锌圆钢进行连接,焊接部位应采取防腐措施,管道任何部位的接地电阻值不得大于 10 Ω。

5.2.6 电气管线安装

1)配管

(1)配管的一般要求

配管指将线路敷设采用的电线保护管由配电箱敷设到用电设备的过程。一般从配电箱开始,逐段敷设到用电设备处,有时也可以从用电设备端开始,逐段敷设到配电箱处。

采用明配管敷设时,管道应排列整齐、固定点间距均匀,一般管路是沿着建筑物水平或垂直敷设,其水平或垂直安装的允许偏差为 1.5‰,全长允许偏差不应超过管子内径的 1/2,当管子是沿墙、柱或屋架处敷设时,应用管卡固定。

采用暗配管敷设时,应将线管敷设在现浇混凝土构件内,可用钢丝将线管绑扎在钢筋上,也可以用钉子将线管钉在模板上,但应将管子用垫块垫起,用钢丝绑牢。

配管应遵循下列规定:

①进入落地式配电箱的线管,排列应整齐,管口宜高出配电箱基础面 50 ~ 80 mm。

②线管不宜穿过设备或建筑物、构筑物的基础;当必须穿过时,应采取保护措施。

③线管的弯曲处,不应有褶皱、凹陷和裂缝,且弯扁程度不应大于管外径的 10%。

④线管的弯曲半径应符合相关规定。

(2)暗配管施工

暗配管施工工艺流程如下:管弯、箱、盒预制加工→箱、盒位置测定→箱、盒固定→暗管敷设→预扫管。

①管弯、箱、盒预制加工:根据施工图预制加工各种箱、盒、管弯。钢管、硬质塑料管煨弯可

采用冷煨法,硬质塑料管也可采用热煨法。

②箱、盒位置测定:根据施工图、水平线、墙厚度线测定箱、盒位置,并核定与设备及其他管道等的距离符合施工及验收规范的规定。对于成排成列的箱、盒位置的测定,应拉通线、十字线找平、找直。

③箱、盒固定:在现浇钢筋混凝土墙、楼板内进行箱、盒固定时,可将钢制箱、盒点焊在钢筋上,或者在箱、盒上加装扁钢,将扁钢与钢筋点焊固定或钢丝绑扎固定。

塑料箱、盒的固定,可在塑料箱、盒上加装扁钢,将扁钢与钢筋点焊固定或钢丝绑扎固定。也可采用穿筋盒(由厂家制造的可穿过钢筋的塑料盒),将穿盒钢筋与结构钢筋进行固定。

为保证箱、盒的安装高度准确,控制箱、盒口凹进墙面的深度,可采用预埋简易箱、盒,待拆模后,拆除简易箱、盒,再进行箱、盒的稳注。

在砖墙、砌块墙内进行箱、盒固定时,可随墙体的施工进行箱盒稳注,也可采用预留箱、盒孔、洞,后稳注箱、盒的做法。稳注箱、盒应使用较高强度的水泥砂浆,并应砂浆饱满,无空鼓。在吊顶、轻钢龙骨等隔墙内进行箱、盒固定时,箱、盒可加装轻钢龙骨或型钢,将轻钢龙骨或型钢与吊顶大龙骨进行固定。

④暗管敷设:现浇钢筋混凝土墙、楼板内配管时,管路应敷设在两层钢筋之间,钢管每隔1m左右、塑料管每隔0.5 m左右,用钢丝与钢筋绑扎固定。管进箱、盒,要煨制叉弯(煨制成类似"灯叉"形状的弯管)。向上、下的引管,不宜过长,以能煨弯为准。管路埋入混凝土的深度应不小于15 mm。管路敷设完后,堵好管口,封堵箱、盒,防止浇灌混凝土时灌入砂浆。

随墙体施工敷设的管路,应沿墙中心敷设。向上引管,应堵好管口,半硬质塑料管、塑料波纹管可用临时支撑(如钢筋等)将管沿敷设方向挑起。管进箱、盒,要煨灯叉弯。

剔槽敷设的管路,应在槽两边弹线,用錾子剔。槽宽、深比管外径略大为宜。管路可用钉子、钢丝绑扎固定,并用水泥砂浆抹面保护;硬质、半硬质塑料管及塑料波纹管应用强度等级不小于M10的水泥砂浆抹面保护,保护层厚度不小于15 mm。

在吊顶及轻钢龙骨等隔墙内敷设的管路,小口径的钢管可利用大龙骨或吊顶的吊杆进行敷设,做法见图5.38。管路固定点间距应均匀,管卡与弯曲中点、电气器具或箱、盒边缘的距离宜为150~500 mm。

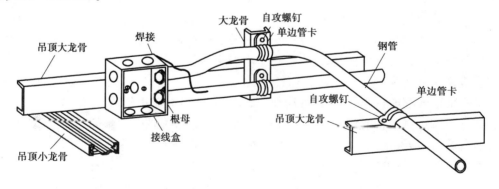

图5.38 钢管利用大龙骨敷设

⑤预扫管:埋设在建筑物、构筑物内的管路,应在土建施工,如砌墙、模板拆除后及时进行预扫管。一般使用带布扫管法,即将布条固定在钢丝上,穿入管内,从管的另一端拉出,以清除

管内的杂物、积水,并检验管路是否畅通。扫管完毕后,应堵好管口,封闭箱、盒口。

(3)明配管施工

明配管的工艺流程如下:管弯、支架、箱、盒预制加工→箱、盒、支架位置测定→箱、盒、支架固定→明管敷设。

①管弯、支架、箱、盒预制加工:施工时应根据施工图预制加工支架、吊架、抱箍等铁件及管弯、箱、盒。支架、吊架可使用扁钢、角钢、槽钢等型钢加工制作,也可采用管卡槽。明配管应使用明装接线箱、盒,可采用定型产品,也可加工制作。

②箱、盒、支架位置测定:首先根据施工图测定箱、盒及出线口等的位置,按管路走向弹出水平线、垂直线,然后计算、测定支架、吊架间距,标出支架、吊架位置。

管路应排列整齐,固定点间距均匀,管卡与终端、弯曲中点、电气器具或箱、盒边缘的距离宜为150~500 mm;钢管、硬质塑料管管卡间的最大距离应按照管道尺寸和钢管壁厚进行确定。

③箱、盒、支架固定:箱、盒可采用膨胀螺栓、胀塞、埋设螺栓、埋设木砖等方法固定;支架、吊架可采用膨胀螺栓、埋设螺栓、预埋铁件焊接、抱箍、直接埋设等方法固定。

首先固定两端的支架、吊架,拉好线,再固定中间的支架、吊架。

施工时根据管子的排列位置及管径,将需要开孔的箱、盒,用开孔器或电钻开出管孔,然后将箱、盒固定。

④明管敷设:施工时首先应察看管子是否顺直,有弯曲处应调直。采用丝扣管箍连接的钢管,管端应套丝。将鞍形管卡一端的螺栓(螺钉)拧进一半,然后将管敷于管卡内,逐个拧紧管卡的螺栓(螺钉)。沿墙及吊架敷设的明管应用管卡槽安装。见图5.39~图5.40。

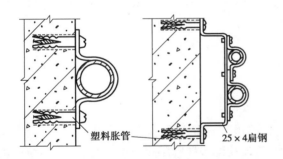

图5.39 明配管沿墙敷设

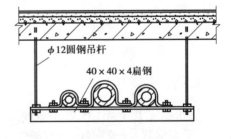

图5.40 明配管沿吊架敷设

安装完成后再逐根进行管子连接、固定,进行钢管、箱、盒间跨接地线的连接。钢管、支架、吊架、箱、盒等均应按设计要求涂刷油漆。

(4)管路及地线的连接

①管路连接

a.钢管连接:黑色厚壁钢管可采用丝扣管箍连接或套管熔焊连接;镀锌钢管可采用丝扣管箍连接或套管紧定螺钉连接,不得采用熔焊连接;黑色薄壁钢管应采用丝扣管箍连接,不得采用熔焊连接;超薄壁钢管应采用套管扣压连接。

采用丝扣管箍连接时,管端丝扣长度不应小于管箍长度的1/2,连接后,其钢管在管卡槽上安装丝扣宜外露2~3扣;采用套管连接时,套管长度宜为管外径的1.5~3倍,管与管的对口处应位于套管的中心,套管两端焊接应严密牢固。

b. 塑料管连接:硬质塑料管、半硬质塑料管、塑料波纹管应采用套管连接或插入法连接。采用套管连接时,套管长度宜为管外径的 1.5 ~ 3 倍,管与管的对口处应位于套管的中心;连接处结合面应涂专用胶黏剂,接口应牢固密封。采用插入法连接时,插入深度宜为管外径的 1.1 ~ 1.8 倍。

②管与箱、盒、设备连接:暗配钢管与箱、盒连接可采用电焊点焊连接,管口宜高出箱、盒内壁 3 ~ 5 mm,且点焊后应补涂防腐漆。明配钢管、吊顶内或轻钢龙骨等隔墙内的钢管与箱、盒连接应采用锁紧螺母固定,管端螺纹宜外露锁紧螺母 2 ~ 3 扣。

钢管与设备器具间接连接时,在室内干燥场所,钢管出口可连接金属软管引入设备、器具,金属软管的长度不大于:动力工程 0.8 m,照明工程 1.2 m。

塑料管与箱、盒、器件可采用插入法连接,插入深度宜为管外径的 1.1 ~ 1.8 倍,连接处结合面应涂专用胶黏剂。硬质塑料管与箱、盒、器具的连接也可采用专用端接头、锁紧螺母固定。半硬质塑料管、塑料波纹管及箱、盒在建筑物、构筑物内埋设,管伸入箱、盒宜为 3 ~ 5 mm。

③地线连接:配管工程的钢管、金属软管、金属箱、盒等,均应连接成不断的导体并接地,其连接方法如下:

a. 采用丝扣管箍连接的黑色钢管,连接处的两端应焊接跨接地线。跨接地线可采用圆钢或扁钢。

b. 采用套管连接的黑色厚壁钢管,套管两端与被连接管进行焊接,焊接应严密、牢固。

c. 采用丝扣管箍连接的镀锌钢管的连接处,应采用专用接地线卡跨接。跨接地线采用铜芯软导线,截面不小于 4 mm²。

d. 采用套管紧定螺钉连接的镀锌钢管,将紧定螺钉拧紧(拧断螺帽)。采用套管扣压连接的超薄壁钢管,扣压牢固。

e. 金属软管的接地线可采用专用接地线卡连接。

f. 多根钢管之间及钢管与金属箱、盒之间的地线连接。

2)配线

配线指将配电线路由配电箱敷设到用电设备的过程。配线分为管内穿线、瓷夹、瓷柱、瓷瓶配线、槽板配线、线槽配线、钢索配线和塑料护套线敷设。在民用建筑中,管内穿线及线槽配线应用最为广泛。

(1)配线的一般规定

①配线所采用的导线型号、规格应符合设计规定。当设计无规定时,不同敷设方式导线线芯的最小截面应根据线芯材料和敷设方式进行确定。

②配线的布置应符合设计的规定。当设计无规定时,室外绝缘导线与建筑物、构筑物之间的最小距离应根据敷设位置与方式进行确定;室内、室外绝缘导线之间的最小距离应根据固定点间距进行室内与室外距离的分别确定;室内、室外绝缘导线与地面之间的距离要求应根据水平与垂直敷设方式分别确定室内与室外最小间距。

③导线与设备、器具的连接应符合下列要求:截面为 10 mm² 及以下的单股铜芯线和单股铝芯线可直接与设备、器具的端子连接;截面为 2.5 mm² 及以下的多股铜芯线的线芯应先拧紧

搪锡或压接端子后再与设备、器具的端子连接;多股铝芯线和截面大于 2.5 mm² 的多股铜芯线的终端,除设备自带插接式端子外,应焊接或压接端子后再与设备、器具的端子连接。

④入户线在进墙的一段应采用额定电压不低于 500 V 的绝缘导线;穿墙保护管的外侧,应有防水弯头,且导线应弯成滴水弧状后方可引入室内。

⑤当配线采用多相导线时,其相线的颜色应易于区分,相线与中性线的颜色应不同,同一建筑物、构筑物内的导线,其颜色选择应统一;保护接地线(PE 线)应采用黄绿颜色相间的绝缘导线;中性线宜采用淡蓝色绝缘导线。

⑥配线工程施工后,保护接地线(PE 线)连接应可靠。对带有剩余电流保护装置的线路应作模拟动作试验,并应作好记录。

⑦不同回路、不同电压等级和交流与直流的导线,不应穿于同一线管内;同一交流回路的导线应穿于同一钢管内。同一交流回路的导线应敷设于同一金属线槽内;同一电源的不同回路无抗干扰要求的导线可敷设于同一线槽内;敷设于同一线槽内有抗干扰要求的导线用隔板隔离,或采用屏蔽导线且屏蔽护套一端接地。

⑧线管内、线槽内的导线不得有接头。

⑨穿管的导线(两根除外)总截面积(包括外护套)不应超过管内截面积的 40%。

(2)管内穿线

管内穿线的工艺流程为:扫管→穿线→导线连接→线路绝缘测试。

①扫管:穿线前,应将管内清扫干净。可使用钢丝带布扫管法,即将布条固定在钢丝上,穿入管内,从管的另一端拉出,将管内的杂物、泥水清除。也可使用空气压缩机的压缩空气进行吹气法扫管。

②穿线:穿线时应将成盘的导线放开或放在放线架上,剥除导线端头的绝缘层,并做好相序识别标记;将线芯绑扎在钢丝带线上,从另一端管口拉出。当管路较长时,应在导线穿入端的管口内放入滑石粉。

箱、盒内的导线应按规定预留长度:在盒内接头的导线一般预留 12~15 cm;配电箱内的导线为箱内口半周长。

③导线连接:导线的连接做法可采用套管压接、焊接、缠绕连接。

剥开导线绝缘层时,不应损伤芯线;芯线连接后,绝缘带应包缠均匀紧密,其绝缘强度不应低于导线原绝缘层的绝缘强度;在接线端子的根部与导线绝缘层间的空隙处,应采用绝缘带包缠严密。

④线路绝缘测试:导线连接后,应对线路进行绝缘电阻测试,并做好测试记录。500 V 以下至 100 V 的电气设备或回路,采用 500 V 兆欧表测试绝缘电阻,绝缘电阻值不应小于 0.5 MΩ。

测试时使兆欧表摇把的转速逐渐达到 120 r/min,待调速器发生滑动后,即可得到稳定的读数。一般读取 1 min 后的稳定值。测试线路的绝缘电阻时,应将断路器、开关等置于断开位置,并断开仪表、电子元器件、设备。

(3)线槽配线

线槽配线的工艺流程如图 5.41 所示。

图 5.41　线槽配线工艺流程图

①支架、吊架预制加工：根据施工图预制加工支架、吊架、吊杆、抱箍等铁件。支架、吊架可使用扁钢、角钢、槽钢等型钢加工制作，也可使用定型产品。

②定位弹线：根据施工图测定电气器具、设备位置及线槽走向、设置位置，沿线槽走向弹出水平线、垂直线。划出线槽始端、转角、终端固定点位置，然后测定中间挡距、固定点位置。

金属线槽固定点距离，应根据工程具体情况及生产厂的要求确定，一般应在下列部位设置固定点：直线段为 1.5 ~ 3 m 或线槽接头处；线槽始端、终端及进出接线盒 0.5 m 处；线槽转角处、分支处附近。塑料线槽槽底固定点间距，应根据线槽规格以及固定方式确定最大间距。

③箱、盒、支架、吊架固定：箱、盒可采用膨胀螺栓、胀塞、埋设螺栓、埋设木砖的方法固定；支架、吊架可采用膨胀螺栓、埋设螺栓、抱箍、预埋铁件焊接、直接埋设等方法固定。

施工时首先固定两端的支架、吊架，挂好小线，再固定中间的支架、吊架。箱、盒、支架、吊架的平正度、垂直度应使用水平尺、线坠测定，成排成列的箱、盒、支架、吊架应挂通线、十字线找平、找直。

④金属线槽敷设：金属线槽敷设时首先将始端线槽就位，划出固定孔位置，用电钻钻孔后，进行敷设、固定。支架、吊架上敷设的线槽可用螺栓固定；沿混凝土、砖石等结构敷设的线槽，可采用膨胀螺栓、埋设螺栓的方法固定。线槽应逐根进行钻孔、连接、固定，根据线槽走向，进行转角、三通、四通等安装。线槽连接、线槽与转角、三通、四通等连接应使用插接槽，线槽与箱、盒连接应使用抱脚。

线槽敷设应平直整齐，水平或垂直允许偏差为其长度的 2‰，且全长允许偏差为 20 mm。金属线槽引出的线路，可采用钢管、金属软管。

金属线槽、金属管及箱、盒应连接成不断的导体并接地，但不得作为设备的接地导体。镀锌金属线槽的线槽间、线槽与箱、盒间采用插接槽、抱脚连接、螺栓紧固时，可不再另设跨接地线，但连接处两端不少于两个有防松螺帽或防松垫圈的连接固定螺栓。非镀锌金属线槽的连接处两端跨接铜芯接地线，且截面不小于 4 mm² 。金属线槽安装做法示意见图 5.42。

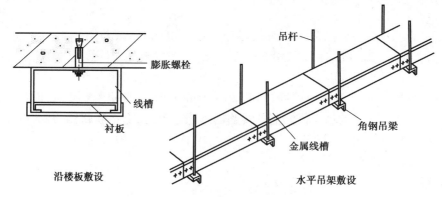

沿楼板敷设　　　　　　　　　水平吊架敷设

图 5.42　金属线槽安装做法示意图

⑤塑料线槽敷设:塑料线槽及配套附件安装示意见图5.43。安装时先将始端线槽就位,划出固定孔位置,用电钻钻孔后,进行敷设固定,沿混凝土、砖石等结构敷设的线槽,可采用膨胀螺栓、胀塞、埋设木砖的方法固定;沿石膏板等轻质隔墙敷设的线槽,可采用伞形螺栓固定。然后对线槽逐根进行钻固定孔、连接、固定,根据线槽走向,进行转角、三通、四通、箱、盒等安装。由塑料线槽引出的线路,可采用硬质塑料管、半硬质塑料管或塑料波纹管。

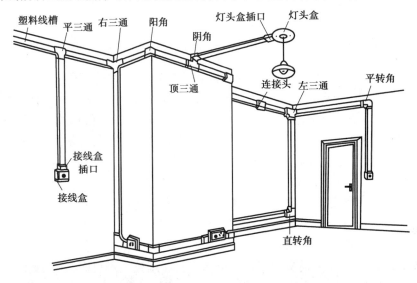

图5.43 塑料线槽及配套附件安装示意图

线槽敷设应平直整齐,水平或垂直允许偏差为其长度的2‰,且全长允许偏差为20 mm。

⑥导线敷设、连接及线路绝缘测试:首先将成盘的导线放开或放在放线架上,做好相序识别标记,然后将导线整理平顺,从线槽始端至终端、先干线后支线,边敷设边整理。线槽内的导线应绑扎成束,可使用尼龙绑扎带或塑料胶带,每隔1 m左右绑扎一道。线槽垂直、倾斜或槽口向下敷设时,应有防止导线移动的措施,一般可采用衬板、线卡、绑扎等方法固定,固定点间距不大于1 m。导线的连接及线路绝缘电阻的测试与管内穿线相同。

3)线路敷设工程交接验收

工程交接验收时,应对下列项目进行检查:各种规定的距离;各种支持件的固定;配管的弯曲半径,盒(箱)设置的位置;明敷线路的允许偏差值;导线的连接和绝缘电阻;非带电金属部分的接地或接零;黑色金属附件防腐情况;施工中造成的孔、洞、沟、槽的修补情况。

工程在交接验收时,应提交下列技术资料和文件:竣工图;设计变更的证明文件;安装技术记录(包括隐蔽工程记录);各种试验记录;主要器材、设备的合格证。

5.3 设备安装

5.3.1 设备的固定方法

1)设备基础验收

设备基础是用来支撑设备重量,并吸收其振动的构筑物。设备基础一般是由土建单位施工,但设备安装单位在设备安装之前,应认真做好设备基础的质量检查和验收工作,以便保证安装质量,缩短安装工期。设备基础验收应根据图纸和现行国家标准《混凝土结构工程施工质量验收规范》(GB 50204—2015)的规定进行。设备基础的验收主要是为了检查基础的施工质量,校核基础的位置尺寸、标高,检查外观质量及强度等。设备基础验收时要填写验收记录。

(1)设备基础位置尺寸、标高的要求

设备安装前应按照规范允许偏差对设备基础位置和几何尺寸进行复检验收。设备基础尺寸和位置的允许偏差应符合相关要求。

(2)设备基础外表面质量要求

要求设备基础外表面应无裂纹、空洞、掉角、露筋,在用锤子敲打时,应无破碎等现象发生。同时设备基础表面和地脚螺栓预留孔中的油污、碎石、泥土、积水等均应清除干净。对于一次性预埋的地脚螺栓,地脚螺栓的位置正确,露出基础的长度符合要求,螺纹情况良好,螺母和垫圈配套。如果是预留地脚螺栓孔,则应按设计图检查预留孔的位置及深度,且孔内应无露筋、凹凸等缺陷,地脚螺栓孔应垂直。放置垫铁的基础表面应平整,中心标板和标高基准点埋设、纵横中心线和标高的标记以及基准点的编号等均应正确。基础浇筑时承重面上要留出 40 ~ 60 mm 的垫铁高度(即比设计标高低 40 ~ 60 mm),待二次灌浆后使之达到设计标高。

(3)对设备基础混凝土强度的验收要求

基础验收时,基础施工单位应提供设备基础质量合格证明书,验收时主要检查其混凝土配合比、混凝土养护及混凝土强度是否符合设计要求,对设备基础的强度有怀疑时,可请有检测资质的工程检测单位采用回弹法或钻芯法等对基础的强度进行复测。

2)设备的固定

设备与基础的连接是将机械设备牢固地固定在设备基础上,以免发生位移和倾覆。同时可使设备长期保持必要的安装精度,保证设备的正常运转。设备与基础的连接主要是地脚螺栓连接,通过调整垫铁将设备找正找平,然后灌浆将设备固定在设备基础上。

(1)地脚螺栓

地脚螺栓的作用是将设备与基础牢固地连接起来。地脚螺栓一般可分为固定地脚螺栓、活动地脚螺栓、胀锚地脚螺栓和黏接地脚螺栓。目前常用的是固定地脚螺栓和活动地脚螺栓。

①固定地脚螺栓:固定地脚螺栓与基础浇灌在一起,常用来固定没有强烈振动和冲击的设备。其长度一般为 100 ~ 1 000 mm,头部做成开叉形、环形、钩形等形状,以防止地脚螺栓旋转

和拔出。固定地脚螺栓在安装时有一次灌浆和二次灌浆之分。一次灌浆即是预埋地脚螺栓,预埋地脚螺栓定位一定要准确。二次灌浆是在基础上预先留出地脚螺栓孔,安装设备时穿上地脚螺栓,然后把地脚螺栓浇灌在预留孔内。

②活动地脚:活动地脚螺栓是一种可拆卸的地脚螺栓,用于固定工作时有强烈振动和冲击的重型机械设备。这种地脚螺栓比较长,或者是双头螺纹的双头式,或者是一头螺纹、另一头 T 形式。活动地脚螺栓有时要和锚板一起使用,锚板可用钢板焊制或铸造成型,中间有穿螺栓或不使螺栓旋转的孔。地脚螺栓安装过程中要重点注意防止地脚螺栓中心位置超差、地脚螺栓标高超差(包括偏高或偏低)、地脚螺栓在基础内松动、地脚螺栓与水平面的垂直度超差等问题。

(2)垫铁

垫铁的作用是把设备的重量传递给基础,又可以通过调整垫铁的厚度将设备找平。按垫铁的材料可分为铸铁垫铁和钢垫铁,铸铁垫铁的厚度一般在 20 mm 以上,钢垫铁的厚度一般在 0.3~20 mm。按垫铁的形状可分为平垫铁、斜垫铁、开孔垫铁、开口垫铁、钩头成对斜垫铁、调整垫铁等 6 种。许多机械设备安装过程中的找平找正都使用平垫铁和斜垫铁,此类垫铁的规格已标准化。平垫铁和斜垫铁的表面一般不进行精加工,如有特殊要求的机械设备(如离心式压缩机),应进行精加工,加工后的结合面还应进行刮研。

垫铁的放置方法有标准垫法、十字垫法、辅助垫法、筋底垫法、混合垫法等。

3)设备基础灌浆

设备灌浆分为一次灌浆(设备地脚螺栓孔和设备底座与基础之间的灌浆一次完成)和二次灌浆(设备地脚螺栓孔和设备底座与基础之间的灌浆分两次完成)两种。一次灌浆用于安装精度不高的设备,二次灌浆用于安装精度要求较高的设备。灌浆料分为细碎石混凝土、无收缩混凝土、微膨胀混凝土、环氧砂浆等。当灌浆层与设备底座面接触要求较高时,宜采用无收缩混凝土或环氧砂浆。

预留孔灌浆前,灌浆处应清洗洁净,灌浆宜采用细碎石混凝土或其他灌浆料,其强度应比基础或地坪的强度高一级,灌浆时应捣实,并不应使地脚螺栓倾斜和影响设备的安装精度。灌浆层厚度不应小于 25 mm。仅用于固定垫铁或防止油、水进入的灌浆层,且灌浆无困难时,其厚度可小于 25 mm。灌浆前应支设外模板,外模板至设备底座面外缘的距离不宜小于 60 mm。模板拆除后,表面应进行抹面处理。当设备底座下部需要全部灌浆,且灌浆层承受设备负荷时,应支设内模板。

5.3.2 离心式冷水机组的安装

离心式制冷机组多安装在室内的混凝土基础上或软木、玻璃纤维砖等减振基础上,也可用隔振器进行减振。

在机组底座的四角处放置四个橡皮弹性支座,每个支座用四颗支撑螺钉将机组的重量支撑在基础四角处预埋的四块厚 20 mm,大小与支座相同的钢板上,并用支撑螺钉调整机组的水平度。为了简化安装和降低机组的造价,可取消混凝土基础,将机组直接安装在地坪上,但要求地坪能承受机组运行时的重量,并在 6 mm 范围内找水平。直接安装在地面上时,也可用氯丁橡胶隔振器或弹簧减振器进行减振,将机组安装在橡胶垫上,或安装在弹簧型水平可调减振器上,减振器有 25 mm 的伸缩量,弹簧减振器下垫有一层氯丁橡胶,以便更有效地隔绝振动。

离心式制冷机组的质量一般都在 5 ~ 20 t,必须选择合适的搬运和起重吊装方法。吊装机组的钢丝绳应系在机组专门的吊装孔上,并注意钢丝绳不要使仪表盘、油管、气管、液管、各仪表引压管受力,钢丝绳与设备接触处应垫以软木或其他软质材料,以防止钢丝绳擦伤设备表面油漆,起吊的每一根钢丝绳都必须能承受机组的全部重量。吊索系好以后,在压缩机的第一级机壳和起吊杆之间系上安全链,防止机组在起吊过程中滚动,如图 5.44 所示。

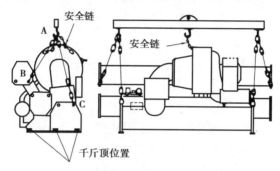

图 5.44 冷水机组的吊装示意图

机组的找水平应在油位等处的机加工面上测量,纵横向允许偏差不得大于 0.1/1 000,特别是纵向水平度更应保证,以防止推力轴承窜动和承受外加轴向力。水平不符合要求时,用垫铁或支撑螺钉调整。

5.3.3 冷却塔的安装

冷却塔必须安装在通风良好的场所,以提高其冷却能力。安装时,应根据施工图纸的坐标位置就位,并应找平找正,设备要稳定牢固,冷却塔的出水管口及喷嘴方向、位置应正确。

1)冷却塔安装的一般要求

①基础标高应符合设计的规定,允许误差为±20 mm。冷却塔地脚螺栓与预埋件的连接或固定应牢固,各连接部件应采用热镀锌或不锈钢螺栓,其紧固力应一致、均匀。

②冷却塔安装应水平,单台冷却塔安装水平度和垂直度允许偏差均为 2/1 000。同一冷却水系统的多台冷却塔安装时,各台冷却塔的水面高度应一致,高差不应大于 30 mm。

③冷却塔的出水口及喷嘴的方向和位置应正确,积水盘应严密无渗漏;分水器布水均匀。带转动布水器的冷却塔,其转动部分应灵活,喷水出口按设计或产品要求,方向应一致。

④冷却塔风机叶片端部与塔体四周的径向间隙应均匀。对于可调整角度的叶片,角度应一致。

2)部件安装

(1)薄膜式淋水装置的安装

①石棉水泥板膜板式淋水装置应安装在支架梁上,每 4 片连成一组,板间用塑料管及橡胶垫圈隔成一定间隙,中间用镀锌螺栓固定。

②纸蜂窝淋水装置,可直接架于角钢或扁钢支架上,亦可直接架于混凝土小支架梁上。

③点波淋水装置的单元高度为 150 ~ 600 mm,小点波一般为 250 mm。点波的框架单元或黏结单元直接架设于支撑架或支撑梁上。

④斜波纹淋水装置的单元高度为 300 ~ 400 mm,其安装总高度为 800 ~ 1 200 mm。

(2)布水装置的安装

①固定管式布水器的喷嘴按梅花形或方格形向下布置,具体的布置形式应符合设备技术条件或设计要求。一般喷嘴间的距离按喷水角度和安装的高度来确定,要使每个喷嘴的水滴相互交叉,做到向淋水装置均匀布水。

②旋转管或布水器的喷水口的安装可采用装配开有条缝的配水管,条缝宽一般为 2 ~ 3 mm,条缝水平布置;或装配开圆孔的配水管,其孔径为 3 ~ 6 mm,孔距 8 ~ 16 mm。单排安装时孔与水平方向的夹角为 60°;双排安装时上排孔与水平方向的夹角为 60°,下排与水平方向的夹角为 45°。开孔面积为配水管总截面积的 50% ~ 60%。

(3)通风设备的安装要求

①对采用抽风式冷却塔,电动机盖及转子应有良好的防水措施。通常采用封闭式鼠笼型电机,并确保接线端子用松香或其他密封绝缘材料严格密封。

②对采用鼓风式冷却塔,为防止风机溅上水滴,风机与冷却塔体距离一般不小于 2 m。

(4)收水器的安装

收水器一般装在配水管上、配水槽中或槽的上方,阻留排出塔外空气中的水滴,起到水滴与空气分离的作用。在抽风式冷却塔中,收水器与风机应保持一定的距离,以防止产生涡流而增大阻力,降低冷却效果。

5.3.4　水泵的安装

水泵的种类很多,工程上所安装使用的水泵,多为整体式水泵(带底座),即水泵本体与电机共用同一个底座,下面以 IS 型整体式水泵为例,介绍其安装过程。IS 型水泵(不减振)安装如图 5.45 所示。

1)水泵安装

水泵安装前应按已到货水泵底座尺寸、螺栓孔中心距等尺寸来核对混凝土基础。水泵基础要求顶面应高于地面 100 ~ 150 mm,基础平面尺寸比设备底座长度和宽度各大 100 ~ 150 mm。

整体出厂的水泵在安装前一般应进行外观检查,合格后方可进行安装。在对水泵进行检查的同时,在设备底座四边画出中心点,并在基础上也弹画出水泵安装纵横中心线。灌浆处的基础表面应凿成麻面,被油玷污的混凝土应凿除。最后把预留孔中的杂物除去。

(1)吊装就位

将泵连同底座吊起,穿入地脚螺栓并把螺母拧满扣对准预留孔将泵放在基础上,在底座与基础之间放上垫铁。吊装时绳索要系在泵及电动机的吊环上,且绳索应垂直于吊环,如图 5.46 所示。

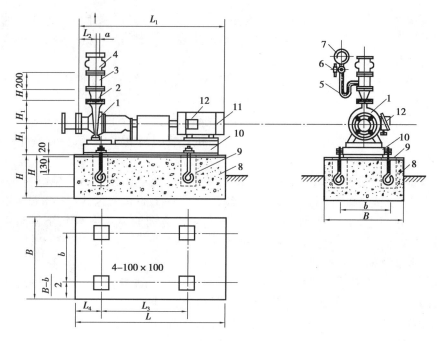

图 5.45　IS 型水泵(不减振)安装

1—水泵;2—吐出锥管;3—短管;4—可曲挠接头;5—表弯管;6—表旋塞;7—压力表;8—混凝土基础;
9—地脚螺栓;10—底座;11—电动机;12—接线盒

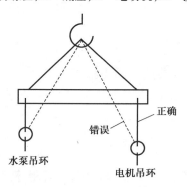

图 5.46　水泵吊装

(2)找正

水泵安装就位后应进行找正,水泵找正包括中心线找正、水平找正和标高找正。水泵安装后应达到下列要求:整体安装与解体安装的水泵,在纵向、横向安装水平偏差要求不同。

(3)同心度调整

同心度调整是在电动机吊装环中心和泵壳中心两点间拉线、测量,使测线完全落于泵轴的中心位置。调整的方法是移动水泵或电动机与底座的紧固螺栓,微动调整。

水泵和电动机同心度检测,可用钢角尺检测其径向间隙,也可用塞尺检测其轴向间隙。

2）配管及阀门安装

（1）配管安装

水泵管路由吸入管和压出管两部分组成,水泵配管的安装要求如下：

①自灌式水泵吸水管路的底阀在安装前应认真检查其是否灵活,且应有足够的淹没深度。

②吸水管的弯曲部位尽可能做得平缓,并尽量减少弯头个数,弯头应避免靠近泵的进口部位。

③水泵的吸水管与压出管管径一般与吸水口口径相同,而水泵本身的压水口要比其进水口口径小1号,因此,压水管一般以锥形变径管和水泵连接。

④水泵与进、出水管的连接多为挠性连接,即通过可挠曲接头与管路连接,以防止泵的振动和噪声沿着管路传播。

⑤与水泵连接的水平吸水管段,应有0.01～0.02的坡度,使泵体处于吸水管的最高部位,以保证吸水管内不积存空气。

⑥泵的吸水口与大直径管道连接时,应采用偏心异径管件,且偏心异径管件的斜部在下,以防止存气。

⑦吸入管道和输出管道应有各自的支架,泵不得直接承受管道的重量。

⑧管道与泵连接后,不应在其上进行焊接和气割;当需焊接和气割时,应拆下管道或采取必要的措施,并应防止焊渣进入泵内。

（2）阀门的安装

吸入管上应装闸阀(非自灌式在管端装吸水底阀),压出管上应装止回阀和闸阀,以控制关断水流,调节泵的出水流量和阻止压出管路中的水倒流,这就是俗称的"一泵三阀"。阀门安装要求如下：

①泵进口管线上的隔断阀直径应与进口管线直径相同。

②泵出口管线上隔断阀的直径：当泵出口直径与出口管线直径相同时,阀门直径与管线直径相同;当泵出口直径比出口管线直径小一级时,阀门直径应和泵出口直径相同。

③离心泵出口管线上的旋启式止回阀,一般应装在出口隔断阀后面的垂直管段上,止回阀的直径与隔断阀的直径相同。两台互为备用的离心泵共用一个止回阀时,应装在两泵出口汇合管的水平管段上,其位置应尽量靠近支管。止回阀直径应与管线直径相同。

④泵的进出口阀门中心标高以1.2～1.5 m为宜,一般不应高于1.5 m。

5.3.5　锅炉的安装

1）快装锅炉的安装

快装锅炉运输方便,安装简单。快装锅炉的水平运输可利用吊车、排架(也可利用原包装的底架)、滚杠、道木、卷扬机或绞磨拖运至锅炉房内。最简单的方法,可以在路面上垫上厚度大约25 mm的道木及滚杠,用绞磨拖运或用撬棍靠人力向前撬动,使锅炉随着滚杠在道木上滚动,木板和滚杠交替使用,直至拖入锅炉房。

锅炉基础验收、画线后,一般情况下快装锅炉可直接安装在略突出地面的条形基础上,基础的高度一般在500 mm以下。在锅炉基础上事先画好安装基准线标记和标高标记,再将锅炉拖运入锅炉房后,用卷扬机沿着搭好的缓坡道直接将锅炉拉上基础就位,对准安装基准线,调整拨正,然后用水平尺或水平仪吊正,在锅炉两侧的条形基础用垫铁垫平,安装稳固。施工条件允许时,也可在屋面板安装前,用吊车直接将锅炉吊至基础上就位,用经纬仪和水平仪一次性校核,找平锅炉在左右两侧基础的水平度。

快装锅炉若本体前后未设置坡度,为了有利于锅筒排污,在锅炉的基础施工时,找好0.5%的坡度坡向锅炉排污装置,一般应前高后低。若快装锅炉自身设置了坡度,基础施工和锅炉安装则不再考虑倾斜度,可直接将锅炉放置在两道坚固的水平条形基础上。

2) 锅炉安全附件的安装

(1) 压力表

锅炉上的压力表是用来测量和指示锅炉汽水系统的工作压力,一定要保持灵敏、准确、可靠,以确保锅炉安全运行。锅炉常用弹簧式压力表。安装弹簧式压力表时应注意下列几点:

①新装的压力表必须经过计量部门校验合格。铅封不允许损坏,不允许超过校验使用周期。

②压力表要装在与锅筒蒸汽空间直接相通的地方,同时要考虑便于观察、冲洗,要有足够的照明,并要避免由于压力表受到振动和高温而造成损坏。

③锅炉工作压力<2.5 MPa表压时,压力表精确度不应低于1.5级,压力表盘直径不得小于100 mm,表盘刻度极限值应大于或等于工作压力的1.5倍,刻度盘上应画红线指出工作压力。

④压力表要独立装置,不应和其他管道相连。

⑤压力表下要装有存水弯管,以积存冷凝水,避免蒸汽直接接触弹簧弯管而使弹簧弯管过热。

⑥压力表和存水弯管之间要装旋塞或三通旋塞,以便吹洗、校验压力表。

(2) 水位计

锅筒水位的高低是直接影响锅炉安全运行的重要因素,因此,锅炉必须安装两个彼此独立的水位计,以正确地指示锅炉水位的高低。

水位计有多种形式。中低压工业锅炉常用平板玻璃水位计和低位水位计,小型锅炉常用玻璃管式水位计。水位计上装有三个管路旋塞阀,即蒸汽通路阀、水通路阀和放水冲洗阀。

安装水位计时应注意下列几点:

①水位计要装在便于观察、吹洗的地方,并且要有足够的照明。装设低位水位计应符合下列要求:a.表体应垂直;b.连通管路的布置应能使该管路中的空气排尽;c.整个管路应密封良好,气连通管不应保温。

②水连通管和汽连通管尽量要水平布置,防止形成假水位,水连通管气连通管的内径不得小于18 mm。连接管的长度要小于500 mm,以保证水位计灵敏准确。

③水位计上、下接头的中心线应对准在一条直线上。

④两端有裂纹的玻璃管不能装用。

⑤在放水旋塞下应装有接地面的放水管,并要引到安全地点。

⑥旋塞的内径以及玻璃管的内径都不得小于 8 mm。

⑦水位计的汽、水连接管上应避免装设阀门,更不得装设球形阀。如装有阀门,在运行时应将阀门全开,并予以铅封。

（3）安全阀

锅炉内部的压力达到安全阀开启压力时,安全阀自动打开,放出锅筒中一部分蒸汽,使压力下降,避免因超压而造成事故。中、低压锅炉常用的安全阀有弹簧式和杠杆式两种。

蒸发量大于 0.5 t/h 的锅炉,至少装设两个安全阀,其开启压力不同,分为低限开启压力和高限开启压力。

安装安全阀时要注意下列几点：

①安全阀应垂直安装,并尽可能独立地装在锅炉最高处,阀座要与地面平行。安全阀与锅炉连接之间的短管上不得装有任何蒸汽管或阀门,以免影响排气压力。

②弹簧式安全阀要有提升手柄和防止随便拧动调整螺丝的顶盖。

③杠杆式安全阀要有防止重锤自行移动的定位螺丝和防止杠杆越出的导架。

④安全阀的阀座内径应大于 25 mm。

⑤几个安全阀共同装设在一根与锅筒相连的短管上时,短管通路面积应大于所有几个安全阀门面积总和的 1.25 倍。

⑥安全阀应装设排气管,为防止烫伤人,排气管应尽量直通室外,若在室内要高于操作人员 2 m 以上。同时排气管和底部应装有接到安全地点的泄水管,在排气管和泄水管上都不允许装置阀门。

此外,各类阀门在安装前,应检查清洗干净,检查阀瓣及密封面严密情况。阀杆及其啮合的齿座要无损坏,动作灵活。阀门在安装前应逐个用清水进行严密性试验,严密性试验的压力为工作压力的 1.25 倍。

5.3.6 换热站的安装

1)换热器

换热器又叫热交换器,是进行质隔绝的热交换设备,换热器应选择高效、结构紧凑、便于维修、使用寿命长的产品。

换热器按照不同形式,可分为以下几类:容积式换热器、半容积式换热器、管式换热器(套管式、壳管式、肋管式)、快速换热器、板式换热器(板式、螺旋板式)、半即热式换热器等。每种换热器都有自己的特点和安装要求,常规换热器的安装,可参见相关施工安装标准图集,新型换热器的安装,可参见厂家样本。现多数换热器生产企业,都可根据用户使用要求,提供各种形式的选型服务。

2)换热机组

换热机组是将循环水泵、定压装置、过滤装置等集合在一起的换热装置,具有紧凑、灵活、维修方便等特点,在许多中小型换热站中得到广泛应用。该设备的最大优点是安装简便,用户将使用要求和参数等报给生产厂家,厂家根据用户需要配好不同形式、规格的换热器、水泵、过滤装置、定压装备以及控制设备,在工厂或现场将全部设备安装在固定支座上,并将机组支座固定在建筑结构面上,再将管道与机组进行连接即可。机组中如果水泵与机组支架采用减振措施时,可直接固定在机组基础上,否则将采用减振橡胶垫等整体减振措施。图5.47所示为配备板式及浮动盘管换热器的智能换热机组外形图。

(a)板式换热器智能换热机组 　　　　　　　　(b)浮动盘管换热机组

图5.47　配备板式及浮动盘管换热器的智能换热机组

热力站施工前应先对换热器按压力容器的技术规定进行检查,对设备基础检查验收。然后安装好支架并开始固定换热器。其中壳管式换热器的安装,如设计无要求时,其封头与墙壁或屋顶的距离不得小于换热器的长度。换热器应以最大工作压力的1.5倍做水压试验,蒸汽部分应不低于蒸汽供汽压力加0.3 MPa;热水部分应不低于0.4 MPa。在试验压力下,保持10 min压力不变化为合格。在高温水系统中,循环水泵和换热器的相对安装位置应按设计文件进行施工。最后连接管道和安装仪表,各种控制阀门应布置在便于操作和维修的部位。仪表安装位置应便于观察和更换。换热器蒸汽入口处应按要求装置减压装置。换热器上应装压力表和安全阀。回水入口应设置温度计,热水出口设温度计和放气阀。

热力站施工完成后,与外部管线连接前,管沟或套管应采取临时封闭措施。站内设备基础施工前应根据设备图进行核实。

5.3.7　通风空调设备安装

1)通风机的安装

(1)轴流式风机的安装

轴流式风机的安装一般有墙上、柱上和墙洞内安装两种形式。安装时要注意气流方向和风机转向,勿使叶轮倒转。连接风管时,风管中心应与风机中心对正。

①轴流式风机在墙上、柱上安装:先根据设计要求在墙上或柱上敷设好用角钢做的支架,并用水平尺找平找正,螺孔尺寸应和风机底座的螺孔尺寸相符。若支架是用埋设的方式敷设,要等水泥砂浆凝结到规定的强度后才能安装。安装时,首先将风机吊放在支架上,垫上4~5 mm厚的橡胶板,穿上螺栓找正找平,上紧螺栓即可。

②轴流式风机在墙洞内安装:安装前,先要配合土建按设计规定留出预留洞,并预埋好风机支座和挡板框。支座上的螺栓间距要与轴流式风机的底座相符。挡板上的螺栓孔径和孔距

要能与机壳相连接。当风机稳固后,装上45°的防雨雪弯头或金属百叶窗,弯头出口处必须蒙上铁丝网。

③轴流式风机基础上安装或吊装:轴流式风机基础上安装同离心风机落地安装在基础上的方法一样,风机吊装时机轴应保持水平。

(2)离心风机的安装

①离心风机在墙支架安装:墙支架安装如图5.48所示。将预制符合要求的支架横梁固定在墙内,水平校正后,用角钢将横梁端部焊接固定(加固),待预埋支架达到强度后,吊装风机使之在支架上就位。安装后电机处于稳固状态,而风机悬于托架外。

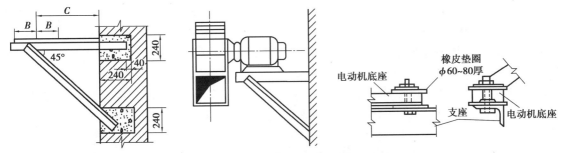

图5.48 离心风机在墙支架安装

②离心风机落地安装在基础上:离心风机在基础上安装分为直接用地脚螺栓紧固于基础上的直接安装和通过减振器、减振垫的安装两种形式。根据设计要求,当通风和空调系统噪声要求严格时,可采用后一种风机安装形式。风机基础由混凝土浇筑而成。直接安装风机的平台或楼板,宜采用现浇钢筋混凝土楼板,而且基础与楼板最好同时浇筑,如需分次浇筑,在浇筑楼板时要求基础面积范围内预埋露出板面的插铁或预埋钢筋网络。

通风机的进风管、出风管、阀件、调节装置等应设置单独的支、吊架,机身不应承受风管及其他构件的重量。风机与电动机的传动装置外露部分应安装防护罩。风机出口的接出管应顺叶轮旋转方向接出弯管。在现场条件允许的情况下,应保证出口至弯管的直管段长度不宜小于3倍的风机入口直径。如果受现场条件限制达不到要求,应在弯管内设导流叶片弥补。

2)空调机组安装

(1)吊顶式空调机组的安装

吊顶式空调机组一般尺寸较小,安装于设备层、吊顶或机房内,不需单独占据机房。具有安装方便、使用简单、噪声小等特点,适用于小型商业办公室及工业应用的空调工程。安装前,应确认吊装楼板或梁的混凝土强度等级是否合格,钢筋混凝土承重能力是否满足要求。

吊装机组应合理选择吊杆的大小,以保证机组的安全。当机组的风量、重量、振动较小时,吊杆顶部可采用膨胀螺栓与楼板连接,吊杆底部采用螺纹加装橡胶减振垫的方式与吊装孔连接,如果机组的风量、重量、振动较大,吊杆在钢筋混凝土内应加装钢板。吊装较大机组时,吊杆的做法如图5.49所示。机组应

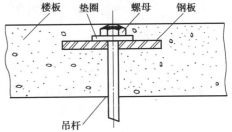

图5.49 大机组吊杆顶部连接

采取适当的减振措施,如吊杆中部加装减振弹簧。安装时应注意机组的进、出风方向和进、出水方向及过滤器的抽出方向是否正确。应保证机组安装的水平度和垂直度,连接机组的冷凝水管应有不小于0.05的坡度,坡向排出点。机组安装完毕后进行通水试压时,应开启冷热换热器上的排气旋塞将空气排尽,以保证系统的压力和水系统的流动通畅。

(2)立柜式和卧式空调机组的安装

立柜式和卧式空调机组安装时应注意以下问题:

①空调机组安装的地方必须平整,可放置在基座上(水泥或槽钢焊成),基座一般应高出地面100~150 mm。

②空调机组在设计没有防振要求时,可以放在一般木底座或混凝土基础上。有防振要求时,需按设计要求安装在防振基础上或垫以10 mm厚的橡皮垫,安装减振器、减振垫等。机组减振器与基础之间出现有悬空状态的,应用钢板垫块垫实。按设计数量及位置布置,安装后应检查空调机组是否水平,如果不平,应适当调整减振器的位置。

③两台以上柜式空调机并列安装,其沿墙中心线应在同一直线上。应注意保护机组凝结水盘的保温材料,保证凝结水盘没有裸露情况。凝结水盘应有坡度,其出水口应设在水盘最低处。

④机组内部一般安装有换热器的放气及泄水口,为了方便操作,也可在机组外部的进出水管上安装放气及泄水阀门。通水时旋开放气阀门排气,然后将阀门旋紧,停机后通过泄水阀门排出换热器水管内的积水。

⑤与机组连接的冷凝水排放管应设有水封,水封高度不小于100 mm。机房内应设地漏,以便冷凝水排放或清洗机组时排放污水。

⑥机组的四周,尤其是检查门及外接水管一侧应留有充分空间,供维护设备使用。

⑦注意保护机组进、出水管和冷凝水管的连接螺纹,保证管路连接的严密性,没有漏水现象。必须将外接管路的水路清洗干净后方可与空调机组的进出水管相连,避免将换热器水路堵塞。与机组管路相接时,不能用力过猛以免损坏换热器。

⑧检查电源电压符合要求后方可与电机相接。接通后先启动一下电机,检查风机转向是否正确,如转向相反,应停机将电源相序改变,然后将电机电源正式接好。

⑨电机应接在有保护装置的电源上,机壳应接地,大于15 kW时应降压启动。

⑩与机组连接的风管和水管等的重量不得由机组承受,空调机的进出风口与风道间用软接头连接。

⑪电加热器如果安装在风管上,与风管连接的衬垫材料、加热器及加热器前后各800 mm风管的保温材料都要使用石棉板和石棉泥等耐热材料。加热器要可靠接地。

3)风机盘管的安装

风机盘管空调器主要由风机和换热器组成,同时还有凝结水盘、过滤器、外壳、出风格栅、吸声材料、保温材料等。风机盘管的安装形式有明装与暗装、立式与卧式、卡式和立柜式等。风机盘管安装工艺流程如图5.50所示。

图 5.50　风机盘管安装工艺流程图

其安装操作的要点如下：

①风机盘管安装前宜进行单机三速试运转及水压检漏试验,试验压力为系统工作压力的 1.5 倍,观察时间为 2 min,不渗不漏为合格。

②风机盘管就位前,应按照设计要求的形式、型号及接管方向(即左式或右式)进行复核, 确认无误后才能进行安装。

③卧式风机盘管的吊杆必须牢固可靠,标高应根据冷(热)水管、回水管及凝结水管的标高确定,特别是凝结水管的标高必须低于风机盘管凝结水盘的标高,以利于凝结水的排出。

④对于卧式暗装的风机盘管,在安装过程中应与室内装饰工作密切配合,防止在施工中损坏装饰的顶棚或墙面。回风口预留的位置和尺寸,应考虑风机盘管的维修和阀门开关的方便。

⑤与风机盘管连接的冷冻水或热水管,应按"下送上回"的形式安装,以提高空气处理的热交换性能。

⑥与风机盘管连接的冷冻水或热水管,应安装水过滤器,特别是系统末端的 2~3 组风机盘管必须安装水过滤器,以清除管道中的杂质,保护风机盘管免受堵塞。

⑦与风机盘管连接的冷(热)水和回水管必须采用柔性连接,防止硬连接过程中损坏风机盘管及漏水等弊病。柔性连接有两种形式,一种是特制的橡胶柔性接头,接头的两端各设一只螺纹活接头,一端与管道连接,另一端与风机盘管连接。另一种是退火的纯铜管,两端用扩管器扩成喇叭口形,用锁母拧紧。

4)变风量末端装置的安装

变风量空调系统属于全空气系统,由变风量机组与变风量末端装置组成,它根据室内负荷变化或室内要求参数的变化,保持恒定送风温度,自动调节空调系统送风量,降低风机能耗。 变风量末端装置又称为 VAV BOX,是改变房间送风量以维持室内温度的重要设备。

电动节流型变风量末端装置主要有顶送系列和侧送系列。对于顶送系列,其前端接口与主风道连接,后端接口与出风口连接,其间连接管宜采用软管,接口处以管箍卡紧,再以密封胶或胶带缠紧,以免漏气。对于侧送系列,通常采用变风量箱与风口一体化的做法,送风口可采用双百叶风口,并可调成水平贴附射流。

在安装前,应对末端装置的型号、规格以及性能等进行核验。产品存放时不要拆除原包装,并注意防潮、防尘。搬运、吊装过程中受力点不可以在一次风进风管和控制电气箱处。在空调箱及主支风管安装完毕后,在末端装置安装前将空调箱开启对风管进行吹污。变风量末端装置应设单独支吊架,且不得放在进出风管处。安装位置需根据现场情况使 DDC 控制箱便于接线、检修,封闭吊顶需要设置检修口。进风圆管直管段长度需大于进风管直径的 4 倍以上,且为金属材料,密封无泄漏,外加保温。外加的保温材料需要避开执行器和风阀的主轴,不影响末端设备的运行和维修。驱动风阀需在驱动器释放后能在 0~90°范围内灵活转动,室内温控器的安装位置需能代表该房间的温度,并不受其他热源的影响。

5.3.8 室内供暖设备的安装

1)散热器的安装

一般情况下散热器多安装于外墙的窗下,并使散热器组的中心与外窗的中心重合。散热器的安装有明装和暗装两种。明装为裸露于室内,暗装又分两种情况:一种是散热器的一半宽度置于墙槽内;一种是散热器的宽度全部置于墙槽内,加罩后与墙面平齐。

（1）散热器的组对

经检查合格后的单片散热器应进行认真地清理、除锈并刷（或喷涂）防锈底漆,然后进行组对。散热器的组对是指按设计要求的片数组对各单片散热片,使之成为散热器组的操作。铸铁片式散热器在安装时需要现场组对。

（2）散热器试压

散热器组对完毕后,所有散热器挂装之前应逐组进行水压试验,每组散热器留出两个接头,下部接头与手压泵或其他加压机械连接,上部接头装排气阀,其余的接头用丝堵堵住。试压时散热器立放或斜置,先打开进水阀充入自来水,打开排气阀排气,待充满水排气后关闭排气阀,将补充水加压注入散热器内。试验压力按设计要求,试压时应分两次升至试验压力,稳压 2 ~ 3 min。逐个接口进行外观检查,不渗不漏即为合格,然后刷面漆待安装。铸铁散热器更换不合格片后应重新进行水压试验,直至合格。单组试压装置如图 5.51 所示。

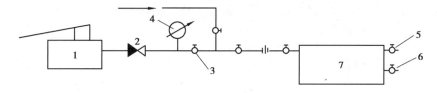

图 5.51 散热器单组试压装置
1—手压泵;2—止回阀;3—截止阀;4—压力表;5—放气管;6—泄水管;7—散热器

（3）铸铁散热器安装

①散热器安装应着重强调其稳固性。从安装的支撑方式分为直立安装和托架安装。

②散热器的支承件应有足够的数量和强度,支承件安装位置应保证散热器安装位置的准确。

③柱型散热器半暗装时应根据散热器型式型号确定墙槽尺寸。

（4）轻质散热器安装

钢串片型、板式散热器、扁管型、铝合金、铜铝复合等类型散热器均称为轻质散热器,该类产品为标准设计产品,只需按图纸要求的型号、规格订货,现场可直接安装。轻质散热器的安装方法有采用活动挂件与固定托架两种。

2)低温热水地面辐射供暖系统安装

（1）地面绝热层铺设

①铺设绝热层的地面应平整、干燥、无杂物。边角交接面根部应平直,且无积灰现象。绝

热层的铺设应平整、无空鼓、无翘起,绝热层相互间接合应严密。直接与土壤接触或有潮湿气体侵入的地面,在铺放绝热层之前应先铺一层防潮层。

②在铺设辐射面绝热层的同时或在填充层施工前,应在与辐射面垂直构件交接处设置不间断的侧面绝热层。可按下列要求设置侧面绝热层:侧面绝热层应从辐射面绝热层的上边缘做到填充层的上边缘,与交接部位应有可靠的固定措施,与辐射面绝热层连接应严密。泡沫塑料类绝热层、预制沟槽保温板、预制轻薄供暖板的铺设应平整,板间的相互结合应严密,接头应用塑料胶带黏接平顺。

③预制沟槽保温板铺设时,可直接将相同规格的标准板块拼接铺设在楼板基层或发泡水泥绝热层上。当标准板块的尺寸不能满足要求时,可用工具刀裁下所需尺寸的保温板对齐铺设。相邻板块上的沟槽应互相对应,紧密依靠。

④预制轻薄供暖板及填充板应按如下要求铺设:带木龙骨的供暖板可用水泥钉钉在地面上进行局部固定,也可平铺在基层地面上。填充板应在现场加龙骨,龙骨间距应≤300 mm,填充板的铺设方法与供暖板相同;不带龙骨的供暖板和填充板可采用工程胶点粘在地面上,最后与面层施工时一起固定;填充板内的输配管安装后,填充板上应采用带胶铝箔覆盖输配管。

⑤将锡箔纸或其他隔潮纸(布)铺设在隔热的苯板上面,铺设时要贴紧,不要凸起,应平整。如果采用锡箔做隔热层铺时,注意把锡箔层面朝上,不可放反。

(2)分水器和集水器安装

分水器和集水器安装前,先在其安装位置的墙上吊线、画线,然后按照定位线安装固定卡具的紧固件,用线坠吊直校正后,将固定件先固定在墙上,然后再按照安装位置把分水器和集水器分别就位安装,校正无误后,先临时固定,待地热管道安装全部完成后再固定。

(3)加热管的固定方式

①加热管的固定方式:a. 用固定卡子将加热管直接固定在敷有复合面层的绝热板上;b. 用扎带将加热管绑扎在铺设于绝热层表面的钢丝网上;c. 卡在铺设于绝热层表面的专用管架或管卡上。

②加热管固定点的设置与安装:

a. 就目前来说,加热管的卡具分成两大类型,一种为成品卡具整体长度形式,一种类似为U形卡环形状。加热管采用聚丙烯共聚物 PP-C 管时,固定卡具的形式为整体安装。安装之前先根据热管的回路布置方式,按照管道支承的间距规定:直管段 500 mm,弯管段 250 mm,计算及备料不可大于规定值,在锡箔层上画上记号,但不得破坏防潮层的表面。然后把整根的固定卡具设置在锡箔纸(或其他隔潮层)上面标记上,位置应正确,设置应平整无翘起部位,管卡设置后必须与管道紧密接触。

b. 加热管采用交联聚乙烯管(PE-X),若采用整体安装形式的卡具,则施工工艺同上,同样须先行设置固定卡具。如果采用(PE-X)管配套固定卡具,则须待地热管的水平管安装时,边排管、边定位、边安设固定卡具。其管子支承间距根据管径大小进行确定。固定卡具的安装可采用专用工具,随着管子安装过程进行。

c. 如果采用扎带固定地热管道,其安装间距与卡具安装相同。

(4)管道安装

①地热管材在进场开箱后、正式排放管子进行安装之前,必须对各类塑料管的外观及接头

之间的配合公差,进行认真仔细的量尺检查。同时检验和清除管材、管件内的污垢和杂物。

②按照设计图纸的技术要求,进行放线、定位,同一通路的地热管应保持相互平行与水平。

③布置加热管,加热管铺设按照从远到近逐环排放,管子应敷设在贴有锡箔的自熄聚苯乙烯隔热板上,管道所在不同的位置由不同的专用卡具固定。

④为了防止在供暖后地板产生各方向的膨胀,从而造成地面的龟裂或隆起,应事先把地面分割成几块,用膨胀条把各块区域间隔离开,管子在铺设时穿过膨胀缝处加设伸缩节,如图5.52中膨胀带和伸缩节所设置的位置。

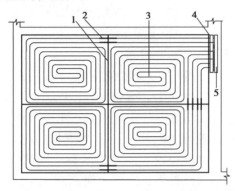

图 5.52 加热管路平面布置图

1—膨胀带;2—伸缩节(300 mm);3—交联管(φ20,φ15);4—分水器;5—集水器

辐射供暖地面面积超过30 m² 或边长超过6 m 时,填充层应设置间距≤6 mm、宽度≥5 mm 的伸缩缝,缝中填充弹性膨胀材料。与墙、柱的交接处,应填充厚度≥10 mm 的软质闭孔泡沫塑料。加热管穿越伸缩缝处,应设长度不小于100 mm 的柔性套管。

⑤管道安装过程中,在民用建筑地面内的地热管中,每一条通路循环管均不得有接头。并在填充层内一律不得设接头,隐蔽之前必须对管路检查。

⑥管子需切割截断时,须采用PE-X 管或PP-R 管不同的专用切割工具进行。剪切时要求管子断面与管子轴向垂直,以保证切口平整。

⑦管子需要做定型弯曲时,PE-X 管与XLPE 管可以采用专用弯管卡或用电热风机加热弯曲定型,但严禁用明火直接加热或电加热。也可采用直角弯头。PP-R 管则根据需要直接采用弯头连接件。加热盘管弯曲部分不得出现硬折弯现象。曲率半径符合规范规定。

⑧管子铺设完,管网经冲洗后,即通过与分水器和集水器连接,则可与管网进行碰头连接。地热管的弯曲半径,一般情况下,PB 管和PE-X 管不宜小于5 倍的管外径,其他管材不宜小于8 倍管外径。

⑨热媒集配装置的安装固定。热媒集配装置水平安装时,一般宜将分水器安装在上,集水器安装在下,中心距离为200 mm,集水器中心距地面应不小于300 mm。当垂直安装时,分、集水器下端距地面应不小于150 mm。加热管与热媒集配装置牢固连接后,或在填充层养护期后,应对加热管每一通路逐一进行冲洗,至出水清洁为止。

(5)管道的接口与碰头连接操作

①PE-X 管的连接:PE-X 管的连接分为电热熔、热熔焊接、和机械连接。根据项目情况选

择适用的连接方法。

②PP-R 管的连接:PP-R 管主要的连接方式为热熔,PP-R 管和管件热熔连接时,必须注意 PP-R 管不能在管件内有碰触部位。

5.3.9 燃气设备安装

燃具、用气设备和计量装置等必须选用经国家主管部门认可的检测机构检测合格的产品,不合格者不得选用。

1)燃气计量仪表安装

（1）家用燃气表安装

家用燃气表宜明设,可高位或低位安装。住宅内高位安装燃气表时,表底距地面不宜小于 1.4 m;低位安装时,表底距地面不得小于 100 mm。当燃气表装在燃气灶具上方时,燃气表与燃气灶的水平净距不得小于 300 mm。安装应横平竖直,并采用专门的表连接件。

（2）工商业用户燃气计量表安装

最大流量小于 65 m^3/h 的膜式燃气计量表:采用高位安装时,表后距墙净距不宜小于 30 mm,并应加表托固定;采用低位安装时,应平稳地安装在高度不小于 200 mm 的砖砌支墩或钢支架上,表后与墙净距不应小于 30 mm。最大流量大于等于 65 m^3/h 的膜式燃气计量表,应平正地安装在高度不小于 200 mm 的砖砌支墩或钢支架上,表后与墙净距不宜小于 150 mm。罗茨流量计应垂直安装,气体流动方向为上进下出。涡轮流量计应水平安装。超声波流量计可水平或垂直安装,垂直安装时气体流动方向为上进下出,必须按照产品说明书进行安装。涡轮流量计、超声波流量计必须按照设备说明书要求设计上下游直管段。燃气表的安装应在管道吹扫和强度试验完成后进行,并参与严密性试验。

2)民用燃气设备安装

（1）燃气灶具安装

燃气灶具安装前应复核其安装环境与条件是否满足设计和安装要求。燃气灶具应放置水平,灶台高度不宜大于 800 mm。燃气灶具与墙净距不得小于 100 mm,与侧面墙的净距不得小于 150 mm,与木质门、窗及木质家具的净距不得小于 200 mm。嵌入式燃气灶具与灶台连接处应做好防水密封,灶台下面的橱柜应根据气源性质在适当的位置开总面积不小于 80 cm^2 并与大气相通的通气孔。燃具与可燃的墙壁、地板和家具之间应设耐火隔热层,隔热层与可燃的墙壁、地板和家具之间间距宜大于 10 mm。

采用硬连接安装双眼灶时,钢管直径不小于 15 mm,并用活接头连接。双眼灶的放置应保持水平。采用软连接时,应采用燃气专用软管,钢管与软管连接处应安装阀门。软管长度不应超过 2 m,中间不许有接头。软管连接口应用管卡或锁母固定,软管不得穿墙、门和窗。两个双眼灶并排安装时,其净距应大于 0.4 m。两个单眼灶并排安装时,其净距应大于 0.3 m。灶具距墙的距离不应小于 0.2 m,与对面墙的距离不应小于 1 m。燃气表与灶具的水平净距不得小于 0.3 m。

（2）燃气热水器安装

燃气热水器安装前应复核其安装环境与条件是否满足设计和安装要求。燃气热水器的安装应按照设计文件及产品说明书的要求进行安装，并应安装牢固，无倾斜。支架的接触应均匀平稳，并便于操作。其与室内燃气管道和冷热水管道连接应连接牢固、不易脱落。排烟装置应与室外相通，烟道应有1%坡向燃具的坡度，并应有防倒风装置。

烟道排气式热水器和平衡式热水器应有专用的烟道。热水器的安装高度以热水器的观火孔与人眼高度相齐为宜，一般距地面1.5 m；热水器应安装在耐火的墙壁上，与墙的净距应大于20 mm，与对面墙之间应有大于1 m的通道；与燃气表和燃气灶的水平净距应大于0.3 m，顶部距天花板应大于0.6 m，上部不得有电力明线、电器设备和易燃物；其四周保持0.2 m以上的空间，便于通风；热水器两侧的通风孔不能堵塞，以保证有足够的空气助燃。

热水器的供水管道在配接管时，应与热水器各接口口径一致，不得任意缩小口径。热水器的冷热水管敷设暗管时，其配管应比原口径增大一档，且热水管道不宜过长。热水器的进、出水接口，应使用活接头连接，活接头位置应接近进、出水口。其接口处应设置旋塞阀或球阀。

穿外墙的烟道终端排气出口应设置在烟气容易扩散的部位，距地面的垂直净距不得小于0.3 m，距门窗洞口的最小净距应符合安全要求。

（3）燃气壁挂炉安装

燃气壁挂炉应安装固定于墙面上。墙面及壁挂炉背面挂钩固定处不得预埋有水管、线管、燃气管及其他管道，以免安装壁挂炉时遭意外损坏。安装烟管时，烟管须水平向下倾斜3°~5°，防止雨水及冷凝水倒灌至壁挂炉内部，造成壁挂炉损坏。壁挂炉安装位置必须保证便于操作和维修。安装采暖主管道、燃气管道、生活用水管道时，必须确保垫片及生料带充填到位，防止跑冒滴漏的发生。

3）公用燃气设备安装

（1）商业用气设备安装要求

用气设备前宜有宽度不小于1.5 m的通道。用气设备与可燃的墙壁、地板和家具之间应做耐火隔热层。对于砖砌燃气灶，应水平地安装在炉膛中央，其中心应对准锅中心；应保证外焰有效地接触锅底，燃烧器支架环孔周围应保持足够的空间。封闭的炉膛与烟道应安装爆破门。对于炒菜灶，各灶具边、框净距一般不小于300 mm，炒菜灶与汤灶的净距一般不小于250 mm。蒸饭灶应设置在通风良好的厨房内，并应设烟囱排除废气。蒸饭灶的燃气连接管管径不得小于25 mm。

（2）工业用气设备

工业用气设备，其用气设备燃烧装置的安全设施除应符合设计文件要求外，安装要求：

①当燃烧装置采用分体式机械鼓风或使用加氧、加压缩空气的燃烧器时，应安装止回阀，并应在空气管道上安装泄爆装置。

②燃气及空气管道上应安装最低压力和最高压力报警、切断装置。

4）燃气泄漏切断保护设备安装

商业、工业用户应安装燃气泄漏切断保护装置；高层建筑居民用户宜安装燃气泄漏切断保护装置。燃气泄漏检测报警装置应安装在设备、管道较为集中的位置:建筑物内燃气管道设备层、管道层、集中燃气表间、锅炉间和用气设备的地下、半地下房间和重要公共建筑的用气场所等处。燃气泄漏检测报警装置在检测到燃气泄漏量达设定值时,应能发出声光报警和连锁切断信号。发出声光报警和连锁切断信号的燃气泄漏量设定值为燃气爆炸下限的10%～20%。根据现场安装情况,燃气泄漏报警器不能设置于进风口和排风口。

对于连锁切断装置:连锁切断装置后,必须由专业人员复位;居民用户连锁切断装置宜安装在建筑燃气进户管道切断阀门处。

5.3.10　电气设备安装

1)高、低压配电柜安装

(1)配电柜的安装程序

配电柜的安装一般按开箱检查→设备搬运→安装固定→母线安装→二次小线连接→试验调整→送电运行→验收的程序进行。

①配电柜开箱检查:配电柜开箱检查主要是按照设备清单、施工图纸及设备技术资料核对设备本体及附件、备件的型号规格应符合设计图纸要求,附件、备件齐全;产品合格证件、技术资料、说明书齐全;柜外观检查应无损伤及变形,油漆完整无损;电器装置及元件、绝缘瓷件齐全,无损伤、裂纹等缺陷。

②基础型钢制作、安装:基础型钢制作是将型钢矫直矫平,然后按图纸要求预制加工基础型钢架,并刷好防锈漆。基础型钢安装是按施工图纸所标位置将预制好的基础型钢放在预留位置上,用水准仪或水平尺找正,找平;然后,将基础型钢、预埋铁件、垫铁用电焊焊牢。

一般基础型钢顶部宜高出土建地面10 mm,手车柜基础型钢顶面与土建地面相平。基础型钢安装偏差应保证在允许值内。基础型钢要与地线连接;基础型钢安装完毕后应用25 mm×4 mm的镀锌扁钢与基础型钢焊接连接,连接点不少于两处,基础型钢应刷两遍灰漆。

③配电柜的搬运:配电柜搬运时由起重工作业,电工配合。根据设备重量、距离长短可采用汽车、汽车吊配合运输、人力推车运输或卷扬机运送。汽车运输时,必须用麻绳将设备与车身固定牢,开车要平稳。

④配电柜安装:按施工图纸的布置,按顺序将柜放在基础型钢上。独立的配电柜只校验柜面和侧面的垂直度。成排的配电柜,在各台就位后,先找正两端的柜,从柜下至上2/3高的位置绷上小线,逐台找正;非标准的柜以柜面为准,然后按柜的固定螺孔尺寸,在基础型钢架上用手电钻钻孔,并保证偏差在允许值内。

配电柜就位、找正、找平后,柜体与基础型钢固定,柜体与柜体、柜体与侧板均用镀锌螺栓连接。配电柜的接地端子用两根6 mm² 铜线与基础型钢连接。

⑤配电柜二次小线连接:逐台检查配电柜中的电器元件是否与原理图相符,电气元件的额定电压和对应的控制、操作电源电压必须一致。按二次回路接线图敷设柜与柜之间的控制电缆连接线。

控制连接线校对后,将每根芯线弯成圆圈,用镀锌螺栓、垫片、弹簧垫连接在每个端子板上。一般端子板每侧一个端子压一根线,最多不能超过两根,并且两根间加垫片,多股线应搪锡、不得有断股。

（2）配电柜试验、调整

高压试验应由当地供电部门许可的试验单位进行。试验标准应符合国家规范、当地供电部门的规定及产品技术要求。试验内容主要包括：高压柜框架、母线、避雷器、高压绝缘子、电压互感器、电流互感器、高压开关设备等。调整内容包括：电流、电压继电器参数调整，时间继电器、信号继电器参数调整以及机械连锁调整。

（3）送电试运行验收

送电试运行前要建立送电试运行的组织机构，明确试运行指挥者、操作者和监护人。送电试运行按下列程序进行：

①由供电部门检查合格后，将电源送进室内，经过验电、校相，无误。

②由安装单位检查进线柜开关，检查 PT 柜上电压是否正常。

③合上变压器柜开关，检查变压器是否有电。

④合上低压柜进线开关，查看电压表电压是否正常。

⑤按②—④项，检验并向其他配电柜送电。

⑥低压联络柜的开关的上下侧（开关未合状态）进行相位校核。

⑦验收。送电空载运行 24 h，无异常现象，办理验收手续，交建设单位使用。

2）低压配电箱安装

低压配电箱按用途分有照明配电箱、动力配电箱以及动力照明配电箱；按其结构分有柜式、台式、箱式和板式等；按材质分有木制、铁制、塑料制品；按产品生产方式分有定型产品、非定型产品和现场组装配电箱；按安装方式分为落地式、悬挂式、嵌入式三种。

现场安装的配电箱一般是成套装置，主要是进行箱体预埋、管路与配电箱连接、导线与板面器具连接及调试等。其安装工艺流程如图 5.53 所示。

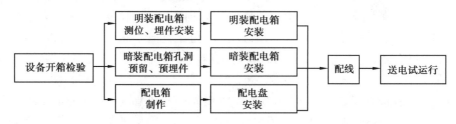

图 5.53 配电箱安装工艺流程图

（1）配电箱施工质量要求

①箱体安装位置应正确，箱内配线整齐，箱体开孔与导管管径适配，暗装配电箱箱盖紧贴墙面，箱体涂层完整。

②箱内开关动作灵活、可靠，带有剩余电流保护装置的回路，末端剩余电流保护装置开关动作电流不大于 30 mA，动作时间不大于 0.1 s。

③照明箱（盘）内，分别设置中性线（N）和保护接地线（PE）汇流排，中性线和保护接地线经汇流排配出。

④箱体安装应牢固，垂直度允许偏差为 1.5‰，底边距地面为 1.5 m，照明配电板底边距地

面不小于 1.8 m。

⑤箱(柜)的金属框架及基础型钢必须接地或接零可靠。装有电器的可开启门,门和框架的接地端子间应用裸编织铜线连接,且有标识。

(2)明装配电箱的安装

①明装配电箱测位、埋件安装:根据施工图测定配电箱安装位置。固定点应用水平尺、线坠找平、找正,并画出十字线。然后进行螺栓或埋件的安装。

钢筋混凝土墙上安装的明装配电箱,可采用膨胀螺栓或预埋铁件上焊接螺栓的方法固定。砖墙或砌块墙上安装的明装配电箱,可采用剔注螺栓或穿钉式螺栓的方法固定,较小的箱型也可采用剔注木砖的方法固定。结构柱上安装的明装配电箱,可采用角钢、抱箍的方法固定。

落地式配电箱应安装在槽钢基座或混凝土基座上,配电箱与基座采用螺栓连接固定。

②明装配电箱的安装:

a.根据配电箱进出管位置、数量、规格,在箱体上开孔。可采用液压开孔器、电钻开孔。

b.将配电箱就位,用水平尺、线坠找平、找正,然后逐个紧固螺母。

(3)暗装配电箱安装

①暗装配电箱孔洞预留。

现浇钢筋混凝土墙、砖墙、砌块墙上的暗装配电箱,为保证安装质量,一般采用预留孔洞,后安装配电箱的做法。根据施工图测定配电箱位置。预留孔洞尺寸应略大于配电箱箱体。

现浇钢筋混凝土墙可设置木制套箱;砖墙、砌块墙上的预留孔洞宽度大于 500 mm 时,孔洞上方应设置过梁。

配电箱的进出管可敷设至距配电箱100～200 mm 处,位置应准确、排列整齐。

②暗装配电箱安装:拆除现浇钢筋混凝土墙中的木制套箱。根据配电箱进出管位置、数量、规格,在箱体上开孔。可采用液压开孔器、电钻开孔。清除预留孔洞内的杂物,孔洞四周浇水,注入少量水泥砂浆后,将配电箱就位。用水平尺、线坠找平、找正,然后用水泥砂浆稳注。待水泥砂浆凝固后,进行配管地线连接。暗装配电箱安装如图 5.54 所示。

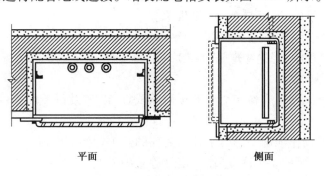

平面　　　　　　　　　　侧面

图 5.54　暗装配电箱的安装

轻钢龙骨隔墙上安装的暗装配电箱,可采用在墙内安装轻钢龙骨或型钢的方法固定。

(4)导线与配电箱内设备的连接

①导线与箱内设备连接之前,应对箱体的预埋质量和线管配制情况进行检查,确定符合设计要求及施工验收规范后,清除箱内杂物,再行安装接线。

②配管内的引入、引出线应有适当余量,以便接线与检修。配管内导线引入配电箱板面时

应理顺,多回路间导线不应交叉。同一端子上的导线不应超过两根,导线线芯压接应牢固。工作零线经过汇流排(零线端子板)连接后,其分支回路排列位置应与开关或熔断器位置对应,面对配电箱从左到右编排为1,2,3,…零母线在配电箱内不得串联。凡多股铝芯线和铜芯线与电气设备端子连接时,应焊接或压接端子后再连接。

③开关、互感器、熔断器等应上端接电源、下端接负载,或左侧接电源右侧接负载。相序排列,面对开关从左侧起为 L1、L2、L3 或 L1、L2、L3、N,其导线的相(L1、L2、L3)色依次为黄、绿、红,保护接地线(PE 线)为黄绿相间,工作中性线(N 线)为淡蓝。开关及其他元件的导线连接应牢固,线芯无损伤。

④三相四线制系统中,当中性线有重复接地时,应在总配电箱内做好重复接地,保护接地线与工作中性线应分别与接地体连接。工作中性线进入建筑物(或总配电箱)后严禁与大地连接。保护接地线应与配电箱箱体及 3 孔插座的保护接地插孔相连接。建筑物内保护接地线最小截面应符合有关规定。

⑤当导线与配电箱内设备连接完成后,应在配电箱面板上电气控制回路的下方,设好标志牌,标明所控制的用电回路名称、编号。住宅楼配电箱内安装的开关及电能表,应与用户位置对应,在无法对应的情况下应编号。

(5)送电试运行

配电箱的试运行一般按下列程序进行:

①清理配电箱内的杂物,清扫设备、器具等上的灰尘。

②进行配电箱交接试验。

a. 检查配电开关及保护装置的规格、型号,应符合设计要求。

b. 用 500 V 兆欧表测试箱盘间线路的绝缘电阻值,馈电线路必须大于 0.5 MΩ,二次回路必须大于 1 MΩ。测试馈电线路的绝缘电阻时,应将断路器、用电设备、电器和仪表等断开。

③进行交流工频耐压试验:

a. 电气装置的试验电压为 1 kV,当绝缘电阻值大于 10 MΩ 时,可采用 2 500 V 兆欧表摇测替代,试验持续时间为 1 min,无击穿、闪络现象。

b. 箱间二次回路交流工频耐压试验,当绝缘电阻值大于 10 MΩ 时,用 2 500 V 兆欧表摇测 1 min,应无闪络击穿现象;当绝缘电阻值在 1 ~ 10 MΩ 时,做 1 000 V 交流耐压试验,时间为 1 min,应无闪络击穿现象。

c. 回路中的电子元件不应参加交流工频耐压试验;50 V 及以下回路可不做交流工频耐压试验。

④检查闭锁装置动作准确、可靠;主开关的辅助开关切换动作与主开关动作一致。对控制装置进行模拟试验,试验控制程序、动作及信号等正确无误、灵敏可靠。

⑤送电、验电。闭合电源开关,用万用表电压挡检测线路电压是否正常。当为双路电源时,在闭合电源开关前应进行核相,使两路电源的相位一致。

⑥闭合其他开关,进行试运行。

思考题

5.1 室外管道直埋敷设应按什么程序安装?

5.2 为什么要对风管进行加固? 矩形风管加固方式有哪些?

5.3 水泵安装过程中如何进行同心度的调整?

5.4 空调机组安装时应注意什么?

5.5 配电箱安装完成后的试运行按什么程序进行?

5.6 管内穿线按什么工艺流程进行?

6

建筑设备安装工程管理

6.1　建筑设备安装工程费用(造价)

6.1.1　建筑设备安装工程费用(造价)构成

1)工程费用(造价)的含义

工程费用(造价)可从两个角度定义:从业主角度,工程费用(造价)是建设一项工程预期开支或实际开支的全部固定资产投资费用,包括从策划、决策、实施直至竣工验收所花费的全部费用;从承包商、供应商、设计者角度,工程费用(造价)是指工程价格,指为建成一项工程,预计或实际在土地市场、设备市场、技术劳务市场、承包市场等交易活动中形成的建筑安装工程的价格和建设工程总价格。

工程费用(造价)的两种含义既共生于一个统一体,又相互区别。最主要的区别在于需求主体和供给主体在市场追求的经济利益不同,因而管理的性质和管理的目标不同。从管理性质上讲,前者属于投资管理范畴,后者属于价格管理范畴。从管理目标上讲,作为项目投资或投资费用,投资者关注的是降低工程造价,以最小的投入获取最大的经济效益,因此完善项目功能、提高工程质量、降低投资费用、按期交付使用,是投资者始终追求的目标;作为工程价格,承包商所关注的是利润,追求的是较低的成本和较高的工程造价。不同的管理目标,反映不同的经济利益,但它们之间的矛盾正是市场的竞争机制和利益风险机制的必然反映。正确理解工程造价的两种含义,不断发展和完善工程造价的管理内容,有助于更好地实现不同的管理目标,提高工程造价的管理水平,从而有利于推动经济全面健康增长。

2)建设工程费用(造价)

建设工程费用(造价)是建设项目投资中的固定资产投资部分,是建设项目从筹建到竣工交付使用的整个建设过程所花费的全部固定资产投资费用,包括单项工程费用、其他工程费用、预备费、固定资产投资方向调节税及建设期贷款利息等(表6.1)。

表6.1 建设工程费用(造价)构成表

建设工程费用(造价)	单项工程费用	建筑安装工程费	1.分部分项工程费 2.措施项目费 3.其他项目费 4.规费 5.税金
		设备及工器具购置费	1.设备购置费 2.工器具、生产家具购置费
	其他工程费用	1.土地使用费 2.与项目建设相关的其他费用 3.与未来企业生产经营相关的费用	
	预备费	1.基本预备费 2.价差预备费	
	固定资产投资方向调节税	—	
	建设期贷款利息	—	

3)建筑设备安装工程费用(造价)

建筑安装工程是建设项目组成中的单位工程,分为建筑工程、设备安装工程两部分。从而,建筑安装工程费用由建筑工程费用、设备安装工程费用组成。

按照《通用安装工程工程量计算规范》(GB 50856—2013)的规定,设备安装工程是指各种设备、装置的安装工程,通常包括工业、民用设备,电气、智能化控制设备,自动化控制仪表,通风空调,工业、消防、给排水、供暖燃气管道以及通信设备安装等。建筑设备安装工程往往涉及较多设备专业,各专业均可对应为一个单位工程,如给排水工程、电气工程、消防工程等。因此,实际工程中,一个单项建筑工程的设备安装工程费用往往是指各设备专业安装工程费用之和。

建筑设备安装工程费用(造价)通常可以按照费用构成要素组成、工程造价形成顺序进行相应费用构成划分。

4)按费用构成要素划分的建筑设备安装工程造价构成

按照《建筑安装工程费用项目组成》(建标〔2013〕44号文件)规定,建筑设备安装工程费用按费用构成要素组成划分为人工费、材料费、施工机具使用费、企业管理费、利润、规费和税金,其中人工费、材料费、施工机具使用费、企业管理费和利润包含在分部分项工程费、措施项目费、其他项目费中(图6.1)。

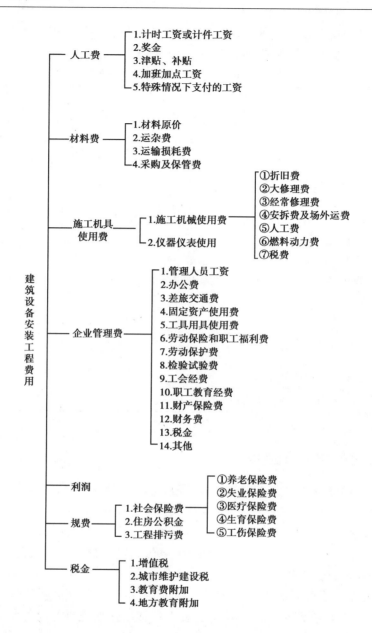

图6.1　按费用构成要素划分的建筑设备安装工程费用(造价)构成

（1）人工费

人工费是指按工资总额构成规定,支付给从事建筑设备安装工程施工的生产工人和附属生产单位工人的各项费用,包括:

①计时工资或计件工资:按计时工资标准和工作时间或对已做工作按计件单价支付给个人的劳动报酬。

②奖金:对超额劳动和增收节支支付给个人的劳动报酬,如节约奖、劳动竞赛奖等。

③津贴、补贴:为了补偿职工特殊或额外的劳动消耗和因其他特殊原因支付给个人的津贴,以及为了保证职工工资水平不受物价影响支付给个人的物价补贴,如流动施工津贴、特殊

地区施工津贴、高温（寒）作业临时津贴、高空津贴等。

④加班加点工资：按规定支付的在法定节假日工作的加班工资和在法定日工作时间外延时工作的加点工资。

⑤特殊情况下支付的工资：根据国家法律、法规和政策规定，因病、工伤、产假、计划生育假、婚丧假、事假、探亲假、定期休假、停工学习、执行国家或社会义务等原因按计时工资标准或计时工资标准的一定比例支付的工资。

（2）材料费

材料费是指施工过程中耗费的原材料、辅助材料、构配件、零件、半成品或成品、工程设备的费用，具体可分为材料费和工程设备费。

①材料费：

材料原价：材料、工程设备的出厂价格或商家供应价格。

运杂费：材料、工程设备自来源地运至工地仓库或指定堆放地点所发生的全部费用。一般应包括吊车和驳船费、装卸费、运输费和附加工作费等。通常按外埠运费和市内运费两段计算。外埠运输费指由来源地（交货地）运至本市仓库的全部费用；市内运杂费指由本市仓库运至工地仓库的运费。

运输损耗费：材料在运输装卸过程中不可避免的损耗。

采购及保管费：为组织采购、供应和保管材料、工程设备的过程中所需要的各项费用。包括采购费、仓储费、工地保管费、仓储损耗。

②工程设备费：指构成或计划构成永久工程一部分的机电设备、金属结构设备、仪器装置及其他类似设备和装置（如空调冷热源主机、水泵、风机等）费用，包括设备原价、设备运杂费、采购保管费。

（3）施工机具使用费

施工机具使用费是指施工作业所发生的施工机械、仪器仪表使用费或其租赁费。

①施工机械使用费：以施工机械台班耗用量乘以施工机械台班单价表示，施工机械台班单价应由下列七项费用组成：

a. 折旧费：施工机械在规定的使用年限内，陆续收回其原值的费用。

b. 大修理费：施工机械按规定的大修理间隔台班进行必要的大修理，以恢复其正常功能所需的费用。

c. 经常修理费：施工机械除大修理以外的各级保养和临时故障排除所需的费用，包括为保障机械正常运转所需替换设备与随机配备工具附具的摊销和维护费用、机械运转中日常保养所需润滑与擦拭的材料费用及机械停滞期间的维护和保养费用等。

d. 安拆费及场外运费：安拆费指施工机械（大型机械除外）在现场进行安装与拆卸所需的人工、材料、机械和试运转费用以及机械辅助设施的折旧、搭设、拆除等费用；场外运费指施工机械整体或分体自停放地点运至施工现场或由一施工地点运至另一施工地点的运输、装卸、辅助材料及架线等费用。

e. 人工费：机上司机（司炉）和其他操作人员的人工费。

f. 燃料动力费：施工机械在运转作业中所消耗的各种燃料及水、电等的费用。

g. 税费：施工机械按照国家规定应缴纳的车船税、保险费及年检费等。

②仪器仪表使用费：是指工程施工所需使用的仪器仪表的摊销及维修费用。

（4）企业管理费

企业管理费是指建筑安装企业组织施工生产和经营管理所需的费用。内容包括：

管理人员工资：按规定支付给管理人员的计时工资、奖金、津贴补贴、加班加点工资及特殊情况下支付的工资等。

办公费：企业管理办公用的文具、纸张、账表、印刷、邮电、书报、办公软件、现场监控、会议、水电、烧水和集体取暖降温（包括现场临时宿舍取暖降温）等的费用。

差旅交通费：职工因公出差、调动工作的差旅费、住勤补助费，市内交通费和误餐补助费，职工探亲路费，劳动力招募费，职工退休、退职一次性路费，工伤人员就医路费，工地转移费以及管理部门使用的交通工具的油料、燃料等的费用。

固定资产使用费：管理和试验部门及附属生产单位使用的属于固定资产的房屋、设备、仪器等的折旧、大修、维修或租赁费。

工具用具使用费：企业施工生产和管理使用的不属于固定资产的工具、器具、家具、交通工具和检验、试验、测绘、消防用具等的购置、维修和摊销费。

劳动保险和职工福利费：由企业支付的职工退职金、按规定支付给离休干部的经费，集体福利费、夏季防暑降温、冬季取暖补贴、上下班交通补贴等。

劳动保护费：企业按规定发放的劳动保护用品的支出，如工作服、手套、防暑降温饮料及在有碍身体健康的环境中施工的保健费用等。

检验试验费：施工企业按照有关标准规定，对建筑以及材料、构件和建筑安装物进行一般鉴定、检查所发生的费用，包括自设试验室进行试验所耗用的材料等费用。不包括新结构、新材料的试验费，对构件做破坏性试验及其他特殊要求检验试验的费用和建设单位委托检测机构进行检测的费用，对此类检测发生的费用，由建设单位在工程建设其他费用中列支。但对施工企业提供的具有合格证明的材料进行检测不合格的，该检测费用由施工企业支付。

工会经费：企业按《中华人民共和国工会法》规定的全部职工工资总额比例计提的工会经费。

职工教育经费：按职工工资总额的规定比例计提，企业为职工进行专业技术和职业技能培训，专业技术人员继续教育、职工职业技能鉴定、职业资格认定以及根据需要对职工进行各类文化教育所发生的费用。

财产保险费：施工管理用财产、车辆等的保险费用。

财务费：企业为施工生产筹集资金或提供预付款担保、履约担保、职工工资支付担保等所发生的各种费用。

税金：企业按规定缴纳的房产税、车船税、土地使用税、印花税等。

其他：包括技术转让费、技术开发费、投标费、业务招待费、绿化费、广告费、公证费、法律顾问费、审计费、咨询费、保险费等。

（5）利润

利润是指施工企业完成所承包工程获得的盈利。

（6）规费

规费是指按国家法律、法规规定，由省级政府和省级有关行政部门规定必须缴纳或计取的费用。包括：

①社会保险费：

a.养老保险费：企业按照规定标准为职工缴纳的基本养老保险费。

b.失业保险费：企业按照规定标准为职工缴纳的失业保险费。

c.医疗保险费：企业按照规定标准为职工缴纳的基本医疗保险费。

d.生育保险费：企业按照规定标准为职工缴纳的生育保险费。

e.工伤保险费：企业按照规定标准为职工缴纳的工伤保险费。

②住房公积金：

住房公积金是指企业按规定标准为职工缴纳的住房公积金。

社会保险费和住房公积金的计取应以定额人工费为计算基础，根据工程所在地省、自治区、直辖市或行业建设主管部门规定费率计算。

③工程排污费：是指按规定缴纳的施工现场工程排污费。

工程排污费等其他应列而未列入的规费应按工程所在地环境保护等部门规定的标准缴纳，按实计取列入。其他应列而未列入的规费，按实际发生计取。

（7）税金

税金是指国家税法规定的应计入建筑安装工程造价内的增值税、城市维护建设税、教育费附加以及地方教育附加等。

5）按工程造价形成顺序划分的建筑设备安装工程造价构成

根据《建筑安装工程费用项目组成》规定，建筑设备安装工程费用按照工程造价形成，分为分部分项工程费、措施项目费、其他项目费、规费、税金，分部分项工程费、措施项目费、其他项目费包含人工费、材料费、施工机具使用费、企业管理费和利润（图6.2）。

（1）分部分项工程费

分部分项工程费是指各专业工程的分部分项工程（按现行国家计量规范划分的各专业工程项目）应予列支的各项费用，由分部分项工程量与综合单价的乘积计算得到，其中综合单价包括人工费、材料费、施工机具使用费、企业管理费和利润及一定范围的风险费用。

（2）措施项目费

措施项目费是指为完成建设工程施工，发生于该工程施工前和施工过程中的技术、生活、安全、环境保护等方面的费用。其内容包括：

①安全文明施工费：是指在工程施工期间按照国家、地方现行的环境保护、建筑施工、安全（消防）施工现场环境与卫生标准等法规与条例的规定，购置和更新施工安全防护用具及设施，改善现场安全生产条件和作业环境所需要的费用。它包括环境保护费、文明施工费、安全施工费、临时设施费等。

a.环境保护费：施工现场为达到环保部门要求所需要的各项费用。

b.文明施工费：施工现场文明施工所需要的各项费用。

c.安全施工费：施工现场安全施工所需要的各项费用。

d.临时设施费：施工企业为进行建设工程施工必须搭设的生活和生产用的临时建筑物、构筑物和其他临时设施费用，包括临时设施的搭设费、维修费、拆除费、清理费或摊销费等。

②夜间施工增加费:因夜间施工所发生的夜班补助费、夜间施工降效、夜间施工照明设备摊销及照明用电等的费用。

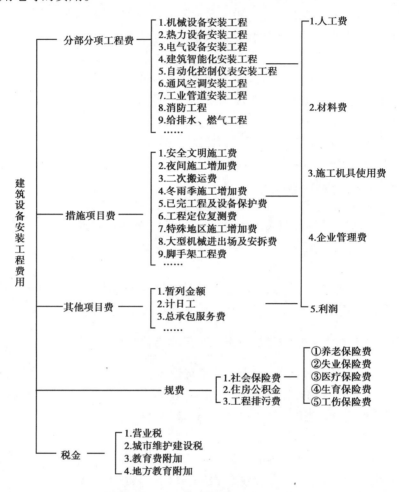

图6.2 按造价形成划分的建筑设备安装工程费用(造价)构成

③二次搬运费:因施工场地条件限制而发生的材料、构配件、半成品等一次运输不能到达堆放地点,必须进行二次或多次搬运所发生的费用。

④冬雨季施工增加费:在冬季或雨季施工所需增加的临时设施、防滑、排除雨雪、人工及施工机械效率降低等的费用。

⑤已完工程及设备保护费:竣工验收前,对已完工程及设备采取的必要保护措施所发生的费用。

⑥工程定位复测费:工程施工过程中进行全部施工测量放线和复测工作的费用。

⑦特殊地区施工增加费:工程在沙漠或其边缘地区、高海拔地区、高寒地区、原始森林等特殊地区施工增加的费用。

⑧大型机械设备进出场及安拆费:机械整体或分体自停放场地运至施工现场或由一个施工地点运至另一个施工地点,所发生的机械进出场运输、转移费用及机械在施工现场进行安装、拆卸所需的人工费、材料费、机械费、试运转费和安装所需的辅助设施的费用。

⑨脚手架工程费:施工需要的各种脚手架搭、拆、运输费用以及脚手架购置费的摊销(或租赁)费用。

(3)其他项目费

①暂列金额:建设单位在工程量清单中暂定并包括在工程合同价款中的一笔款项。它用于支付施工合同签订时尚未确定或者不可预见的所需材料、工程设备、服务的采购,施工中可能发生的工程变更、合同约定调整因素出现时的工程价款调整,以及发生的索赔、现场签证确认等的费用。

暂列金额包含在投标总价和合同总价中,但只有施工过程中实际发生了并且符合合同约定的价款支付程序才能纳入竣工结算价款中。暂列金额一般可按分部分项工程费的10% ~ 15%估列。

②暂估价:招标人在工程量清单中提供的用于支付必然发生但暂时不能确定价格的材料、工程设备的单价以及专业工程的金额。

③计日工:在施工过程中,施工企业完成建设单位提出的工程合同范围以外的零星项目或工作,按合同中约定的单价计价的一种方式。它由建设单位和施工企业按施工过程中的签证计价。

④总承包服务费:总承包人为配合、协调建设单位进行的专业工程发包,对建设单位自行采购的材料、工程设备等进行保管以及施工现场管理、竣工资料汇总整理等服务所需的费用。它由建设单位在招标控制价中根据总包服务范围和有关计价规定编制,施工企业投标时自主报价,施工过程中按签约合同价执行。

(4)规费

这里规费的定义与按费用构成要素划分的规费相同。

(5)税金

这里税金的定义与按费用构成要素划分的税金相同。

综上,建筑设备安装工程费用按照工程造价形成的计算方法及计算程序如表6.2所示。

表6.2　建筑设备安装工程单位工程费用计价程序

序号	项目名称	计算式	金额(元)
1	分部分项工程费		
2	措施项目费	2.1+2.2	
2.1	技术措施项目费		
2.2	组织措施项目费		
3	其他项目费	3.1+3.2+3.3+3.4	
3.1	暂列金额		
3.2	暂估价		
3.3	计日工		
3.4	总承包服务费		
4	规费		

续表

序号	项目名称	计算式	金额（元）
5	税金	（1+2+3+4−甲供材料费）x 税率	
6	合价	1+2+3+4+5	

6.1.2 建筑设备安装工程费用（造价）计价程序

实际工程中，根据不同工程阶段、不同主体的需要，建筑设备安装工程费用计价往往包括招标控制价（也称最高投标限价）、投标报价、工程竣工计算价的编制。

招标控制价（最高投标限价）由招标人根据国家或省级、行业建设主管部门颁发的有关计价依据、办法及拟定的招标文件和招标工程量清单，结合工程具体情况进行编制。建筑设备安装工程量计量及招标控制价的编制主要依据《建设工程工程量清单计价规范》（GB 50500—2013）、《通用安装工程工程量计算规范》（GB 50856—2013）。

投标报价，是投标人按照招标文件的要求，根据工程特点，并结合自身施工技术、装备和管理水平，依据有关计价规定自主确定的工程投标报价。投标报价是投标人希望达成的工程承包期望价格，报价具有很强的自主性。

工程竣工结算，是工程项目完工并经竣工验收合格后，发、承包双方按照施工合同约定对所完成的工程项目进行的合同价款计算、调整、确认。根据合同约定、工程进度、工程变更与索赔等情况，通过编制工程结算书对已完成施工价格进行计算，计算出来的价格即为工程结算价。工程结算价是工程结算部分按照合同约定的实际价格。工程竣工结算往往由承包人或受其委托具有相应资质的工程造价咨询人编制，由发包人或受其委托具有相应资质的工程造价咨询人核对。

建筑设备安装工程不同阶段的工程费用计价程序分别如表6.3—表6.5所示。

表6.3　建设单位工程招标控制价计价程序

序号	内　容	计算方法	金额（元）
1	分部分项工程费	按计价规定计算	
1.1			
1.2			
1.3			
1.4			
1.5			
2	措施项目费	按计价规定计算	
2.1	其中:安全文明施工费	按规定标准计算	
3	其他项目费		

序号	内　容	计算方法	金额(元)
3.1	其中:暂列金额	按计价规定估算	
3.2	其中:专业工程暂估价	按计价规定估算	
3.3	其中:计日工	按计价规定估算	
3.4	其中:总承包服务费	按计价规定估算	
4	规费	按规定标准计算	
5	税金(扣除不列入计税范围的工程设备金额)	(1+2+3+4)×规定税率	
招标控制价合计=1+2+3+4+5			

表6.4　施工企业工程投标报价计价程序

序号	内　容	计算方法	金额(元)
1	分部分项工程费	自主报价	
1.1			
1.2			
1.3			
1.4			
1.5			
2	措施项目费	自主报价	
2.1	其中:安全文明施工费	按规定标准计算	
3	其他项目费		
3.1	其中:暂列金额	按招标文件提供金额计列	
3.2	其中:专业工程暂估价	按招标文件提供金额计列	
3.3	其中:计日工	自主报价	
3.4	其中:总承包服务费	自主报价	
4	规费	按规定标准计算	
5	税金(扣除不列入计税范围的工程设备金额)	(1+2+3+4)×规定税率	
投标报价合计=1+2+3+4+5			

表6.5 竣工结算计价程序

序号	内　容	计算方法	金额(元)
1	分部分项工程费	按合同约定计算	
1.1			
1.2			
1.3			
1.4			
1.5			
2	措施项目费	按合同约定计算	
2.1	其中:安全文明施工费	按规定标准计算	
3	其他项目费		
3.1	其中:专业工程结算价	按合同约定计算	
3.2	其中:计日工	按计日工签证计算	
3.3	其中:总承包服务费	按合同约定计算	
3.4	索赔与现场签证	按发承包双方确认数	
4	规费	按规定标准计算	
5	税金(扣除不列入计税范围的工程设备金额)	(1+2+3+4)×规定税率	
	竣工结算总价合计＝1+2+3+4+5		

6.2 设备安装工程施工管理

某空调工程预算表 分部分项
工程项目清单计价表
(附录3)

　　设备安装工程施工管理,一般由这一工程项目的项目经理或施工员负责。项目经理是施工的直接组织者,工程设计图纸、施工组织设计的内容、国家规范标准的规定,最终都要由项目经理的施工管理工作来实现。项目经理必须对自己的工作范围、工作职责、工作标准有比较深刻的认识和理解,才能充分发挥自己的能力,使工程施工圆满、高质量地按期完工,并取得建设单位、监理单位和设计单位的较高评价。

6.2.1 施工组织设计

　　一般安装工程必须由多个工种共同完成,无论是施工技术还是施工组织,通常都有多个可行的方案可供施工人员选择。在综合各项因素,做出科学合理的决定后,就可以对施工组织和相关各项施工活动做出全面的安排和部署,编制出指导施工准备工作和施工全过程的技术经济文件,即安装工程的施工组织设计。

1)施工组织设计编制的原则与环保要求

（1）施工组织设计的原则

①认真贯彻党和国家对基本建设的各项方针政策,严格执行基本建设程序。

②根据工程合同要求,以确保履约为前提,结合工程及施工力量的实际情况,做好施工部署和施工方案的选定。

③统筹全局,组织好施工协作,分期分批组织施工,以达到缩短工期,尽早交工并同时达到使用要求。

④合理安排施工顺序,组织好平行流水、立体交叉作业。

⑤坚持质量第一,确保施工安全。对重点、关键部位的质量、安全问题认真周密地制定措施。

⑥积极采用推广新技术、新工艺、新材料、新设备,努力提高劳动生产率。

⑦用科学的方法组织施工,优化资源配置,以达到低投入、高产出的目的。

⑧做好人力、物力的综合调配,做好季节性施工安排,力争全年均衡施工。

⑨合理紧凑地布置临时设施,节约施工费用。

（2）施工组织设计编制的环保要求

编制施工组织计划时,要周密考虑环保环卫措施,减少环境污染和扰民,做到文明施工。

2)施工组织设计前的准备工作及编制依据

（1）施工组织设计前的准备工作

①收集原始资料:要搞清工程合同对工程的工期、造价、质量、工程变更洽商及相关的经济事项的具体要求,应搞清设计文件的内容以了解设计构思及要求。根据上述各项以及会审图纸情况,收集有关的技术规范、标准图集及相关的国家和地方政府的有关法规。

②现场条件调查:

a.了解水源条件:在城市要了解离施工现场最近的自来水干管的距离及管径大小;在农村无自来水或距现场较远时,需了解附近的水源及水质情况,能否满足施工及消防用水的要求。

b.了解电源条件:可能提供的电源形式及容量,能否满足施工用电负荷。

③生产条件调查:必须细致研究工程合同条款,要清楚工程性质、施工特点、重要程度(国家重点、市或地区重点、重要还是一般工程)、工期要求、质量、技术经济要求(如工程变更洽商可发生的费用限额及支付方式等)。

④会审图纸:接到施工图后,应及时组织有关人员熟悉与会审图纸,根据图纸情况及合同要求尽快与业主、协作单位进行项目划分工作,明确各自工作范围;同时将图纸上的问题及合理化建议提交业主、工程监理及设计人员,协商,争取将重大工程变更洽商集中在施工前完成。

⑤及时编制工程概预算:工程概预算是编制施工组织设计提供数据(工程量和单方分析)的依据,是选定施工方法和进行多方案比较提供技术经济效果的依据,也是主要生产资料的供应准备的依据。

（2）施工组织设计的编制依据

施工组织设计的编制依据主要包括：建筑工程设计任务书及工程合同，工程项目一览表，概算造价，建筑总平面图，建筑区域平面图，房屋及结构物平、剖面示意图，建筑场地竖向设计，建筑场地及地区条件资料，现行定额、技术规范，分期分批施工与交工要求，工期定额、参考数据等。

3）施工组织设计的内容

（1）建设工程概况

在建设工程概况中，应说明工程的性质、规模、地点、地质、水质情况，工程合同中对土建质量的要求，工程项目、施工任务的划分，结构特点、施工力量及其条例，如材料的来源及供应情况、其他加工件的生产能力、机具的配备及可能的协作力量。

（2）施工部署

根据工程合同的要求和安装项目的性质，首先确定工程的开工顺序，安排好施工部署。

①任务配套：为了确保工程竣工使用，安装项目必须按配套齐全的原则，安排合理的施工顺序，使工程完工能满足使用要求。

②合理组织施工力量和规模：权衡施工任务的要求与力量的可能性，在均衡生产的前提下，确定组织施工力量规模，以使其在施工工程中的比例合理。

③分期分批施工：在保证工期的前提下，实施分批施工，既可使各具体项目迅速建成，尽早投入使用，又可在全局上实现施工的连续性和均衡性，减少临时设施数量，降低工程成本。

④统筹施工：统筹安排各类项目施工，保证重点，兼顾其他，确保工程项目按期投入使用。

（3）主要工程项目施工方案

施工部署确定以后，施工组织设计中要拟定一些主要工程项目的施工方案。这些项目通常是安装项目中工程量大、施工工艺复杂、周期长，对整个建设项目的完成起关键性作用的项目。拟定主要工程项目施工方案的是为了进行技术和资源的准备工作，同时也是为了施工的顺利展开和现场的合理部署。施工方案的主要内容包括确定施工方法、施工工艺流程、施工机械设备等。对施工方法的确定要兼顾技术工艺的先进性和经济上的合理性；施工机械的选择上，应使其性能既能满足施工需要，又能发挥其效能。

（4）施工进度计划

根据施工部署所决定的各安装工程的开工顺序、施工方案和施工力量，定出各主要安装工程的施工期限，并用进度表的方式表达出来。

（5）主要材料、设备及劳动力需用计划

根据施工进度计划、各安装工程的开竣工时间及初步设计，可估算出各主要工程项目的实物量，并概略地估算出各种主要材料、设备及劳动力的需用计划，以便交有关部门拟出相应的供应计划。

（6）主要施工机具计划

根据施工部署、主要安装工程的施工方案和施工进度计划的要求，提出主要施工机具的数量、供应办法和进场日期，以保证施工中所需的机械能得到及时供应。

【案例2】 某医院空调系统能源站工程的施工组织设计。

案例2

（附录4）

6.2.2 工程施工进度计划

1）工程施工进度计划的作用

工程施工进度计划是控制工程施工进程和工程竣工期限等各项活动的依据。施工组织设计中其他有关问题,都要服从工程进度计划的要求,诸如平衡月、旬作业计划,平衡劳动力计划,供应材料、设备计划,安排施工机具的调度等,均需以施工进度计划为基础。工程施工进度计划反映了从施工准备工作开始,直到工程竣工、交付验收使用为止的全部施工过程,反映出安装工程与土建等各工种的配合关系。所以,施工进度计划的合理编制,有利于在工程施工中统筹全局,合理布置人力、物力,正确指导安装工作顺利进行,有利于员工明确目标,更好发挥主观能动性,有利于各交叉施工单位及时配合、协同作战。

2）工程施工进度计划的组成

工程施工进度计划通常用图表表示,它可以采用水平图表、垂直图表。这种图表是由两部分组成的:一部分是以分部分项为主要内容的表格,包括相应的工程量、定额和劳动量等计算依据;另一部分则是指示图表,它是由上部分表格中的有关数据经计算而得到的。指示图表用横向线条形象地表现出各分部分项工程的施工进度,各施工阶段的工期和总工期,并且综合反映了各分部分项工程相互之间的关系。

【案例3】 某医院南区暖通工程的施工水平进度表。（该项目建筑面积22万 m^2,空调面积15 万 m^2,主要业态为住院、门诊、办公等）

案例3

（附录5）

3）编制施工进度计划的依据及步骤

（1）编制施工进度计划需依据的原始资料

①工程的全部施工图纸及有关水电供应与气象等其他技术经济资料。

②规定的开工、竣工日期。

③预算文件。

④主要施工过程的施工方案。

⑤劳动定额及机械使用定额。

⑥劳动、机械供应能力,安装单位配合土建施工的能力。

（2）编制工程施工进度计划的步骤

①研究施工图纸和有关资料,调查施工条件。

②确定施工过程项目划分。

③编制合理的施工顺序。

④计算各施工过程的实际工作量。

⑤确定劳动力需要量和机械台班需要量。

⑥设计施工进度计划。

⑦提出劳动力和物资需要计划。

6.2.3 工程施工的准备

1)技术准备工作

技术准备工作是施工准备工作的核心。由于技术准备不足而产生的任何差错和隐患都可能导致质量和安全事故,考虑不周可能导致施工停滞或混乱,造成生命、经济、信誉的巨大损失,所以必须高度重视技术准备工作。项目经理在技术准备阶段的工作内容常与现场准备工作紧密相关,技术准备工作必须有项目经理的积极参与和现场组织工作的配合。

熟悉、审查施工图纸和有关设计资料,项目经理在这一阶段应着重把握以下工作要点:

①了解设计意图、设计内容、建筑结构特点、设备技术性能、工艺流程及建设单位的要求等。首先初审图纸,搞清分部分项工程的数量和大致内容。

②细审图纸,掌握设计要求的尺寸,诸如管道的尺寸及长度,设备的规格型号、数量、安装部位及机房的平面尺寸与高度等。还应了解各方面的技术要求,消防用电的具体布置及与土建工程的关系等。同时核对各专业图纸中所述相同部位、相同内容的统一性,掌握其是否存在矛盾和误差。

③结合设计情况,学习相应的标准图集、施工验收规范、质量验收标准和有关技术规定。在此基础上,形成项目经理自己对工程施工的总体印象和施工组织设想。这部分工作是创造性的,其中心是考虑设计和规范要求是否可以得到施工方面的满足,自有的施工力量、施工队伍和技术、装备水平如何达到要求;设计要求与施工现实差距较大或施工操作困难的,在满足设计意图和质量的前提下,可开展一些有利于施工组织、加快进度的变更;根据上述各项,施工中应考虑采取哪些主要的技术、组织、供应、质量和安全措施。

④综合以上工作,对审查中出现的问题、不明的疑问及施工的合理化建议进行归纳总结,提交技术部门向业主和设计人员反映,尽量把问题解决在开工之前,为工程的施工组织提供尽可能准确、完整的依据。

2)认真学习施工组织设计

施工组织设计作为指导施工全过程的综合性的技术经济文件,对于项目经理而言,与施工图纸和规范规程占有同等重要的地位。因此,应该认真学习施工组织设计,对其所规定的施工部署、施工方案和主要施工方法、进度、质量、技术、安全、环保、降低成本等措施和要求要了然于胸。同时将各项要求与自己所担负的工作意图向所属班组和人员做出交底和部署。

项目经理向施工班组及相关人员进行施工组织设计、计划和技术交底的目的,是把拟建工程的设计内容、施工计划、进度、技术与质量标准、安全和消防要求等事项详尽地向施工人员进行说明,以保证严格按照设计图纸、施工组织设计、安全操作规程和施工验收规范进行施工。

3)施工条件准备工作

(1)现场准备工作

施工现场的准备工作,实际上从施工合同签订之日起即应开始,直至工程正式开工为止。

现场准备工作的好坏,直接关系到工程能否按时开工,而且在很大程度上,影响着施工全过程。

①施工用电源、水源:要做好施工用电、用水的准备工作,此项准备工作应与建设单位会同解决。

②施工场地:会同建设单位和土建施工单位解决好安装工程施工的场地条件。如各工种交叉施工,应请建设单位协调解决各工种同时施工的场地,做到互不干扰或少干扰。

③现场施工用临时设施的准备:根据施工组织设计的要求,与建设方协商解决安装用临时设施。如无法解决,则应组织人力、材料,搭设现场的材料库、操作棚、工具间、办公室、休息室及其他生产、生活设施用房。

(2)劳动保护组织准备工作

①熟悉、掌握各工种、各班组情况,包括人员配备、技术力量及施工能力,以便针对各班组的特长,合理使用。

②根据施工组织设计确定的施工顺序、施工进度进行组织安排,明确各工序间的搭接次序、搭接时间和搭接部位,进而明确各班组的工作范围、人员安排、材料供应及分配使用办法等。

③向施工班组及相关人员交底。项目经理向施工班组及相关人员进行交底的工作是劳动组织工作中非常重要的一项内容,其目的是将施工组织、施工方案、质量要求、安全、消防、环保、技术节约等措施向班组做详尽的说明,使班组对所承担的施工内容、工作目标、操作方法、质量标准及其他管理要求有明确的了解,以便能顺利施工。工程交底的主要内容如下:

a.计划交底:包括任务的部位、数量、开始及完成时间、该项工作在全部工程中对其他工序的影响和重要程度等。

b.技术质量交底:包括施工工作法、质量标准、自检、互检、交接检的具体时间要求和部位、样板工程和项目的安排与要求等。

c.定额交底:包括任务的劳动定额、材料消耗定额、机械配给台班及每台班产量,以及任务完成情况与班组的收益、奖励关系等。

d.安全生产交底:包括施工操作、运输过程中的安全注意事项,机电设备安全操作事项,消防安全固定及注意事项等。

e.各项管理制度交底:一般包括作息制度、工作纪律、交接班程序、文明施工、场容管理规定和要求等。

(3)资源准备

工程开工前,施工员应根据施工组织设计和施工方案对施工材料、成品、半成品、加工件等资源的供应方式,根据自己对工作范围内各项工作内容的时间安排,提前向生产和材料管理部门提交书面的用料计划,说明需要材料的种类、规格、数量、时间、先后顺序等情况,以便材料部门按需要组织资源供应。

(4)机具、工具的准备工作

对于施工中需要使用的机具、工具,诸如电焊机、煨管机、剪板机、砂轮锯、弯管机、手枪钻、冲击钻、电源箱等的规格、数量、使用时间等,应提交使用计划,以便生产和材料部门组织供应。同时,对需要持有专业操作证书方准使用的机具、工具,项目经理要提前组织有关人员参加业务管理部门或政府主管部门的业务培训,使相关人员获得或强化操作知识和操作技术,取得专业操作证书。

对机具、工具的使用,应根据业务部门的管理规定,结合工程具体情况,制订使用、安全管理的规章制度及操作要求,以保证在安全使用的前提下,发挥机具工作效率,提高完好率和使用寿命。

6.2.4 工程施工的技术管理

1)施工图纸会审

施工图纸会审是指开工前由设计单位、建设单位和施工单位三方面对全套施工图纸共同进行的核对与检查。图纸会审的目的是领会设计意图,明确技术要求,熟悉图纸内容,并及早消除图纸中的技术错误,提高工程质量。因此,图纸会审是一项严肃的施工技术准备工作。

在图纸会审以前,施工单位必须组织有关人员学习施工图纸,熟悉图纸的内容要求和特点,并由设计单位进行施工交底,以达到弄清设计意图、发现问题、消灭差错的目的。

图纸会审工作由建设单位负责组织。图纸会审的程序是先由有关单位分别会审,最后由设计单位、施工单位、建设单位三方会审。

图纸会审的要点是:建筑、结构、安装有无矛盾;所采用的标准图与设计图有无矛盾;主要尺寸、标高、轴线、空洞、预埋件等是否有错误;设计假定与施工现场实际情况是否相符;推行新技术及特殊工程和复杂设备的技术可能性和必要性;图纸及说明是否齐全、清楚、明确,有无矛盾;某些结构在施工中有无足够的强度和稳定性,对安全施工有无影响等。

图纸会审后,应将会审提出的问题及解决办法、详细记录;经三方会签,形成正式文件,作为施工的依据,并列入工程档案。

2)技术交底制度

技术交底是指工程开工前,由各级技术负责人将有关工程施工的各项技术要求逐级向下贯彻,直至基层。其目的是使参与施工任务的技术人员和工人明确所担负工程任务的特点、技术要求、施工工艺等,做到心中有数,保证施工顺利进行。因此,技术交底是施工技术准备的必要环节,施工企业应认真组织技术交底工作。

技术交底的主要内容有施工方法、技术安全措施、规范要求、质量标准、设计变更等。对于重点工程、特殊工程、新设备、新工艺和新材料的技术要求,更需做详细的技术交底。

大型工程项目的技术交底工作应分级进行,分级管理。凡技术复杂的重点工程、重点部位,由企业总工程师向工程处主任工程师、项目经理以及有关职能部门负责人等进行交底。复杂工程的技术交底由工程处主任工程师向项目经理和有关的技术员交底,而后由项目经理向施工员、质检员、安全员以及班组长进行交底。

技术交底的最基层一级是工程技术负责人向班组的交底工作,这是各级技术交底的关键,工程技术负责人在向班组交底时,要结合具体操作部位,贯彻落实上一级技术负责人的要求,明确关键部位的质量要求、操作要点及注意事项,对关键项目、部位、新技术的推广项目应反复、细致地向操作班组交底。

技术交底应视工程施工技术复杂程度不同,采取不同的形式。一般采用文字、图表形式交底,或采用示范操作和样板的形式交底。

3)技术复核与设计变更

技术复核是指施工过程中,对重要的涉及工程全局的技术工作,依据设计文件和有关技术标准进行的复查和校核。技术复核的目的是避免发生重大差错,影响工程的质量和使用,以维护正常的技术工作秩序。

技术复核除按质量标准规定的复查、检查内容外,一般在分项工程正式施工前,应重点检查关键项目和内容。施工企业应将技术复核工作形成制度,发现问题应及时纠正。

设计变更是指在施工前和施工过程中,须修改原设计文件应遵循的权限和程序。当施工过程中发现图纸仍有差错,或因施工条件变化需进行材料代换,或因采用新技术、新材料、新工艺及合理化建议等需变更设计时,由施工单位提出修改意见,交建设单位转设计单位予以修改。若建设单位或设计单位不予变更、修改,则施工单位按原图施工,如果出现任何问题,施工单位不承担责任。

6.2.5 工程施工的质量管理

1)质量计划与质量责任制体系

(1)质量计划

质量计划是一个项目在质量管理、质量保证工作中的纲领性文件,其主要内容包括:本企业的质量方针、质量目标;本工程概况、本工程的质量目标、引用的质量文件,包括国家标准、住建部、省(市)的各种验收规范(要注明有效版本的文号),国家或省(市)检验评定标准;企业自定的施工工艺标准(企业标准)、新工艺、新技术、新材料等作业指导书。在项目经理的直接领导下,施工员要负责所管部位和分项工程全过程的质量,使其符合图纸和规范的要求,使施工过程得到有效的控制。根据质量保证手册和质量体系程序文件所规定的内容进行相应的记录,对本项目用的材料、设备要进行标识。对施工过程中的不合格品要进行追溯,制订相应的整改措施,并进行追踪。对质量计划中确认的关键过程,要按照质量标准体系程序文件中的规定进行控制并做好记录,对特殊过程要按照质量体系文件中规定的过程控制进行控制,并做好记录。

(2)质量责任制体系

质量责任制体系是指把管理各个方面的具体任务、责任要求,落实到每一个部门,每一个岗位或个人,把与质量管理有关的各项工作全面组织起来,形成一个严密的质量管理工作体系。

质量责任制体系是质量管理的一项重要基础工作,是确保施工质量的必要条件。建立和健全质量责任制体系,必须在组织上、制度上保证质量责任制与现有经济责任制和岗位责任制紧密结合起来,形成施工企业质量责任制体系。该体系包括各级负责人质量责任制、各职能部门质量责任制、工人质量责任制等。

实践证明,建立质量责任制体系,有利于提高与安装质量直接相关的各项工作质量,提高企业各项专业管理工作的质量,从而消除隐患,保证安装质量。同时通过技术教育制度使企业各成员掌握工作的基本能力,可以熟练地完成本职工作,熟练地排除可能造成质量事故的隐患,保证安装质量。

2)质量控制

质量控制是指针对安装工程可能发生质量事故的原因采取措施,加以控制,起到事先防患的作用。

进行质量控制,必须控制每一项安装施工质量问题形成和发展的全过程。也就是说,安装工程质量控制,就是控制安装施工的所有环节。

(1)设计阶段质量控制

设计阶段的质量控制是全面质量管理的起点。安装工程能否满足业主的需要,首先是由设计来决定的。如果设计质量不高,导致的是先天不足,施工阶段是弥补不了的。

当然,设计本身质量属设计单位质量控制的范围,由设计单位负责。但施工质量的形成往往同设计的质量有关。因此,安装施工企业就必须从施工角度重视设计质量,其具体方法如下:

①对非投标工程,应尽可能地参与设计方案的制订。特别是采用某些有特殊施工工艺要求的工程,参与设计方案的制订是很重要的。

②对投标工程,主要通过图纸会审,施工单位主动向设计单位提供本企业的技术装备、施工力量和工程质量保证情况的有关资料,对图纸做必要的修改、完善,防止由于设计不合理和图纸差错而贻误施工,使设计图纸更符合工程所在地的实际情况。

(2)施工准备的质量控制

施工准备的工作质量,对安装工程施工质量有很大影响。同样对施工组织设计和做好技术交底的质量控制也非常重要。

(3)安装用材料与所安装设备的质量控制

材料与设备是工程实体的组成部分,其质量的优劣直接影响着工程质量。因此,必须严格按照质量标准进行订货、采购、包装和运输。材料与设备的进场或入库要按质量标准检查验收,核实产品的合格证。保管中要按不同性质与保管要求合理堆存,防止损坏变质,做到不合格的不采购、不验收、不入库。

材料与设备进场或入库时的质量检验,还不能从根本上保证按质如期地组织对现场供应。因为如果当检验不合格时,就会影响到按时供应。科学的方法是:对于比较重要的供货单位,要求建立新的供需关系,把质量管理延伸到供应和生产单位。

(4)施工过程中的质量控制

施工过程是安装工程的最终产品的形成过程,是质量管理部门的中心环节。必须做好如下各项控制工作:

①坚持按图施工。经过会审的图纸是施工的依据,施工过程中必须坚持按图施工的原则。

②加强施工的工艺和工序的控制。工艺即安装工程安装施工的技术和方法。工艺控制好了,就可以从根本上减少废品和次品,提高质量的稳定性。加强施工的工艺控制,必须及时督促检查制订的施工工艺文件的执行情况,严格执行施工规范和操作规程。在施工过程中,每道工序都必须按照规范、规程进行施工。好的工程质量是一道一道的工序逐渐积累形成的,必须

对每道工序进行质量控制,把事故消灭在萌芽状态,不留隐患,这是施工过程质量控制的重点。

③提高施工过程中检查工作的质量。施工过程中应及时做好对主要分部、分项工程的质量检查和必要的验收记录,不断提高检查质量,保持检查、验收方法的正确性并使检查的工具、仪器设备经常处于良好状态。通过检查发现问题,及时返工,为后续工程的顺利进行创造条件。

(5)使用过程的质量控制

质量管理的最终目的是满足业主对安装工程的使用要求。工程的质量如何只有通过使用的考验才能表现出来。使用过程的质量控制,就是把质量管理延伸到工程使用过程。在工程交付使用以后,要做好如下工作:

①质量回访工作:通过回访了解交工工程的使用效果,征求使用单位的意见,发现使用过程中的质量缺陷要分析原因,总结教训。

②质量保修工作:由于施工质量不良造成的工程问题,在规定的保修期内负责保修。

③质量调查工作:对工程质量进行普查或针对某种质量通病进行专题性的调查分析。调查获得的信息就是质量反馈的主要信息来源,以作为提高质量管理的依据。

3)质量检查与质量分析

质量检查是按照质量标准,对材料、设备、配件及安装工序,分部分项地进行检查,及时发现不合格的问题,查明原因,采取补救措施或返工重做,起到把关、督促的作用。

(1)质量检查的方式

质量检查要坚持"专职检查和群众检查相结合,以专职检查为主"的方针。在搞好自检、互检和交接检这些群众性检查的同时,设置专职检查机构和人员对从施工准备到竣工验收的各个环节进行严格的检查,对质量工作负责。

自检就是操作者自己把关,保证操作质量符合质量标准。对班组来说,自检就是班组的自我把关,保证交付符合质量标准的安装成品。

互检是操作者个人之间或班组之间的互相督促、互相检查、互相促进、其目的是交流工作经验,找出差距,采取措施,共同提高,共同保证工程质量。互检工作,可以由班组长组织组内个人之间进行,也可以由工长组织在同工种的各班组之间进行。

交接检指前后工序之间进行的交接班检查,由工长或项目经理组织进行。前道工序应本着"下道工序就是用户"的指导思想,既保证本工序的质量,又为下一道工序创造良好的施工条件;下道工序接过工作面,就应保持有利条件,改进不足之处,为再下一道工序创造更好的质量和操作条件。如此一环扣一环,环环不放松,为顺利完成整个工程的施工质量创造了有利条件。

施工企业为了确保工程质量,应设置专职检查机构或人员,对工程施工进行专职质量检查,如隐蔽工程检查、分部分项工程检查、交工前检查等。

(2)专职质量检查的内容

①隐蔽工程检查:将被其他工序施工所隐蔽的分部分项工程在隐蔽前所进行的检查验收。它一般由项目经理主持,邀请设计单位和建设单位的代表,本单位的质量检查人员和有关施工人员参加。隐蔽工程检查后,要办理隐蔽签证手续,列入工程档案。对于隐检中提出的不符合

质量要求的问题要认真进行处理,处理后进行复核并写明处理情况。未经隐蔽工程检查合格,不得进行下道工序施工。

②分部分项工程检查:工程在某一阶段或某一分项工程完工后的检查。检查工作一般由项目经理主持,组织质量检验员和有关施工人员参加,必要时还需请设计单位和建设单位参加。分部分项工程检查后要办理检查签证手续,列入工程技术档案。对检查中提出的不符合质量要求的问题要认真进行处理,处理后进行复检并写明处理情况。未经分部分项检查合格,不能进行下道工序的施工。

③交工前的检查:即交工前的质量关。通过检查发现问题及时处理,将满足质量要求的合格工程交付业主使用。

(3)质量检查的依据

①设计图纸、施工说明及有关设计文件。

②建筑安装工程施工验收规范,操作规程和工程质量检查评定标准。

③材料、设备及配件质量验收标准等。

(4)质量检查的方法

全面进行安装工程的质量检查,特别是对使用功能的检查,是一项复杂的技术工作,要采用多种先进检测设备和科学方法。目前,对一般安装工程根据质量评定标准规定的方法和检查工作报告的实际经验,将观感检查归纳为看、摸、敲、照、靠、吊、量、套8种检查方法。另外,可用仪器、仪表进行检查。

(5)质量调查

利用质量调查表法来调查工程施工质量,就是利用各种调查表来进行数据收集、整理,并给其他数理统计方法提供依据和粗略原因分析,以及日常了解问题,监督质量情况的一种简单的方法。根据不同的调查目的,调查表设计成多种多样的格式。常用的有:

①调查缺陷位置用的统计调查表。每当缺陷发生时,将其发生位置记录在调查分析表中。

②工程内在质量分布统计调查分析表。利用"频数"对质量分布状况进行记录和统计的一种质量调查方法。

③按不良项目分类的统计调查表。

统计调查分析表往往与质量检查法结合起来运用,这样可以使影响安装质量的原因调查得更清楚。

(6)质量分析

质量控制和检查后必须分析它们的成果,找出工程质量的现状和发展动态,以便采取措施,加以正确引导,保证工程顺利施工。对工程质量控制和检查成果的分析工作通常采用工程质量指标分析的方法,即按规定的质量指标分析对照质量实际达到的水平,观察其中合格率和优良品率及其分布情况,用以考核企业或工地已检查的分部分项工程的质量水平。

工作质量指标分析主要是分析是否按图施工,是否违反工序及操作规程,技术指导是否正确等。对不正确的工作应逐项分析其发生的各种因素,分类排队以便针对性地采取预防措施。在几个原因同时起作用的情况下,则需分清主次。此外,原因应力求具体,以便采取预防性措施和对策。

为了做好质量分析工作,要建立和健全对质量的控制和检查结果的原始记录,并由检验人员签证。将这些原始记录定期汇总,分析质量事故的原因,以便及时处理问题和杜绝隐患。

6.2.6 工程施工的廉洁自律管理

1)廉洁从业行为规范

①工程施工管理人员应当自觉遵守法律法规和企业规章制度,履行忠实和勤勉义务,承担社会责任,不得有违反廉洁从业行为。

②工程施工管理人员不得未经批准兼任本企业所出资企业或者其他企业、事业单位、社会团体、中介机构的领导职务;兼任本企业所出资企业或者其他企业、事业单位、社会团体、中介机构的领导职务,须按照工程施工管理人员管理权限报批同意后实施。

③工程施工管理人员不得有"其他利用职权谋取私利以及损害本企业利益的行为",如将工程经济往来中的礼品等财物擅自据为己有,利用拜年等各种名义相互送礼,利用虚增会议费、职工补贴等手段将国有资产占为己有的行为。

④工程施工管理人员不得以经商办企业、在其他企业担任职务、提供中介服务等方式从事"营利性经营活动"。

⑤工程施工管理人员不得有违反规定的"提供便利条件"行为,如降低卖出价格、提高买入价格或者逃避招投标程序、通过串通招标等违法违规方式谋求中标,提供人力、资金、技术、担保、商业机会、专利、商业秘密等方面的便利等行为。

⑥工程施工管理人员与其配偶、父母,配偶的父母,子女及其配偶,兄弟姐妹及其配偶、子女,配偶的兄弟姐妹等亲属在同一项目中有利害关系时,应当实行任职回避。

⑦工程施工管理人员为履行工作职责进行配备及使用公务用车、通信、业务招待(含礼品)、差旅、国(境)外考察培训等消费时,应当遵守企业职务消费的规定。

2)实施责任

①工程施工管理企业应当建立保证领导人员廉洁从业的监督约束机制,将相关廉洁管理规定要求纳入公司章程,建立和完善有关规章制度,明确主要责任人的职责。

②工程施工管理企业应当按照分权制衡、运转协调、决策科学的要求,制定生产经营的重大决策、重要人事任免、重大项目安排及大额度资金运作事项(简称"三重一大")管理办法,明确具体范围、事项,健全议事规则和决策程序,并报履行国有资产出资人职责的机构备案。

③工程施工管理企业应当制定领导人员职务消费管理办法,明确职务消费的具体项目、享有职务消费的人员范围及费用标准(额度)、企业内部审核与监督程序,并报履行国有资产出资人职责的机构备案。职务消费应当纳入企业年度预算,年度职务消费的情况应当作为厂务公开的内容向职工公开。

④工程施工管理企业领导人员应当按年度向履行国有资产出资人职责的机构报告兼职、投资入股、国(境)外存款和购置不动产以及轿车等大额动产情况,配偶、子女从业和出国(境)定居及有关情况,以及本人认为应当报告的其他事项。

3)监督保障

①履行资产出资人职责的机构应当相关规定要求加强对企业公司章程的审查和管理,完

善公司治理结构,构建企业领导人员廉洁从业的治理机制和权力运行模式。

②履行国有资产出资人职责的机构应当加强对企业领导人员个人重大事项报告的监督管理,逐步探索建立企业领导人员个人财产申报制度。履行国有资产出资人职责的机构认为应当公开或者本人要求公开的重大事项,可以采取适当方式在一定范围内公开。

③纪检监察机关、组织人事部门和履行国有资产出资人职责的机构应当对企业领导人员进行经常性的廉洁从业教育,加强企业领导人员作风建设和廉洁文化建设。

④履行国有资产出资人职责的机构和各级审计部门应当切实加强对企业领导人员廉洁从业情况的审计监督,严格执行企业领导人员任期和离任经济责任审计制度。各级审计部门应当按照企业领导人员管理权限,将有关审计结果抄送纪检监察机关和履行国有资产出资人职责的机构。

⑤各级纪检监察机关和履行国有资产出资人职责机构的纪检监察机构,应当定期对所管辖的企业领导人员执行廉洁从业规定的情况进行检查。

6.3　建筑设备安装工程安全管理与职业健康

建筑工程的安全问题是我国目前经济运行中面临的一个突出问题,不仅关系到建筑行业的健康和持续发展,而且关系到社会的和谐与进步。2020年4月,习近平总书记对安全生产作出重要指示强调:"生命重于泰山。各级党委和政府务必把安全生产摆到重要位置,树牢安全发展理念,绝不能只重发展不顾安全,更不能将其视作无关痛痒的事,搞形式主义、官僚主义。"《中华人民共和国安全生产法》《建设工程安全生产管理条例》等重要法律法规是建筑工程施工过程中重要的遵循文件。2022年4月,国务院安委会梳理相关法律法规已有规定、以往管用举措和近年来针对新情况采取的有效措施,制定了进一步强化安全生产责任落实、坚决防范遏制重特大事故的十五条措施。这些措施进一步强化了建筑业安全生产的防范要求。为适应不断发展的安全生产要求,本节从建筑设备安装施工管理角度,对工作中涉及的工程安全管理及职业健康工作进行介绍。

6.3.1　施工安全控制

建筑施工企业生产过程中存在诸多安全风险因素,这在很大程度上威胁着工程项目建设顺利开展,安全事故的发生容易造成人员伤亡或经济损失。安全生产关系到广大职工的身心健康和生命安全,也关系到机器设备的有效利用,是企业生产正常进行的前提条件,是保护和充分调动群众积极性的一个重要方面。因此,加强施工安全控制工作是施工管理的重要组成部分。

1)建筑安装工程中的常见安全事故的分类、原因及措施

(1)建筑安装工程中的常见安全事故的分类

根据大量的统计调查资料,建筑安装中常见的安全事故有以下几类:a.物体打击,如堕落物体、锤击、碰伤等;b.高空坠落,如从高架、屋顶上堕落等;c.机械设备事故引起的伤害,如绞伤、碰伤、割伤等;d. 车祸,如压伤、撞伤、挤伤等;e. 坍塌,如临时房屋、脚手架垮塌等;f. 爆破及爆炸事故引起的伤害,如压力容器的爆炸引起的伤害等;g. 起重吊装事故引起的伤害;h. 触电,包括雷击事故;i. 中毒、窒息,包括煤气及其他化学气体引起的中毒和窒息;j. 烫伤、烧伤;k. 冻伤、中暑等。

在上述安全事故中,前7项所占的比重较大。

（2）建筑安装中安全事故的原因

发生事故不是偶然的,其原因有:a. 纪律松懈,管理混乱,有章不循,无章可循;b. 现场缺乏必要的安全检查;c. 从业人员思想麻痹;d. 机械设备年久失修,开关失灵,仪表失准,以及超负荷运转、带病运转;e. 缺乏安全技术措施;f. 忽视劳动保护,劳动条件长期未得到改善;g. 操作技术不熟练,安全知识差,违章指挥等。

（3）安全施工措施

施工企业要加强安全技术管理,必须做好下述几方面的工作:

①必须从思想上加以重视,加强责任感。要使企业员工充分认识到"生产必须安全,安全必将促进生产"的辩证关系。认真组织安全技术规程的学习、宣传和贯彻,对特殊工种,应当组织专门的安全技术训练。对新工人应加强安全教育,并做到安全思想和安全技术并重。

②必须建立安全生产的组织机构和规章制度,以及群众性安全组织,明确安全生产的职责。

③工程施工负责人必须认真贯彻国家和上级颁发的有关安全生产和劳动保护的政策、命令和规章制度。在施工组织设计中必须含有安全技术措施。在施工过程中,施工进度和安全质量发生矛盾时必须首先服从安全第一。

④班组应设立不脱产的安全员,在班组长和专职安全人员的指导下负责本组的安全生产,督促和帮助小组工人遵守安全操作规程和各项安全生产制度,并组织班前班后的安全检查。

⑤企业员工应自觉遵守生产规章制度,不得违章作业,并严格遵守现场安全生产纪律:a. 进入现场,必须戴好安全帽,并正确使用个人劳动保护用品;b. 当进行3 m以上的高空作业、无安全设施时,必须系好安全带;c. 高空作业时,不准往上或往下乱抛材料和工具等物;d. 各种电动机械设备,必须有可靠有效的安全接地和防雷装置;e. 不懂电气和机械的人员,严禁使用和玩弄机电设备;f. 吊车起重臂及拔杆下不准站人,吊装区域非操作人员严禁入内。

2）安全控制的基本要点

（1）安全控制的方针

安全控制的目的是安全生产,其方针也应符合安全生产的方针,即"安全第一,预防为主"。"安全第一"是把人身的安全放在首位,安全为了生产,生产必须保证人身安全,充分体现了"以人为本"的理念;"预防为主"是实现安全第一的最重要手段,采取正确的措施和方法进行安全控制,从而减少甚至消除事故隐患,尽量把事故消灭在萌芽状态,这是安全控制最重要的思想。

（2）安全控制的目标

安全控制的目标是减少和消除生产过程中的事故,保证人员健康安全和财产免受损失,具体可包括:

a.减少或消除人的不安全行为的目标;

b.减少或消除设备、材料的不安全状态的目标;

c.改善生产环境和保护自然环境的目标;

d.安全管理的目标。

（3）安全控制的程序

①确定项目的安全目标:按"目标管理"方法在以项目经理为首的项目管理系统内进行分解,从而确定每个岗位的安全目标,实现全员安全控制。

②编制项目安全技术措施计划:对生产过程中的不安全因素,用技术手段加以消除和控制,并用文件化的方式表示。这是落实"预防为主"方针的具体体现,也是进行工程项目安全控制的指导性文件。

③安全技术措施计划的落实和实施:建立健全安全生产责任制,设置安全生产设施,进行安全教育和培训,沟通和交流信息,通过安全控制使生产作业的安全状况处于受控状态。

④安全技术措施的验证:包括安全检查,纠正不符合情况,并做好检查记录工作,根据实际情况补充和修改安全技术措施。

⑤持续改进:直至完成工程建设的所有工作。

（4）安全控制的基本要求

安全管理是一项系统工程,任何一个人和任何一个生产环节的工作,都会不同程度地直接或间接影响安全工作。因此,必须把所有人员的积极性充分调动起来,人人关心安全,全体参加安全管理。只有通过各方面的共同努力,才能做好安全管理工作。要实现全员安全管理应抓好两个方面:

①首先必须抓好全员的安全教育,强化员工的安全意识,牢固树立"安全第一"的思想,促进员工自觉地参加安全管理的各项活动。同时,还要不断提高员工的技术素质、管理素质和政治素质,以适应深入开展全员安全管理的需要。

②要实现全员安全管理,除要执行过去一些行之有效的管理办法外,还要开展岗位责任承包,单位和个人每年都要相互签订承包合同,实行连锁承包责任制。与此同时,运用安全按月计奖、资金抵押承包、与工资挂钩等一系列经济手段来抓管理,把安全目标管理落到实处。

3）安全控制的方法及对策

（1）两类危险源

可能发生意外释放的能量载体或危险物质称作第一类危险源。能量或危险物质的意外释放是事故发生的物理本质,通常把产生能量的能量源或拥有能量的能量载体作为第一类危险源来处理。

造成约束、限制能量措施失效或破坏的各种不安全因素称作第二类危险源。在生产、生活中,为了利用能量,人们制造了各种机器设备,让能量按照人们的意图在系统中流动、转换和做功,而这些设备设施又可以看成是限制约束能量的工具。正常情况下,生产过程中的能量或危险物质受到约束或限制,不会发生意外释放,即不会发生事故。但是,一旦这些约束或限制能量或危险物质的措施受到破坏或失效（故障）,则将发生事故。第二类危险源包括人的不安全行为、物的不安全状态和不良环境条件三个方面。

（2）两类危险源控制方法

第一类危险源：

①防止事故的发生：通过消除危险源、限制能量或隔离危险物等方式来减少事故的发生；

②避免或减少事故损失：包括进行隔离、个体防护，设置薄弱环节等措施，使能量或危险物质按危险控制者的意图释放，设置避难与援救措施等。

第二类危险源：

①减少事故的发生：通过增加安全系数，提高可靠性，设置安全监控系统等方法来减少事故的发生；

②进行故障—安全设计：包括故障—消极方案（即故障发生后，设备、系统处于最低能量状态，直到采取校正措施之前不能运转）、故障—积极方案（即故障发生后，在没有采取校正措施之前使系统和设备处于安全的能量状态之下）、故障—正常方案（保证在采取校正行动之前设备、系统正常发挥功能）。

（3）安全控制对策

①提高人员安全意识：人是建筑设备安装施工的主观因素，一个企业的人员整体素质往往关系到整个建筑设备安装施工安全。管理人员必须有足够的经验和知识行使安全管理职责，能够有足够的安全素质、安全意识、安全责任感、安全管理办法和安全管理工作能力等。在具有潜在风险的项目中，能够具有忧患意识，将风险及时规避。

②建立完善的文明施工管理体系：在管理体系中，可以通过组织架构的划分，将管理责任进行划分和落实，通过施工现场的最小生产单位为班组，能够对施工人员进行最直接有效的管理，也是文明施工管理落实的重要基础。由班组往上可以建立起不同职责的生产部门，对各个班组进行管理。生产部门可以建立起监督管理部门，对整体的施工现场情况进行统一指导和严格把控，并推进管理目标的逐步量化，由不同的职级构成层层分解、层层落实。

③风险分级管控：风险分级管控原则为风险越高管控层级越高。对于风险等级高、管理难度大、可能导致严重后果的风险进行重点管控；上一级负责管控的风险，下一级应加强管控，并根据职责落实管控措施。措施的制定应考虑措施的可行性、可靠性、安全性、先进性、经济合理性，按照消除、替代、降低、隔离、减少接触时间、强化个体防护的先后顺序，从工程技术措施、管理措施、组织措施等方面制定具体的风险管控措施。

④扩大安全生产监督范围，做好施工现场安全防护措施：为了更好地对建筑设备安装工程项目以及建筑市场进行科学化管理，施工单位不仅要充分落实好监理工作，也要全面落实施工岗位安全生产责任制度。在工程监督管理过程中，严格秉承谁监管谁负责的原则。如果存在严重影响施工的安全问题，则需要停工进行整改，待工程质量整改合格后，方能继续进行施工。

⑤保证材料质量安全：在建筑设备安装施工安全生产过程中，材料是必须符合现场使用标准，使用前必须经过严格的材料试验确认其是否合格。在材料使用过程中，管理人员对材料的质量控制要严格，不过分追求经济利益，以及成本控制目标。施工完成后需要进行质量自检和分项验收，如防止管道承压强度不足发生裂缝或管件厚度不足产生破裂等情况。材料存放信息系统资源管理要严格，各型材料堆放整齐，材料标识清楚。

⑥引入大数据技术：建筑设备安装施工，建筑多样、建造的现代化水平高、作业人员技术要求高，安全生产管理工作中传统的管理模式已满足不了未来建筑的发展。对此企业需要完善

安全生产标准化建设,提高人员安全意识,引入大数据风险管控体系,切实保证建筑企业安全生产。基于大数据进行施工安全风险管理的第一步是进行风险识别。风险识别主要是对施工过程中的人员、材料、机械、环境和管理进行识别。利用传统手段进行数据识别,如直接经验法、对照检查表法等,加上大数据技术性分析得到最终的综合性风险识别结果。

6.3.2 施工安全计划的编制实施及施工安全检查

1)安全计划的内容

①工程概况:工程的基本情况,可能存在的主要的不安全因素等。

②安全控制和管理目标:应明确安全控制和管理的总目标和子目标,目标要具体化。

③安全控制和管理程序:主要应明确安全控制和管理前工作过程和安全事故的处理过程。

④安全组织机构:包括安全组织机构形式和安全组织机构的组成。

⑤职责权限:根据组织机构状况明确不同组织层次、各相关人员的职责和权限,进行责任分配。

⑥规章制度:包括安全管理制度、操作规程、岗位职责等规章制度的建立应遵循的法律法规和标准等。

⑦资源配置:针对项目特点提出安全管理和控制所必需的材料设施等资源要求和具体的配置方案。

⑧安全措施:针对不安全因素确定相应措施。

⑨检查评价:明确检查评价方法和评价标准。

⑩奖惩制度:明确奖惩标准和方法。

2)安全计划的实施

(1)安全生产责任制

建立安全生产责任制是施工安全技术措施计划实施的重要保证。安全生产责任制是指企业对项目经理部各级领导、各个部门、各类人员所规定的在他们各自职责范围内对安全生产应负责任的制度。

(2)安全教育

①广泛开展安全生产的宣传教育,使全体员工真正认识到安全生产的重要性和必要性,懂得安全生产和文明施工的科学知识,牢固树立安全第一的思想,自觉地遵守各项安全生产法律法规和规章制度。

②把安全知识、安全技能、设备性能、操作规程、安全法规等作为安全教育的主要内容。

③建立经常性的安全教育考核制度,考核成绩要记入员工档案。

④电工、电焊工、架子工、司炉工、爆破工、机操工、起重工、机械司机、机动车辆司机等特殊工种工人,除一般安全教育外,还要经过专业安全技能培训,经考试合格持证后,方可独立操作。

⑤采用新技术、新工艺,新设备施工和调换工作岗位时,也要进行安全教育,未经安全教育培训的人员不得上岗操作。

（3）安全技术交底

①单位工程开工前，单位工程技术负责人必须将工程概况、施工方法、安全技术交底的内容、交底时间和参加人员、施工工艺、施工程序、安全技术措施，向承担施工的作业队负责人、工长、班组长和相关人员进行交底。

②结构复杂的分部分项工程施工前，应有针对性地进行全面详细的安全技术交底，使执行者了解安全技术及措施的具体内容和施工要求，确保安全措施落到实处。

③应保存双方签字确认的安全技术交底的内容、时间和参加人员的记录。

3）安全检查

（1）安全检查的目标

①预防伤亡事故，把伤亡事故频率和经济损失降到低于社会容许的范围。

②不断改善生产条件和作业环境，以达到最佳安全状态。但由于安全与生产是同时存在的，因此危及劳动者的不安全因素也同时存在，事故的原因也是复杂和多方面的，必须通过安全检查对施工生产中存在的不安全因素进行预测、预报和预防。

（2）安全检查的方式

①企业或项目定期组织的安全检查。

②各级管理人员的日常巡回检查、专业安全检查。

③季节性和节假日安全检查。

④班组自我检查、交接检查。

（3）安全检查的类型

安全检查可分为日常性检查、专业性检查、季节性检查、节假日前后的检查和不定期检查。

①日常性检查：日常性检查即经常的、普遍的检查。企业一般每年进行 1~4 次；工程项目组，车间、科室每月至少进行 1 次；班组每周，每班次都应进行检查。专职安全技术人员的日常检查应有计划，针对重点部位周期性地进行。

②专业性检查：专业性检查是针对特种作业、特种设备、特殊场所进行的检查，如电焊、气焊、起重设备、运输车辆、锅炉压力容器、易燃易爆场所等。

③季节性检查：季节性检查是指根据季节特点，为保障安全生产的特殊要求所进行的检查。如春季风大，要着重防火、防爆；夏季高温多雨雷电，要着重防暑、降温、防汛、防雷击、防触电；冬季着重防寒、防冻等。

④节假日前后的检查：节假日前后的检查是针对节假日期间容易产生麻痹思想的特点而进行的安全检查，包括节假日前进行安全生产综合检查、节假日后要进行遵章守纪的检查等。

⑤不定期检查：在工程或设备开工和停工前、检修中、工程或设备竣工及试运转时进行的安全检查。

（4）安全检查的内容

安全检查的内容主要是查思想、查制度、查机械设备、查安全设施、查安全教育培训、查操作行为、查劳保用品使用、查伤亡事故的处理等。

①查思想：主要检查企业领导和职工对安全生产工作的认识。

②查管理：主要检查工程的安全生产管理是否有效，内容包括安全生产责任制、安全技术

措施计划、安全组织机构、安全保证措施、安全技术交底、安全教育、持证上岗、安全设施、安全标志、操作规程、违规行为、安全记录等。

③查隐患：主要检查作业现场是否符合安全生产、文明生产的要求。

④查整改：主要检查对过去提出问题的整改情况。

⑤查事故处理：对安全事故的处理应达到查明事故原因、明确责任并对责任者做出处理、明确和落实整改措施等要求。同时，还应检查对伤亡事故是否及时报告、认真调查、严肃处理。

安全检查的重点是违章指挥和违章作业。安全检查后应编制安全检查报告，说明已达标项目、未达标项目所存在的问题，分析原因，提出纠正和预防的措施。

（5）安全检查的要求

①各种安全检查都应根据检查要求配备足够的资源。特别是大范围、全面性的安全检查，应明确检查负责人，选调专业人员，并做到明确分工，了解检查内容和达到标准等要求。

②每种安全检查都应有明确的检查目的、检查项目、内容及标准。特殊过程、关键部位应重点检查。检查时应尽量采用检测工具，用数据说话。对现场管理人员和操作人员要检查是否有违章指挥和违章作业的行为，还应进行应知应会知识的抽查，以便了解管理人员及操作工人的安全素质。

③检查记录是安全评价的依据，要做到认真详细，真实可靠，特别是对隐患的检查记录要具体，如隐患的部位、危险程度及处理意见等。采用安全检查评分表的，应记录每项扣分的原因。

④对安全检查记录要用定性定量的方法，认真进行系统分析、评价；哪些检查项目已达标，哪些项目没有达标，哪些方面需要进行改进，哪些问题需要进行整改，受检单位应根据安全检查评价及时制定改进的对策和措施。

⑤整改是安全检查工作重要的组成部分，也是检查结果的归宿。

6.3.3 新型建造技术施工安全管理

1）装配式工程施工安全管理

（1）装配式工程施工主要危险源

危险源是造成生产事故的源头，具有潜在性，通过辨识工程中的危险源，能提醒相关方作出有针对性的安全操作和风险规避方法，也能使相关方的安全投入、治理更具目的性，还能通过促进安全检查有效避免危险源转化为事故隐患，达到防患于未然减少人员伤亡和财产损失的目的。与普通施工工程相比，装配式工程施工具有一定特殊性，具有如以吊装作业为主、高处作业多、临时支撑相对复杂，相对危险性较大等特点。根据事故发生的机理，危险源可分为第一类危险源和第二类危险源。

在装配式施工工程中，第一类危险源主要有预制的墙板、柱、梁、楼板、屋面板、空调板、女儿墙板、管道井、通风井、通风空调管道和排烟道等。在施工事故发生中，第一类危险源是导致事故发生的前提，是必要条件。而第二类危险源的存在则决定事故发生的可能性，是导致事故的充分条件。装配式施工工程中常见的第二类危险源可划分为物的安全状态和人的不安全行为两种。物的不安全状态方面，包含运输装配式预制件的危桥未加固、堆放装配式预制件的场地不实、吊索截面太小或磨损严重、预制件吊装无操作平台、预制桩或墙板就位后未设斜支撑临时固定等。人的不安全行为方面,包含人员在堆放不平稳的预制件旁停留、人员在吊起的预制件下行走或逗留、超重的预制件运输车在未经加固的危桥上行驶、人员停留在未固定的预制墙或柱前等。

(2)装配式工程施工安全控制措施

①预制构件运输的安全措施:由于装配式工程的主要构件如柱、梁、楼板、墙板、通风空调管道等预制构件大部分均在构件工厂内进行预制,预制构件由运输车辆运至施工现场,在对构件进行发货和吊装前,要事先和现场构件组装负责人确认发货计划书上是否记录有吊装工序、构件的到达时间、顺序和临时放置等内容。为保证安全,应结合构件运输需求,设置侧向护栏或其他固定措施的专用运输架对预制构件进行运输,以适应运输时道路及施工现场不平整、颠簸情况下构件不发生倾覆的要求。

②预制构件的存放:施工现场必须设置预制构件存放堆场,场地选择以塔式起重机能一次起吊到位为优,尽量避免在场地内二次倒运预制构件,构件堆放场地地基基础必须夯实,构件应按地装和安装顺序分类存放于专用存放架上,防止构件发生倾覆;构件堆放区应用定型化防护栏杆围成一圈作为吊装区域,场外设置警示标牌,严禁无关人员入内。

③吊装作业安全控制措施:吊装作业是装配式混凝土结构施工总工作量最大、危险因素存在最长的工序。施工过程中应严格执行管控措施,以安全作为第一考虑要素,发生异常情况立即停止吊装作业,待障碍排除后方可继续执行工作。吊装作业中应遵守的安全控制措施主要有:

a.按照起重吊装的要求编制专项施工方案,并按照规定程序进行审批,吊装如果属于超危大工程,必须对方案进行专家论证。

b.起重吊装的作业人员、指挥人员必须持有特种作业人员资格证书。

c.安装作业前,应对作业人员进行安全技术交底,并对安装作业区进行围护做出明显的标识,拉警戒线,根据危险源级别安排旁站,加强现场安全管理。

d.在起吊前,应对施工作业使用的专用吊具、吊索、定型工具式支撑、支架等,进行安全验算,使用中进行定期、不定期检查、确保其处于安全状态。

e.调运预制构件时,构件下方严禁站人,应待预制构件降落至距地面 1 m 以内方准作业人员靠近、就位固定后方可脱钩。

f.高空应通过引导绳改变预制构件方向,严禁高空直接用手扶预制构件。

g.遇到雨、雪、雾天气,或者风力大于 5 级时,不得进行吊装作业。

④临边作业防护措施:装配式混凝土结构为了凸显装配式工程的特点——不搭设外架,于是高处作业及临边作业的安全隐患变得尤为凸显。施工人员在行外挂板吊装时,安全绳索常常没有着力点无法系牢,增大了高处坠落的可能性,严重危及人身安全。为了防止登高作业事故和临边作业事故的发生,可在临边部位搭设定型化工具式防护栏杆或采用外挂脚手架。

⑤高处作业防护措施:攀登作业所使用的设备和用具结构构造应牢固可靠,使用梯子必须注意,单梯不得垫高使用,不得双人在梯子上作业,在通道处使用梯子应设专人监控,在外墙进行作业时,必须系好安全带,正确使用防坠器。

⑥洞口及通道防护措施:装配式建筑物孔洞及通道必须按规定进行防护,防止意外事故的

发生,主要的防护措施有:

a.对于板或墙上预留的洞口,必须设置牢固的盖板、防护栏杆、安全网或其他防坠落的防护装置。

b.电梯口应设不低于1.5 m的防护门和18 cm的挡脚板,孔内每隔2层且不大于10 m设一道水平安全网。

c.对于塔吊人行通道、楼梯上下通道、采光井等各类通道,各种临边及危险处应设1.2 m的护身防护栏杆外,夜间还应设红灯示警。

装配式工程与传统的工程相比,存在的安全风险较多且危险性较大,施工企业除了按照国家相关标准规范要求进行安全防护外,还应加强环境保护、消防安全、安全教育、安全检查、危大工程安全管理及隐患整改等方面的工作,不断提高装配式工程施工现场安全管理水平,消除施工现场的安全隐患,预防安全事故的发生。

2)BIM技术在建筑施工安全管理中的应用

BIM全称Building Information Modeling,即建筑信息模型。BIM的开展需要三维数字设计和工程软件支持,两者共同构成了可视化的数字化建筑模型。BIM技术通常运用于工程设计、建筑、设备等,通过建立数字化建筑模型,可以整合工程项目信息,让工程技术人员能够正确及准确地把握工程项目的详细信息,为组成工程建设团队的各个单位提供沟通、撰写协作基础,将BIM技术投入到工程项目中,不仅提高了工作效率,更能节约成本和缩短工期,优质保量完成工程的实施。

(1)BIM技术特点

①可视化:BIM技术中的可视化特点,可以有效弥补二维CAD施工图纸中的缺陷,协助安全管理工作人员辨别项目从开始到竣工存在的各种风险源,并在未施工之前做出反馈,安全管理工作人员可以根据BIM技术反馈的信息数据制定相关预防措施,规避建筑项目在施工中出现的安全风险。

②动态化:BIM技术数字信息具有高度的精确性,在应用中如果更改其中的某个元素参数,会导致其他关联参数都发生变化。当施工项目在不同时间段进行施工时,BIM技术可以结合施工现状实时数据信息进行动态化更新,并将其上传到云端,促使安全管理工作人员可以直接通过数据信息,分析施工项目出现新的安全隐患,并及时做出安全反应,从而对施工项目实现动态化管理。

③协调性:施工项目在开展的过程中,可能会同时出现各种协同项目同时开展的情况,导致不同项目之间的信息容易出现不相符合的情况。BIM技术可以让所有项目负责人,在同一个云端模型中进行施工信息实时互动,结合相关项目实际情况做出反应,确保各个施工项目信息沟通的有效性,在高效协同中排查施工项目安全隐患。

④预算可控性:施工项目中的各个施工阶段的工程预算都可以在BIM模型中进行核算,以各个时期项目需要投入的建设资金数量,分析相关建设内容的关联参数,促使管理人员可以根据BIM数据反馈,分析资金投入使用的合理性,从而结合需求对项目经济支出要求进行规范预算。

⑤模拟性:4D或者5D模拟可以促使施工项目的建设过程更加直观明了,BIM技术可以直

接对建筑施工项目的实际情况进行模拟展示,帮助安全管理人员系统分析施工项目方案的合理性,并结合建设需求,有序安排设备、材料、施工人员分配等各项工作。在施工中可以利用BIM三维模型,将其与无线监控数据相连,从而使项目安全管理人员可以直接进行数字化现场监控,确保项目相关责任人都能在及时了解到建筑项目的施工情况,并根据项目施工进程分析后期施工步骤,最大限度降低施工项目中的安全风险,确保相关项目有序实施。

（2）BIM技术在施工安全管理中的应用

①合理场地布局：为高效利用建筑空间,对施工场地进行合理布局,施工安全管理人员可以利用BIM技术对建筑场地的红线范围进行测量,并将得出的空间数据建设成三维模型,协助施工项目负责人结合三维模型的实际情况,系统分析建筑项目在施工场地占有的空间,并设置合理的建设计划,科学利用建筑场地资源。这样既能缩短建筑项目施工周期、减少经济付出成本,还能规避CAD平面图纸无法立体直观反映建筑物空间位置而产生的安全施工问题,提高建筑项目"三区"（即施工区、生活区和办公区）布局的合理性。

②可视化安全技术交底：以往施工项目在安全技术交底中,通常采用CAD平面施工图纸和安全管理人员的口头讲述进行,这两种方式无法详细反映施工项目的安全技术施工步骤,降低了施工工人的接受程度。当施工项目在安全技术交底中应用BIM技术时,可以利用三维模型全面描述安全技术交底施工过程,以数据模型的方式直观立体呈现给施工人员,减少施工工人的理解难度,这种可视化特点可以将相关施工项目的技术要求进行精准表述,帮助施工工人全面把握施工技术要领,从而有效提高施工项目安全管理质量。

③完善安全流程：利用BIM技术在线施工建设平台,可以促使施工项目的各个负责人通过建设平台,对施工现场进行实时监管,在项目施工中产生的各种建设数据、表格等都可以通过BIM技术以文档形式输出,形成完善的施工记录,防止各个施工环节出现安全管理疏漏的情况。

④划分危险区域：项目在施工中需要安全管理人员识别危险源,确保施工项目安全性。BIM技术中的动态化特点可以有效满足这一需求,利用其中的可视化技术,结合项目施工现场的危险程度,对项目不同时期的施工过程进行划分管理,然后将项目施工数据按照结果进行评价,帮助施工项目人员明白危险区域的分布情况,从而在施工中对其进行加强管理,减少施工项目出现安全事故的发生概率。

⑤人员定位与预警：对于项目而言,施工现场危险源识别程度决定了项目安全管理质量。施工项目安全管理人员可以利用BIM技术对施工现场的危险源进行精准识别,并及时通知现场施工人员远离或者降低接触危险源的频率,规避建筑施工项目的发生次数。另外,安全管理人员可以通过BIM技术对施工现场的危险源进行划分识别。

⑥BIM数字化安全培训：对于BIM技术而言,安全管理人员可以借助BIM技术提供的各种数据信息,分析项目在施工中可能会存在的安全问题,并将问题汇总起来建设安全培训库,对相关人员进行安全培训。

3）智慧工地管理

（1）智慧工地概述

智慧工地是指应用大数据、物联网、云计算等现代信息技术,形成具有信息化、数字化、网络化、协同化特征的智能建造工地。

智慧工地建设应遵循政府引导、市场主导,统筹规划、务求实效的原则。智慧工地评价应遵循诚实守信、真实客观、公正公开的原则。智慧工地应用应遵循强化质量安全管控、提升施工组织效率、优化现场资源配置、提高综合管理效益的原则。

(2)智慧工地应用

智慧工地采用信息化、智能化等手段,全面提升工程质量、安全、造价、进度管控水平。应用场景包括但不限于以下内容:

a.严格落实实名制管理制度,对施工现场管理人员和作业人员的基础信息教育培训、巡查记录、进出场情况、工人工资发放等实施信息化管理,及时维护和更新从业人员相关信息。

b.加强施工质量管控,对材料和构配件进场验收、质量检测、质量检查质量问题整改、质量验收等实施信息化管理,建立全过程可追溯的质量管理体系。

c.强化安全生产与文明施工管理,对危大工程、关键节点管控、隐患排查治理、特种设备、污染防控等实施信息化管理,及时处理系统反馈的预警提示和监控视频发现的安全隐患及不文明施工行为,切实提升工程本质安全和文明施工水平。

d.推进管理行为和施工作业行为数字化,推动项目数据信息实时共享、资料文件整编归档,实现参建各方基于数字化平台全过程业务协同和BIM综合应用。

e.提升工程造价、进度管控水平,综合运用物联网。大数据等信息化手段,对施工现场进行精细化管理,合理调配资源,安排工期进度,提高项目综合管理效益。

6.3.4　国内外建筑设备工程安全管理的思考

1)国内建筑设备工程安全管理

我国高度重视各类建筑工程的安全生产。《中华人民共和国安全生产法》《建设工程安全生产管理条例》等重要法律法规是建筑工程施工过程中重要的遵循文件,各地还制定了相应的建筑工程安全生产管理条例实施细则或管理办法,对建筑设备工程的安全生产起到了良好的管控作用。但实际工程中尚存在一些不足,如我国多数建筑业企业的项目安全管理是通过配备专职安全管理人员来实施的,安全管理人员与施工管理人员属于不同岗位,施工管理人员的考核与安全指标、安全职责挂钩较少。安全管理人员可能出现指令不畅通、安全管理措施难以及时落实、安全管理资源严重浪费等问题,可采用新管理模式进一步提高完善。

(1)新的项目安全管理模式

新的项目安全管理模式应符合项目管理规律、有效整合安全管理资源、程序化、标准化,最大限度降低和杜绝安全管理事故。

①新项目安全管理模式的理论和法律依据:

a.理论依据:"安全第一、预防为主",既是安全生产必须遵守的原则,也是我国安全生产的基本方针,新的项目安全管理模式从组织、流程到方法都应该体现这个原则。

b.法律依据:《中华人民共和国安全生产法》的实施为我国的安全管理工作提供了法律依据,同时对违背安全管理的行为提出了处罚措施。《中华人民共和国建筑法》是规范我国建筑市场的第一个法律文件,其明确要求总承包企业承担起安全管理的责任,把所有施工单位的安全管理纳入到统一管理中。

②新项目安全管理模式的特点：

a.具有新的项目安全管理理念。建立新的项目安全管理模式，首先要更新项目安全管理的理念，这个理念就是"任何安全事故都是可以预防的"。在此基础上，要坚定"安全事故为零"的管理目的和管理目标。

b.以新的安全文化为核心。安全文化应该是全员文化，塑造新的安全文化就是要培育全员安全文化。全员管理不仅包括总承包管理人员、分包管理人员和全体工人，还应包括业主、设计、监理及社会相关方。

c.体现四个转变。新的项目安全管理模式与传统的项目安全模式相比，体现四个转变：变单纯的安全专业人员的岗位安全管理为全员参加的体系安全管理；变单纯的安全管理为安全管理与进度、工序穿插和施工方法紧密结合的综合管理；变以点为主的间断的、静止的管理为线面结合的、连续的、动态的管理；变并行的安全与生产两条线为安全与生产紧密结合的安全生产一条线。

（2）如何建立新的项目安全管理模式

①建立新的项目安全管理组织：新项目安全管理模式下，项目安全管理组织是以项目经理为首，以专职安全管理为核心，以各专业工程师为骨干，班组长及工人全员参与的监督层和实施层紧密联系的体系安全管理。

②调整安全管理职责：通过职业安全健康体系的认证，安全管理职责得到了明确和完善。在安全管理中，调整安全员和施工员之间的安全管理职责，是建立新的项目安全管理模式的重要内容。

③制定新的安全管理工作流程：包括安全管理方案的制定与审批流程，技术交底的编写和审批流程，安全检查与整改工作流程，危害因素辨识及预防流程，交叉作业审批与管理流程等。

④完善安全管理制度：完善安全管理制度是项目安全模式运行成功的基础。新模式主要表现在安全管理理念的更新、全员安全文化的塑造、安全管理职责的调整，并借此再造安全管理流程、完善安全制度，因此，建立新模式的目的是充分挖掘项目安全管理资源，最大限度地减少安全事故。

2）国外建筑安全管理法规与体制

安全管理本质上具有一致性，了解和研究国外发达国家建筑生产安全情况，有助于深入理解建筑安全管理的目的和意义，并在国外经验教训基础上不断完善我国建筑生产安全管理。以下简要介绍主要发达国家安全管理的相关做法。

（1）国外建筑安全管理法规

美国：美国建筑安全法规、标准齐全，其法规、标准由政府部门及专业协会发布。《安全与健康法》是美国现有的建筑业安全法规体系的基础，该法规赋予各州直接对本州行使职业安全与健康监察的自主权。在美国，企业安全与效益紧密相关，发生事故的企业信誉下降，保险费率增加，甚至会造成保险公司拒保而接不到任务。

英国：英国在施工安全方面的法律、法规有《工作健康与安全法》《建筑（设计和管理）规则》《事故报道条例》《建筑健康安全与福利条例》《安全代表及安全委员规则》《建筑条例》《职业安全健康管理制度指南 BS8800》等。英国规定,建筑业用于安全防护设施的开支要占工程造价的 6%,建筑承包商必须为雇工及时足额向保险公司缴纳工地安全保险金,其数额为工程造价的 1%,这些规定较好地提升了建筑施工的安全保障。

日本:日本在建筑施工安全方面的法律、法规主要有《劳动安全健全法》《建设业法》《建筑基准法》《都市计划法》和行业细则《建设业法施行规则》《建筑基准法施行规则》《都市计划法施行规则》等。日本劳动基准监督署代表国家对包括建筑业在内的各行业安全、健康状况进行监督检查,日本建筑工人的人身意外伤害保险得到了普遍的推行。

(2)国外建筑安全管理相关体制

①国家立法:从国家立法看,各国在安全生产方面都比较重视,形成了完善的建筑业安全法规体系。以英国和德国为例,其法规体系分为三个层次:法律—实施条例—技术规范与标准。总的趋势是法规越来越专业化,行业协会和学会参与程度越来越大。

②政府执法:美国的职业安全与健康局,英国的安全与健康委员会和日本的厚生劳动省负责全国各行业的安全管理工作。该种综合性安全健康监察机构对安全问题进行集中管理的方式,可避免管理机构的职能重叠或真空,保证主管机构权利和义务统一,提高了安全监察工作的效率。

③员工培训:在德国,建筑安全生产教育培训分为学徒培训和成人培训。此外,德国还形成了具有本国特色的"双元制"培训模式,是指职业培训要求参加培训的人员必须经过两个场所的培训,其中一元是指职业学校,另一元是企业或公共事业单位等校外实训场所。

④技术支持:从新技术的推广和使用看,新技术大幅度降低了安全事故,如先安全高效的新型手持电动机具既提高了效率又减少了事故,信息化技术广泛采用,增强了对安全隐患的预见性等。

⑤保险托底:从保险情况看,建筑行业广泛采用安全保险。发达国家保险公司通过与风险紧密相连的可变保金对建筑公司进行经济调节,并通过风险评估和管理咨询,促使其改进安全生产状况。

⑥行业自律:以德国为例,行业联合会属非政府、非营利机构,与政府机构共同监督企业对各项法律法规的执行情况。法律规定每个企业和员工都必须是某个行业联合会的会员,其会费费率依据企业的安全生产状况逐年浮动。

6.3.5　工程职业健康安全与环境管理的目的、任务和特点

1)职业健康安全管理的目的

①保护产品生产者和使用者的健康与安全,控制影响工作场所内员工、临时工作人员、合同方人员、访问者和其他有关部门人员健康和安全的条件及因素。考虑和避免因使用不当对使用者造成的健康和安全的危害。

②消除、降低和避免各类与工作相关的伤害、疾病和死亡事故的发生,保障全体劳动者的安全与健康。

③指导用人单位自愿建立职业安全健康管理体系,更好地贯彻职业安全健康法律、法规及标准的要求。

④指导相关部门制定职业安全健康管理体系,审核规范及实施指南。

⑤指导用人单位结合自身实际,开展职业安全健康管理体系各要素的整合工作,并使其成为用人单位全面管理的一部分。

⑥鼓励用人单位的全体员工,尤其是最高管理者、管理人员、员工及其代表,采用合理的职业安全健康管理原则与方法持续改进职业安全健康绩效。

2)环境管理的目的

环境管理的目的是保护生态环境,使社会的经济发展与人类的生态环境相协调,控制作业现场的各种粉尘、废水、废气、固体废弃物及噪声、振动对环境的污染和危害,考虑能源节约和避免资源浪费。

3)职业健康安全与环境管理的任务

建筑生产组织(企业)为达到工程的职业健康安全与环境管理的目的,指挥和控制组织的协调活动,包括制订、实施、实现、评审和保持职业健康安全与环境方针所需的组织机构、活动、职责、惯例、程序、过程和资源。不同的组织(企业)根据自身的实际情况制订方针,并为职业健康安全与环境管理体系的实施、实现、评审和保持(持续改进)建立组织机构,策划活动,明确职责,遵守有关法律法规和惯例,编制程序控制文件,实行过程控制并提供人员、设备、资金和信息资源,保证职业健康安全环境管理任务的完成。对于职业健康安全与环境密切相关的任务,可一同完成。

4)职业健康安全与环境管理的特点

①建筑产品的固定性和生产的流动性及受外部环境影响的因素多,决定了职业健康安全与环境管理的复杂性。

②产品的多样性和生产的单件性决定了职业健康安全与环境管理的多样性。建筑产品的多样性决定了生产的单件性,每一个建筑产品都要根据其特定要求进行施工。

③产品生产过程的连续性和分工性决定了职业健康安全与环境管理的协调性。建筑产品不能像其他许多工业产品一样可以分解为若干部分同时生产,它必须在同一固定场地按严格程序连续生产。因此,在职业健康安全与环境管理中要求各单位和各专业人员横向配合和协调,共同注意产品生产过程接口部分的健康安全和环境管理的协调性。

④产品的委托性决定了职业健康安全与环境管理的不符合性。建筑产品在建造前就确定了买主,按建设单位特定的要求委托进行生产建造。而建设工程市场在供大于求的情况下,业主经常会压低标价,造成产品的生产单位对健康安全与环境管理的费用投入减少。

⑤产品生产的阶段性决定职业健康安全与环境管理的持续性。

⑥产品的时代性和社会性决定环境管理的多样性和经济性。

6.3.6 文明施工

1)文明施工的组织与管理

(1)组织和制度管理

施工现场应成立以项目经理为第一责任人的文明施工管理组织。分包单位应服从总包单位的文明施工管理组织的统一管理,并接受监督检查。

①各项施工现场管理制度应有文明施工的规定,具体包括个人岗位责任制、经济责任制、安全检查制度、持证上岗制度、奖惩制度、竞赛制度和各项专业管理制度等。

②加强和落实现场文明检查、考核及奖惩管理,以促进施工文明管理工作提高。检查范围和内容应全面周到,包括生产区、生活区、场容场貌、环境文明及制度落实等。对检查发现的问题,应采取整改措施。

(2)建立收集文明施工的资料及其保存的措施

①上级关于文明施工的标准、规定、法律法规等资料。

②施工组织设计(方案)中对文明施工的管理规定,各阶段施工现场文明施工的措施。

③文明施工自检资料。

④文明施工教育、培训、考核计划的资料。

⑤文明施工活动的各项记录资料。

(3)加强文明施工的宣传和教育

在坚持岗位练兵基础上,采取派出去、请进来、短期培训、上技术课、登黑板报、广播、看录像、看电视等方法狠抓教育工作。要特别注意对临时工的岗前教育。专业管理人员应熟悉掌握文明施工的规定。

2)文明施工的基本要求

(1)一般规定

①有整套的施工组织设计或施工方案。

②有健全的施工指挥系统和岗位责任制度,工序衔接交叉合理,交接责任明确。

③有严格的成品保护措施和制度,大小临时设施和各种材料、构件、半成品按平面布置堆放整齐。

④施工场地平整,道路畅通,排水设施得当,水电线路整齐,机具设备状况良好,使用合理。施工作业符合消防和安全要求。

⑤实现文明施工,不仅要抓好现场场容管理工作,而且还要做好现场材料、机械、安全、技术、保卫、消防和生活卫生等方面的工作。一个工地的文明施工水平是该工地乃至所在企业各项管理工作水平的综合体现。

(2)现场场容管理

①工厂主要入口要设置简朴规整的大门,门边设立明显的标牌,标明工程名称、施工单位和工程负责人姓名等内容。

②建立文明施工责任制划分区域。明确管理负责人,实行挂牌作业,做到现场清洁整齐。

③施工现场场地平整,道路畅通,有排水措施,基础、地下管道施工完后要及时回填平整,清除积土。

④现场施工临时水、电要有专人管理,不得有长流水、长明灯。

⑤施工现场的临时设施,包括生产、办公、生活用房、仓库、料场、临时上下水管道及照明、动力线路,要严格按施工组织设计确定的施工平面图布置,搭设或埋设整齐。

⑥施工现场清洁整齐,做到"活完料清,工完场地清",及时消除在楼梯、楼板上的砂浆、混

凝土。

⑦要有严格的成品保护措施。严禁损坏污染成品,堵塞管道。高层建筑要设置临时便桶,严禁随地大小便。

⑧建筑物内清除的垃圾渣土,要通过临时搭设的竖井或利用电梯等措施稳妥下卸,严禁从门窗口向外抛掷。

⑨施工现场不准乱堆垃圾及余物,应在适当地点设置临时堆放点,并定期外运。清运渣土垃圾及流体物品,要采取遮盖防漏措施,运输途中不得遗撒。

⑩根据工程性质和所在地区的不同情况,采取必要的围护和遮挡措施,保持外观整洁。施工现场严禁居住家属,严禁居民、家属、小孩在施工现场穿行、玩耍。

(3)现场机械管理

①现场使用的机械设备,要按平面布置规划固定点存放。遵守机械安全规程,经常保持机身及周围环境的清洁,机械的标识、编号明显,安全装置可靠。

②清洗机械排出的污水要有排放措施,不得随地流淌。

③塔吊轨道按规定铺设整齐稳固,塔边要封闭,道砟不外溢,路基内外排水畅通。

6.3.7 环境保护

1)大气污染的防治

①施工现场垃圾渣土要及时清理出现场。

②高大建筑物清理施工垃圾时,要使用封闭式的容器或者采取其他措施处理高空废弃物,严禁凌空随意抛撒。

③施工现场道路应指定专人定期洒水清扫,防止道路扬尘。

④对于细颗粒散体材料(如水泥、粉煤灰、白灰等)的运输、储存要注意遮盖、密封,防止和减少飞扬。

⑤车辆开出工地要做到不带泥沙,基本做到不撒土,不扬尘,减少对周围的环境污染。

⑥除设有符合规定的装置外,禁止在施工现场焚烧油毡、橡胶、塑料、皮革、树叶、枯草、各种包装物等废弃物品,以及其他会产生有毒、有害烟尘和恶臭气体的物质。

⑦机动车要安装尾气处理装置,确保尾气排放符合国家标准。

⑧工地茶炉应尽量采用电热水器。若只能使用烧煤茶炉和锅炉时,应使用消烟除尘型茶炉和锅炉,大灶应选用消烟节能回风炉灶,使烟尘降至允许排放范围为止。

⑨拆除旧建筑物时,应适当洒水,防止扬尘。

2)水污染防治

为防止工程施工对水体的污染,禁止将有毒、有害废弃物作为土方回填;施工现场废水,应经沉淀池沉淀后再排入污水管道或河流,最好能采取措施回收利用。现场存放油料,必须对库房地面进行防渗处理,防止油料跑、冒、滴、漏;防止污染水体;化学药品、外加剂等应妥善保管,库内存放以防止污染环境。

3）施工现场噪声控制

严格控制人为噪声进入施工现场。不得高声喧哗，无故抛掷管材，最大限度地减少噪声；在人口稠密区进行强噪声作业时，应严格控制作业时间；采取措施从声源降低噪声，如尽量选用低噪声设备如低噪声电钻、风机、空压机、电锯，以及工艺代替高噪声设备与加工工艺；在声源处安装消声器消声；采用吸声、隔声、隔振和阻尼等声学处理的方法，在传播途径上控制噪声。

4）固体废弃物处理

（1）回收利用

回收利用是对固体废物进行资源化、减量化的重要手段之一。对建筑渣土可视其情况加以利用。废钢可按需要用作金属原材料。对废电池等废弃物应分散回收，集中处理。

（2）减量化处理

减量化是对已经产生的固体废物进行分选、破碎、压实浓缩、脱水等处理，减少其最终处置量，降低处理成本，减少对环境的污染。在减量化处理的过程中，也包括与其他处理技术相关的工艺方法，如焚烧、热解、堆肥等。

（3）焚烧技术

焚烧用于不适合再利用且不宜直接予以填埋处置的废物，尤其是对受到病菌污染的物品，可以用焚烧进行无害化处理。焚烧处理应使用符合环境要求的处理装置，注意避免对大气的二次污染。

（4）稳定和固化技术

利用水泥、沥青等胶结材料将松散的废物包裹起来，减小废物的毒性和可迁移性，减少污染。

（5）填埋

填埋是固体废物处理的最终技术，它是将经过无害化、减量化处理的废物残渣集中到填埋场进行处置。填埋场应利用天然或人工屏障，尽量使需处置的废物与周围的生态环境隔离，并注意废物的稳定性和长期安全性。

6.4　建筑设备安装工程竣工验收

6.4.1　竣工验收概述

施工项目竣工验收的交工主体是承包人，验收主体是发包人。施工项目竣工验收，是承包人按照施工合同的约定，完成设计文件和施工图纸规定的工程内容，经发包人组织竣工验收及工程移交的过程。

竣工验收的施工项目必须具备规定的交付竣工验收条件。

承包人交付竣工验收的施工项目，必须符合《中华人民共和国建筑法》第六十一条的规定:"交付竣工验收的建筑工程,必须符合规定的建筑工程质量标准,有完整的工程技术经济资料和经签署的工程保修书,并具备国家规定的其他竣工条件。"发包人组织竣工验收时,必须按照《建设工程质量管理条例》第十六条规定的竣工验收条件执行:"建设工程竣工验收应当具备下列条件:(一)完成建设工程设计和合同约定的各项内容;(二)有完整的技术档案和施工管理资料;(三)有工程使用的主要建筑材料、建筑构配件和设备的进场试验报告;(四)有勘察、设计、施工、工程监理等单位分别签署的质量合格文件;(五)有施工单位签署的工程保修书。"

竣工验收阶段管理应按程序依次进行:竣工验收准备→编制竣工验收计划→组织现场验收→进行竣工结算→移交竣工资料→办理交工手续。

1)竣工验收准备

项目经理应全面负责工程交付竣工验收前的各项准备工作,建立竣工收尾小组,编制项目竣工收尾计划并限期完成。项目经理应组织项目管理人员在对竣工工程实体及竣工档案资料全面自检自查的基础上,对照竣工条件的要求编制工程竣工收尾工作计划,以此部署竣工验收的准备工作。

项目经理和技术负责人应对竣工收尾计划执行情况进行检查,重要部位要做好检查记录。

项目经理和技术负责人要亲自抓好竣工验收准备工作的落实。严格掌握竣工验收标准,对施工安装漏项、成品受损、污染和质量缺陷,以及收尾工作不到位、档案资料不规范等各类问题要一一限时整改完毕。

项目经理部应在完成施工项目竣工收尾计划后,向企业报告,提交有关部门进行验收。实行分包的项目,分包人应按质量验收标准的规定检验工程质量,并将验收结论及资料交承包人汇总。

在项目经理部自检自验的基础上,经过企业的技术和质量部门的检查和确认之后,才算完成竣工验收的准备工作。

承包人应在验收合格的基础上,向发包人发出预约竣工验收的通知书,说明拟交工项目的情况,商定有关竣工验收事宜。

2)竣工资料

承包人应按竣工验收条件的规定,认真整理工程竣工资料。工程竣工资料的内容,必须真实反映施工项目管理全过程的实际,资料的形成应符合其规律性和完整性,做到图物相符、数据准确、齐全可靠、手续完备、相互关联紧密。竣工资料的质量,必须符合《科学技术档案案卷构成的一般要求》(GB/T 11822—2008)的规定。

企业应建立健全竣工资料管理制度,实行科学收集,定向移交,统一归档,以便存取和检索。

工程竣工资料的收集和管理,应建立制度,根据专业分工的原则,实行科学收集,定向移交,归口管理,并符合标识、编目、查阅、保管等程序文件的要求。要做到竣工资料不损坏、不变质和不丢失,组卷时符合规定。

竣工资料的内容应包括工程施工技术资料、工程质量保证资料、工程检验评定资料、竣工图及规定的其他应交资料等。

上述内容同时就是工程竣工资料的分类及组卷方式。

(1)工程技术档案资料

①开工报告、竣工报告:任何工程承包人在办完施工进场前的一切手续后,应向发包人提供开工报告进场施工;当工程竣工后,同样应向发包人提供竣工报告,发包人收到竣工报告后,才能组织有关单位进行竣工验收工作。开工报告、竣工报告也是发包人和承包人计算施工工期的依据之一。

②项目经理、技术人员聘任文件:项目经理资格证书、技术人员的职称和职责范围是工程开工必须提交给建设单位和承包人的。工程竣工后这些资料档案是建筑工程终身负责制度的体现。

③施工组织设计:是体现工程施工过程中施工工艺、施工技术、施工进度计划以及施工安全措施等的具体体现。

④设备产品安装记录:在建筑设备安装工程中,设备费用和安装的比例大,因此该记录是建筑设备安装工程档案资料的重要内容,具体包括产品质量合格证、设备装箱单、商检证明和说明书、设备开箱报告、设备安装记录、设备试运行记录、设备明细表等。

⑤技术交底记录。

⑥设计变更通知。

⑦技术核定单。

⑧施工记录。

⑨图纸会审记录。

⑩隐蔽工程检查记录。

⑪施工试验记录。

⑫工程质量验收记录。

⑬工程复核记录。

⑭质量事故处理记录。

⑮施工日志。

⑯建设工程施工合同,补充协议。

⑰工程质量保修书。

⑱工程预(结)算书。

⑲竣工项目一览表。

⑳施工项目总结等。

(2)工程质量保证资料的收集和整理

原材料、构配件、器具及设备等的质量证明和进场材料试验报告等,这些资料全面反映了施工全过程中质量的保证和控制情况。安装各专业工程质量保证资料的主要内容如下:

①建筑供暖卫生与煤气工程主要质量保证资料:

a.材料、设备出厂合格证;

b.管道、设备强度、焊口检查和严密性试验记录;

c.系统试压清洗记录;

　　d. 排水管灌水、通水、通球试验记录；

　　e. 洁具盛水试验记录；

　　f. 锅炉烘炉、煮炉、设备试运转记录等。

　　②建筑电气安装主要质量保证资料：

　　a. 主要电气设备、材料合格证；

　　b. 电气设备试验、调整记录；

　　c. 绝缘、接地电阻测试记录；

　　d. 隐蔽工程验收记录等。

　　③通风与空调工程主要质量保证资料：

　　a. 材料、设备出厂合格证；

　　b. 空调调试报告；

　　c. 制冷系统检验、试验记录；

　　d. 隐蔽工程验收记录等。

　　④电梯安装工程主要质量保证资料：

　　a. 电梯及附件、材料合格证；

　　b. 绝缘、接地电阻测试记录；

　　c. 空、满、超载运行记录；

　　d. 调整、试验报告等。

　　（3）工程检验评定资料的收集和整理

　　应按现行建设工程质量标准对单位工程、分部工程、分项工程及室外工程的规定执行。进行分类组卷时，工程检验评定资料应包括以下内容：

　　①质量管理体系检查记录；

　　②分项工程质量验收记录；

　　③分部工程质量验收记录；

　　④单位工程竣工质量验收记录；

　　⑤质量控制资料检查记录；

　　⑥安全和功能检验资料核查及抽查记录；

　　⑦观感质量综合检查记录等。

　　（4）工程竣工图的收集和整理

　　"竣工图"章的内容应包括发包人、承包人、监理人等单位名称、图纸编号、编制人、审核人、负责人、编制时间等。编制时间应区别以下情况：

　　①没有变更的施工图，由承包人在原施工图上加盖"竣工图"章标识作为竣工图。

　　②在施工中虽有一般性设计变更，但能将原施工图加以修改补充作为竣工图的，可不重新绘制，由承包人在原施工图上注明修改部分，附以设计变更通知单和施工说明，加盖"竣工图"章标识作为竣工图。

　　③结构形式改变、工艺改变、平面布置改变、项目改变及其他重大改变，不宜在原施工图上修改、补充的，责任单位应重新绘制改变后的竣工图，承包人负责在新图上加盖"竣工图"章标识作为竣工图。

竣工资料的整理应符合下列要求：

①工程施工技术资料的整理应始于工程开工，终于工程竣工，真实记录施工全过程，可按形成规律收集，采用表格方式分类组卷。

②工程质量保证资料的整理应按专业特点，根据工程的内在要求，进行分类组卷。

③工程检验评定资料的整理应按单位工程、分部工程、分项工程划分的顺序，进行分类组卷。

④竣工图的整理应按竣工验收的要求组卷。

交付竣工验收的施工项目必须有与竣工资料目录相符的分类组卷档案。承包人向发包人移交由分包人提供的竣工资料时，其检查验证手续必须完备。

3）竣工验收过程

竣工验收的全过程应包括隐蔽工程验收、分部分项工程验收、分期验收、试车检验、竣工验收。前4项是竣工验收的基础，没有前4项就无法进行竣工验收。

（1）隐蔽工程验收及其验收签证

隐蔽工程是指施工过程中前一道工序被后一道工序掩盖掉的工程，如暗设管道工程完成后，隐蔽之前所进行的质量检验。这些项目的共同特点是：一经隐蔽就不能或不便于进行质量检验，必须在隐蔽前进行检验。一般的隐检项目由施工企业内部组织进行，重点检验项目应由建设单位、设计单位、安装单位三方会同进行。隐检应签署正式的验收证书。

（2）分部分项工程验收

分部分项工程验收是对大型或特大型工程在分部分项工程完工后进行的检查与验收，包括对安装工程的分部分项工程的检验和试车运转检验。中小型工程不必做分部分项验收。

（3）分期验收

分期验收是对大型或特大型工程已竣工的一个或一组具备使用条件的单位工程所进行的中间性检查与验收，一般按照施工部署中的分期、分批投产计划安排分期进行。

（4）试车检验

①单体试车：按规程分别对机器和设备进行单体试车。单体试车由乙方自行组织，但应做好调试记录。

②无负荷联动试车：在单体试车以后根据设计要求及试车规程进行。通过无负荷联动试车，检验仪表、设备及介质的通路。在规定时间内，如未发生问题就视为试车合格。无负荷联动试车一般由乙方组织，甲方参加。

③有负荷联动试车：无负荷联动试车合格后，由建设单位组织乙方参加。有以总包主持，安装单位负责，甲方参加的形式进行。不论乙方或甲方主持，这种试车都要达到带负荷运转正常，参数符合规定的要求，才算有负荷联动试车合格。

4）竣工验收管理

单独签订施工合同的单位工程，竣工后可单独进行竣工验收。在一个单位工程中满足规定交工要求的专业工程，可征得发包人同意，分阶段进行竣工验收。

单项工程竣工验收应符合设计文件和施工图纸要求，满足生产需要或具备使用条件，并符合其他竣工验收条件要求。

整个建设项目已按设计要求全部建设完成并符合规定的建设项目竣工验收标准,可由发包人组织设计、施工、监理等单位进行建设项目竣工验收;中间竣工并已办理移交手续的单项工程,不再重复进行竣工验收。

(1)竣工验收应依据的文件

①批准的设计文件、施工图纸及说明书;

②双方签订的施工合同;

③设备技术说明书;

④设计变更通知书;

⑤施工验收规范及质量验收标准;

⑥外资工程应依据我国有关规定提交竣工验收文件。

(2)竣工验收应符合的要求

①设计文件和合同约定的各项施工内容已经施工完毕。

②有完整并经核定的工程竣工资料,符合验收规定。

③由勘察、设计、施工、监理等单位签署确认的工程质量合格文件。

④有工程使用的主要建筑材料、构配件和设备进场的证明及试验报告。

(3)竣工验收的工程必须符合的规定

①合同约定的工程质量标准。

②单位工程质量竣工验收的合格标准。

③单项工程达到使用条件或满足生产要求。

④建设项目能满足建成投入使用或生产的各项要求。

承包人确认工程竣工、具备竣工验收各项要求,并经监理单位认可签署意见后,向发包人提交"工程验收报告"。发包人收到"工程验收报告"后,应在约定的时间和地点,组织有关单位进行竣工验收。

发包人组织勘察、设计、施工、监理等单位按照竣工验收程序,对工程进行核查后,应做出验收结论,并形成"工程竣工验收报告",参与竣工验收的各方负责人应在竣工验收报告上签字并盖单位公章。

通过竣工验收程序,办完竣工结算后,承包人应在规定期限内向发包人办理工程移交手续。

5)工程项目的回访与保修

工程竣工验收、交付用户使用后,按照合同和有关的规定,在保修期内施工单位应抱着对用户认真负责的态度做好回访工作,征求用户意见。一方面能帮助用户解决使用中存在的一些问题,使用户满意;另一方面通过回访发现问题以便在今后的工作中改进施工工艺,不断提高工程质量和企业信誉。

(1)保修期

保修期是在《施工企业为用户负责守则》中明确规定的。它是指在工程项目交付使用后,在有关规定的时间内,施工单位必须承担因施工原因引起的质量缺陷的修补工作阶段。按照国际惯例,在 FIDIC 合同条件中把回访保修期称为缺陷责任期,在我国一般称为保修期。从回访保修期定义中我们可以看出保修的范围主要是指那些由于施工单位的责任,特别是由于施工工艺造成的工程质量不良的问题,而由用户使用不当造成的损坏除外。保修时间一般为1~2年。运用 FIDIC 合同条件管理的国际工程,在施工单位的工程款中,根据不同的工程情况业主每月扣留 10%,直到扣留的总数达到合同价格的 5% 为止,扣留的这笔款项叫作保留金。保留金是施工单位的费用,它主要用来对施工质量的担保。保留金的返还主要有两步,第一步是在竣工证书签发后把 50% 的保留金返还给施工单位;第二步是在保修期结束后把剩下的 50% 返还回去。

(2)工程回访

①回访的方式:

一是季节性回访:对于安装工程,主要是冬季回访采暖系统、夏季回访空调系统。若发现问题,采取有效措施及时加以解决。

二是技术性回访:主要了解在工程施工过程中采用的新材料、新技术、新工艺、新设备等的技术性能和使用后效果,发现问题及时加以补救和解决;同时,也便于总结经验,获取科学依据,为改进、完善和推广创造条件。

三是保修期满前的回访:这种回访一般是在保修期即将结束之前进行。

②回访的方法:应由施工单位的领导组织生产、技术、质量、水电、合同、预算等有关方面的人员进行回访,必要时还可邀请科研方面的人员参加。回访时,由建设单位组织座谈会或意见听取会,并观察建筑物和设备的运转情况。回访必须认真,应解决好问题,不能把回访当成形式或走过场。

对所有的回访和保修都必须予以记录,并提交书面报告,作为技术资料归档。

6.4.2 建筑设备安装工程验收调试

1)通风与空调工程验收调试

验收调试工作是通风与空调工程施工的重点工作,也是检验前期各系统施工是否达到设计要求及使用功能要求的重要阶段。通风与空调工程系统验收调试主要包括设备单机试运转及调试、系统非设计满负荷条件下的联合试运转及调试两项工作。通风与空调系统调试是一项涉及多系统多专业的综合性工作,故在系统调试前应编制专项调试方案,并报送专业监理工程师审批。

(1)一般要求

①设备安装工程竣工验收的系统调试,应由施工单位负责,监理单位监督,设计单位与建设单位参与和配合。系统调试可由施工企业或委托具有调试能力的其他单位进行。

②系统验收调试应由专业施工和技术人员实施,调试结束后编制并提供完整的调试资料和报告。

③系统调试所使用的测试仪器应在使用合格检定或校准合格有效期内,精度等级及最小分度值应能满足工程性能测定的要求。

④通风与空调工程系统非设计满负荷条件下的联合试运转及调试,应在制冷设备和通风与空调设备单机试运转合格后进行。系统性能参数的测定应符合《通风与空调工程施工质量

验收规范》(GB 50243—2016)的规定。

⑤恒温恒湿空调工程的检测和调整应在空调系统正常运行 24 h 及以上,达到稳定后进行。

⑥净化空调系统运行前,应在回风、新风的吸入口处和粗、中效过滤器前设置临时无纺布过滤器。净化空调系统的检测和调整应在系统正常运行 24 h 及以上,达到稳定后进行。工程竣工洁净室(区)洁净度的检测应在空态或静态下进行。检测时,室内人员不宜多于 3 人,并应穿着与洁净室等级相适应的洁净工作服。

(2)设备单机运转及调试

①通风机、空气处理机组中的风机,叶轮旋转方向应正确、运转应平稳、应无异常振动与声响,电机运行功率应符合设备技术文件要求。在额定转速下连续运转 2 h 后,滑动轴承外壳最高温度不得大于 70 ℃,滚动轴承不得大于 80 ℃。

②水泵运转应符合以下要求:

a. 叶轮旋转方向应正确,应无异常振动和声响,紧固连接部位应无松动,电机运行功率应符合设备技术文件要求。水泵连续运转 2 h 滑动轴承外壳最高温度不得超过 70 ℃,滚动轴承不得超过 75 ℃。

b. 水泵运行时壳体密封处不得渗漏,紧固连接部位不应松动,轴封的温升应正常,普通填料密封的泄漏水量不应大于 60 mL/h,机械密封的泄漏水量不应大于 5 mL/h。

③冷却塔风机与冷却水系统循环试运行不应小于 2 h,运行应无异常。冷却塔本体应稳固、无异常振动。冷却塔中风机的试运转尚应符合本节第 1 条中风机的运转调试要求。冷却塔运行产生的噪声不应大于设计及设备技术文件的规定值,水流量应符合设计要求。冷却塔的自动补水阀应动作灵活,试运转工作结束后,集水盘应清洗干净。

④制冷机组的试运转除应符合设备技术文件和现行国家标准《制冷设备、空气分离设备安装工程施工及验收规范》(GB 50274—2010)的有关规定外,尚应符合下列规定:

a. 机组运转应平稳、应无异常振动与声响;

b. 各连接和密封部位不应有松动、漏气、漏油等现象;

c. 吸、排气的压力和温度应在正常工作范围内;

d. 能量调节装置及各保护继电器安全装置的动作应正确、灵敏、可靠;

e. 正常运转不应少于 8 h。

⑤多联式空调(热泵)机组系统应在充灌定量制冷剂后,进行系统的试运转,并应符合下列规定:

a. 系统应能正常输出冷风或热风,在常温条件下可进行冷热的切换与调控;

b. 室外机的试运转应参照本节第④条的运转要求;

c. 室内机的试运转不应有异常振动与声响,百叶板动作应正常,不应有渗漏水现象,运行噪声应符合设备技术文件要求;

d. 具有可同时供冷、热的系统,应在满足当季工况运行条件下,实现局部内机反向工况的运行。

⑥电动调节阀、电动防火阀、防排烟风阀(口)的手动、电动操作应灵活可靠,信号输出应正确。

⑦变风量末端装置单机试运转及调试应符合下列规定：

a.控制单元单体供电测试过程中,信号及反馈应正确,不应有故障显示;

b.启动送风系统,按控制模式进行模拟测试,装置的一次风阀动作应灵敏可靠;

c.带风机的变风量末端装置,风机应能根据信号要求运转,叶轮旋转方向应正确,运转应平稳,不应有异常振动与声响;

d.带再热的末端装置应能根据室内温度实现自动开启与关闭。

⑧蓄能设备(能源塔)应按设计要求正常运行。

⑨风机盘管机组的调速、温控阀的动作应正确,并应与机组运行状态一一对应,中档风量的实测值应符合设计要求。

⑩风机、空气处理机组、风机盘管机组、多联式空调(热泵)机组等设备运行时,产生的噪声不应大于设计及设备技术文件的要求。

(3)系统非设计满负荷条件下的联合试运转及调试

①系统非设计满负荷条件下的联合试运转及调试应符合下列规定:

a.系统总风量调试结果与设计风量的允许偏差应为-5% ~ +10%,建筑内各区域的压差应符合设计要求。

b.变风量空调系统联合调试应符合下列规定:

Ⅰ.系统空气处理机组应在设计参数范围内对风机实现变频调速。

Ⅱ.空气处理机组在设计机外余压条件下,系统总风量应满足本条第 a 款的要求,新风量的允许偏差应为 0 ~ +10%。

Ⅲ.变风量末端装置的最大风量调试结果与设计风量的允许偏差应为 0 ~ +15%。

Ⅳ.改变各空调区域运行工况或室内温度设定参数时,该区域变风量末端装置的风阀(风机)动作(运行)应正确。

Ⅴ.改变室内温度设定参数或关闭部分房间空调末端装置时,空气处理机组应自动正确地改变风量。

Ⅵ.应正确显示系统的状态参数。

c.空调冷热水系统应符合以下要求:

Ⅰ.空调冷(热)水系统、冷却水系统的总流量与设计流量的偏差不应大于10%。

Ⅱ.空调水系统应排除管道系统中的空气,系统连续运行应正常平稳,水泵的流量、压差和水泵电机的电流不应出现10%以上的波动。

Ⅲ.水系统平衡调整后,定流量系统的各空气处理机组的水流量应符合设计要求,允许偏差应为 15%;变流量系统的各空气处理机组的水流量应符合设计要求,允许偏差应为 10%。

d.冷水机组的供回水温度和冷却塔的出水温度应符合设计要求;多台制冷机或冷却塔并联运行时,各台制冷机及冷却塔的水流量与设计流量的偏差不应大于 10%。

e.地源(水源)热泵换热器的水温与流量应符合设计要求。

f.舒适空调与恒温、恒湿空调室内的空气温度、相对湿度及波动范围应符合或优于设计要求。

g.室内(包括净化区域)噪声应符合设计要求,测定结果可采用 Nc 或 dB(A)的表述方式。

h.环境噪声有要求的场所,制冷、空调设备机组应按现行国家标准《采暖通风与空气调节设备噪声声功率级的测定工程法》(GB/T 9068—88)的有关规定进行测定。

i. 压差有要求的房间、厅堂与其他相邻房间之间的气流流向应正确。

②防排烟系统联合试运行与调试后的结果,应符合设计要求及国家现行标准的有关规定。

③净化空调系统除应符合本节第①条的规定外,尚应符合下列规定:

a. 单向流洁净室系统的系统总风量允许偏差应为 0~+10%,室内各风口风量的允许偏差应为 0~+15%。

b. 单向流洁净室系统的室内截面平均风速的允许偏差应为 0~+10%,且截面风速不均匀度不应大于 0.25。

c. 相邻不同级别洁净室之间和洁净室与非洁净室之间的静压差不应小于 5 Pa,洁净室与室外的静压差不应小于 10 Pa。

d. 室内空气洁净度等级应符合设计要求或为商定验收状态下的等级要求。

e. 各类通风、化学试验柜、生物安全柜在符合或优于设计要求的负压下运行应正常。

④蓄能空调系统的联合试运转及调试应符合下列规定:

a. 系统中载冷剂的种类及浓度应符合设计要求。

b. 在各种运行模式下系统运行应正常平稳;运行模式转换时,动作应灵敏正确。

c. 系统各项保护措施反应灵敏,动作应可靠。

d. 蓄能系统在设计最大负荷工况下运行应正常。

e. 系统正常运转不应少于一个完整的蓄冷—释冷周期。

f. 单体设备及主要部件联动应符合设计要求,动作应协调正确,不应有异常。

g. 系统运行的充冷时间、蓄冷量、冷水温度、放冷时间等应满足相应工况的设计要求。

h. 系统运行过程中管路不应产生凝结水等现象。

i. 自控计量检测元件及执行机构工作应正常,系统各项参数的反馈及动作应正确、及时。

⑤空调制冷系统、空调水系统与空调风系统的非设计满负荷条件下的联合试运转及调试,正常运转不应少于 8 h,除尘系统不应少于 2 h。

⑥通风与空调工程通过系统调试后,监控设备与系统中的检测元件和执行机构应正常沟通,应正确显示系统运行的状态,并应完成设备的连锁、自动调节和保护等功能。

2)电气系统的验收调试运行

(1)试运行方案的内容

试运行方案是指导试运行的依据,应根据工程或设备的具体内容和验收规范的有关规定,认真编制。试运行方案内容主要包括试运行目的、范围、应具备条件、各项准备工作、内容步骤和操作方法、可能出现的问题和应采取的对策、安全措施、所需工具、仪器、仪表和材料以及试运行人员的组织和分工。

(2)试运行条件

各项安装工作都已完毕,并经检验合格,达到试运行要求;试运行的工程或设备的设计施工图、合格证、产品说明书、安装记录、调试报告等资料齐全;与试运行有关的机械、管道、仪表、自控等设备和连锁装置等都已安装调试完毕,并符合使用条件;现场清理完毕,无任何影响试运行的障碍;试运行所需的工具、仪表和材料齐全;试运行所用各种记录表格齐全并指定专人填写;试运行参加人员组织分工、责任明确、岗位清楚;安全防火措施齐全。

（3）试运行前的检查和准备工作

清除试运行设备周围的障碍物,拆除设备上的各种临时接线;恢复所有被临时拆开的线头和连接点,检查所有的端子有无松动现象;检查所有回路和电器设备的绝缘情况,并将绝缘电阻值填入记录表格中;对控制、保护和信号系统进行空载操作,检查所有设备,如隔离开关、断路器、继电器的可动部分均应动作灵活可靠;检查备用电源、备用设备及自动装置应处于良好状态;检查行程开关、限位开关的位置是否正确,接触是否严密可靠,动作是否灵活;电动机空转前,手动盘车应转动灵活,无异常响声;若对某一设备单独试运行,并需暂时解除与其他部分的连锁,应事先通知有关部门和人员,试运行后再恢复到原来状态;当两条线路并联运行时,应检查是否符合并联的规定;变电所送电试运行前,应制订操作程序,送电时,调试负责人应在场;检查变压器分接开关的位置是否符合设计要求;检查所有高低压熔断器是否导通良好;所有调试记录、报告均应经有关负责人审核同意并签字。

（4）试运行

以楼门单元为单位进行电气照明器具检查和通电运行,并填写电气照明器具通电安全检查记录。每户的照明器具要全数检查。检查项目:开关断极（相）线;螺灯口中心线接相线;插座右孔为相线,左孔为中性线,上孔为保护线;住宅工程,即厨房、厕所应用封闭式灯具等。

（5）电气全负荷运行

住宅工程以电源进户为单位进行通电试运行,每个进户电源填写一张记录表;动力设备以单台设备容量为单位每台设备填写一张记录表。

试运行中注意事项:全负荷试运行不应分层、分段进行,而是以电源进户为单位全负荷试运行;试运行应从总开关处开始供电,总箱、柜接入临时电源;一般民用住宅工程的照明全负荷试运行时间为 24 h;试运行期间所发生的问题,包括质量问题和故障排除等均应做好记录。

6.4.3 建筑设备安装工程竣工验收

1）通风与空调工程竣工验收

（1）竣工验收要求

①通风与空调工程竣工验收前,应完成系统非设计满负荷条件下的联合试运转及调试,项目内容及质量要求应符合 6.4.2 节及《通风与空调工程施工质量验收规范》（GB 50243—2016）的相关要求。

②通风与空调工程的竣工验收应由建设单位组织,施工、设计、监理等单位参加,验收合格后应办理竣工验收手续。

③通风与空调工程竣工验收时,各设备及系统应完成调试,并可正常运行。

④当空调系统竣工验收因季节原因无法进行带冷或热负荷的试运转与调试时,可仅进行不带冷（热）源的试运转,建设、监理、设计、施工等单位应按工程具备竣工验收的时间给予办理竣工验收手续。带冷（热）源的试运转应待条件成熟后再施行。

（2）竣工验收资料

①图纸会审记录、设计变更通知书和竣工图。

②主要材料、设备、成品、半成品和仪表的出厂合格证明及进场检（试）验报告;

③隐蔽工程验收记录；

④工程设备、风管系统、管道系统安装及检验记录；

⑤管道系统压力试验记录；

⑥设备单机试运转记录；

⑦系统非设计满负荷联合试运转与调试记录；

⑧分部(子分部)工程质量验收记录；

⑨观感质量综合检查记录；

⑩安全和功能检验资料的核查记录；

⑪净化空调的洁净度测试记录；

⑫新技术应用论证资料。

(3)感官质量

①通风与空调工程各系统的观感质量应符合下列规定：

a.风管表面应平整、无破损，接管应合理。风管的连接以及风管与设备或调节装置的连接处不应有接管不到位、强扭连接等缺陷。

b.各类阀门安装位置应正确牢固，调节应灵活，操作应方便；

c.风口表面应平整，颜色应一致，安装位置应正确，风口的可调节构件动作应正常；

d.制冷及水管道系统的管道、阀门及仪表安装位置应正确，系统不应有渗漏；

e.风管、部件及管道的支、吊架形式、位置及间距应符合设计基本规范要求；

f.除尘器、积尘室安装应牢固，接口应严密；

g.制冷机、水泵、通风机、风机盘管机组等设备的安装应正确牢固；组合式空气调节机组组装顺序应正确，接缝应严密；室外表面不应有渗漏；

h.风管、部件、管道及支架的油漆应均匀，不应有透底返锈现象，油漆颜色与标志应符合设计要求；

i.绝热层材质、厚度应符合设计要求，表面应平整，不应有破损和脱落现象；室外防潮层或保护壳应平整、无损坏，且应顺水流方向搭接，不应有渗漏；

j.消声器安装方向应正确，外表面应平整、无损坏；

k.风管、管道的软性接管位置应符合设计要求，接管应正确牢固，不应有强扭；

l.测试孔开孔位置应正确，不应有遗漏；

m.多联空调机组系统的室内、室外机组安装位置应正确，送风、回风不应存在短路回流的现象。

②净化空调系统的观感质量检查除应符合本节第①条的规定外，尚应符合下列规定：

a.空调机组、风机、净化空调机组、风机过滤器单元和空气吹淋室等的安装位置应正确，固定应牢固，连接应严密，允许偏差应符合本规范有关条款的规定；

b.高效过滤器与风管、风管与设备的连接处应有可靠密封；

c.净化空调机组、静压箱、风管及送回风口清洁不应有积尘；

d.装配式洁净室的内墙面、吊顶和地面应光滑平整，色泽应均匀，不应起灰尘；

e.送回风口、各类末端装置以及各类管道等与洁净室内表面的连接处密封处理应可靠严密。

2）电气工程竣工验收

竣工验收应由建设单位负责组织。建设单位收到施工单位的通知或提供的交工资料后，根据工程项目的性质、大小，分别由设计单位、施工单位以及有关人员共同进行检查、鉴定和验收。进行单体试车，无负荷联动试车和有负荷联动试车，应以施工单位为主，并与其他工种密切配合。

（1）工程验收的依据

①甲乙双方签订的工程合同；

②上级主管部门的有关文件；

③设计文件、施工图纸、设备技术说明书及产品合格证；

④国家现行的施工验收技术规范；

⑤对从国外引进的新技术或成套设备项目，还应按照签订的合同和国外提供的设计文件等资料进行验收。

（2）进行验收的工程应达到的标准

①工程项目按照合同规定和设计图纸要求已全部施工完毕，达到国家规定的质量标准，能够满足使用要求；

②设备调试、试运转达到设计要求，运转正常；

③施工现场清理完毕，无残存的垃圾、废料和机具；

④交工需要的所有资料齐全；

⑤做好工程交接验收。

（3）为了保证建设单位对工程的使用和维护管理，为改建、扩建提供依据，施工单位要向建设单位提供下列资料：

①交工工程项目一览表。包括单位工程名称、面积、开竣工日期及工程质量评定等级，根据要求应附有竣工图和开（竣）工报告。竣工图上应注明核定的年月。

②图纸会审记录。包括材料代用核定单以及设计变更通知单。

③质量检查记录。包括开箱检查记录、隐蔽工程记录、质量检查记录、质量事故报告、电力、照明布线绝缘电阻测定记录、设备试运转记录、优良工程报检表、分项工程质量检验评定表。电气设备的试验调整报告也应包括在内。

④材料、设备的合格证。

⑤未完工程的中间交工验收记录。

⑥施工单位提出的有关电气设备使用注意事项文件。

⑦工程结算资料、文件和签证单，包括施工图预（决）算、工程变更签证单和停工、窝工签证单。

⑧交（竣）工验收证明书。办理工程交接手续。经检查、鉴定和试车合格后，合同双方签订交接签收证书，逐项办理固定资产的移交；根据承包合同的规定，办理工程结算手续。除注明承担的保修工作内容外，双方的经济关系及法律责任可以解除。

思考题

6.1 结合自己所在城市,针对车库排风系统,简要阐述其安装工程费用构成。

6.2 简述施工组织设计的内容和作用。

6.3 针对通风空调系统,简述试车检验内容。

6.4 作为项目经理,如何做好项目竣工的准备?

7

建筑设备安装工程监理及质量控制

7.1 建设工程监理概述

7.1.1 建设工程监理的含义及性质

1)建设工程监理的含义

建设工程监理是工程监理单位受建设单位委托,根据法律法规、工程建设标准、勘察设计文件及合同,在施工阶段对建设工程质量、进度、造价进行控制,对合同、信息进行管理,对工程建设相关方的关系进行协调,并履行建设工程安全生产管理法定职责的服务活动。

建设单位(业主,含业主授权代理的其他具有独立民事能力的法人单位、项目法人)是工程监理任务的委托方,工程监理单位是监理任务的受托方。工程监理单位在建设单位的委托授权范围内从事专业化服务活动。

工程监理涵义可从以下几方面理解:

(1)建设工程监理行为主体

《中华人民共和国建筑法》(以下简称《建筑法》)第三十一条规定:实行监理的建筑工程,由建设单位委托具有相应资质条件的工程监理单位监理。工程监理的行为主体是工程监理单位。

(2)建设工程监理实施前提

《建筑法》第三十一条规定:建设单位与其委托的工程监理单位应当订立书面委托监理合同。

这里明确了监理工作的范围、内容、服务期限和酬金,以及双方义务、违约责任。

(3)建设工程监理实施依据

建设工程监理实施依据包括法律法规、工程建设标准、勘察设计文件及合同。

（4）建设工程监理实施范围

建设工程监理一般定位于工程施工阶段，工程监理单位受建设单位委托，按照建设工程监理合同约定，在工程勘察、设计、保修等阶段提供的服务活动均为相关服务。工程监理单位可以拓展自身的经营范围，为建设单位提供投资决策综合性咨询、工程建设全过程咨询乃至全过程工程咨询。

（5）建设工程监理基本职责

建设工程监理是一项具有中国特色的工程建设管理制度。工程监理单位的基本职责是在建设单位委托授权范围内，通过合同管理和信息管理，以及协调工程建设相关方关系，控制建设工程质量、造价和进度三大目标，即"三控、两管、一协调"。

此外，还需履行建设工程安全生产管理的法定职责，这是《建设工程安全生产管理条例》赋予工程监理单位的社会责任。

2）建设工程监理的性质

建设工程监理的性质可概括为服务性、科学性、独立性和公平性。

（1）服务性

在工程建设中，工程监理人员利用自己的知识、技能和经验以及必要的试验、检测手段，为建设单位提供管理和技术服务。工程监理单位的服务对象是建设单位，但不能完全取代建设单位的管理活动。

（2）科学性

为了满足建设工程监理实际工作需求，工程监理单位应由组织管理能力强、工程建设经验丰富的人员担任领导，有足够数量的、有管理经验丰富、应变能力强的监理人员组成，有着健全的管理制度、科学的管理方法和手段，且积累了丰富的技术、经济资料和数据，科学、严谨的工作态度，能够创造性地开展工作。

（3）独立性

《建设工程监理规范》（GB/T 50319—2013）明确要求，工程监理单位应公平、独立、诚信、科学地开展建设工程监理与相关服务活动。独立是工程监理单位公平地实施监理的基本前提。为此，《建筑法》第三十四条规定：工程监理单位与被监理工程的承包单位以及建筑材料、建筑构配件和设备供应单位不得有隶属关系或者其他利害关系。

（4）公平性

公平性是我国工程监理制度建立初期的一个重要性质，工程监理单位应以事实为依据，以法律法规和有关合同为准绳，在维护建设单位合法权益的同时，不能损害施工单位的合法权益。公平性是建设工程监理行业能够长期生存和发展的基本职业道德准则。特别是当建设单位与施工单位发生利益冲突或者矛盾时，例如，在调解建设单位与施工单位之间争议，处理费用索赔和工程延期、进行工程款支付控制及结算时，应客观、公平地对待建设单位和施工单位。

7.1.2 建设工程监理的法律地位和责任

1）建设工程监理的法律地位

（1）明确了强制实施监理的工程范围

《建筑法》第三十条：国家推行建筑工程监理制度。国务院可以规定实行强制监理的建筑工程的范围。

《建设工程质量管理条例》第十二条规定了必须实行监理的五类工程。《建设工程监理范围和规模标准规定》(建设部令第86号)又进一步细化了必须实行监理的工程范围和规模标准。

(2)明确了建设单位委托工程监理单位的职责

《建筑法》第三十一条:实行监理的建筑工程,由建设单位委托具有相应资质条件的工程监理单位监理。建设单位与其委托的工程监理单位应当订立书面委托监理合同。

《建设工程质量管理条例》第十二条:实行监理的建设工程,建设单位应当委托具有相应资质等级的工程监理单位进行监理,也可以委托具有工程监理相应资质等级并与被监理工程的施工承包单位没有隶属关系或者其他利害关系的该工程的设计单位进行监理。

(3)明确了工程监理单位的职责

《建筑法》第三十四条:工程监理单位应当在其资质等级许可的监理范围内,承担工程监理业务。《建设工程质量管理条例》第三十七条、《建设工程安全生产管理条例》第十四条又规定了监理单位和监理从业人员的行为准则。

(4)明确了工程监理人员的职责

《建筑法》第三十二条:建筑工程监理应当依照法律、行政法规及有关的技术标准、设计文件和建筑工程承包合同,对承包单位在施工质量、建设工期和建设资金使用等方面,代表建设单位实施监督。工程监理人员认为工程施工不符合工程设计要求、施工技术标准和合同约定的,有权要求建筑施工企业改正。工程监理人员发现工程设计不符合建筑工程质量标准或者合同约定的质量要求的,应当报告建设单位要求设计单位改正。

《建设工程质量管理条例》第三十八条:监理工程师应当按照工程监理规范的要求,采取旁站、巡视和平行检验等形式,对建设工程实施监理。

2)工程监理的法律责任

(1)工程监理单位的法律责任

①《建筑法》第三十五条:工程监理单位不按照委托监理合同的约定履行监理义务,对应当监督检查的项目不检查或者不按照规定检查,给建设单位造成损失的,应当承担相应的赔偿责任。《建筑法》第六十九条:工程监理单位与建设单位或者建筑施工企业串通,弄虚作假、降低工程质量的,责令改正,处以罚款,降低资质等级或者吊销资质证书;有违法所得的,予以没收;造成损失的,承担连带赔偿责任;构成犯罪的,依法追究刑事责任。工程监理单位转让监理业务的,责令改正,没收违法所得,可以责令停业整顿,降低资质等级;情节严重的,吊销资质证书。

②《建设工程质量管理条例》第六十条和第六十一条规定,工程监理单位有下列行为的,责令停止违法行为或改正,处合同约定的监理酬金1倍以上2倍以下的罚款;可以责令停业整顿,降低资质等级;情节严重的,吊销资质证书;有违法所得的,予以没收:

a.超越本单位资质等级承揽工程的;

b.允许其他单位或者个人以本单位名义承揽工程的。

③《建设工程安全生产管理条例》第五十七条:违反本条例的规定,工程监理单位有下列

行为之一的,责令限期改正;逾期未改正的,责令停业整顿,并处 10 万元以上 30 万元以下的罚款;情节严重的,降低资质等级,直至吊销资质证书;造成重大安全事故,构成犯罪的,对直接责任人员,依照刑法有关规定追究刑事责任;造成损失的,依法承担赔偿责任:

（一）未对施工组织设计中的安全技术措施或者专项施工方案进行审查的;

（二）发现安全事故隐患未及时要求施工单位整改或者暂时停止施工的;

（三）施工单位拒不整改或者不停止施工,未及时向有关主管部门报告的;

（四）未依照法律、法规和工程建设强制性标准实施监理的。

④《中华人民共和国刑法》第一百三十七条:工程监理单位违反国家规定,降低工程质量标准造成重大安全事故的,对直接责任人员,处五年以下有期徒刑或者拘役,并处罚金;后果特别严重的,处五年以上十年以下有期徒刑并处罚金。

（2）监理工程师的法律责任

《建设工程质量管理条例》第七十二条:违反本条例规定,注册建筑师、注册结构工程师、监理工程师等注册执业人员因过错造成质量事故的,责令停止执业 1 年;造成重大质量事故的,吊销执业资格证书,5 年以内不予注册;情节特别恶劣的,终身不予注册。《建设工程质量管理条例》第七十四条:建设单位、设计单位、施工单位、工程监理单位违反国家规定,降低工程质量标准,造成重大安全事故,构成犯罪的,对直接责任人员依法追究刑事责任。

《建设工程安全生产管理条例》第五十八条:注册执业人员未执行法律、法规和工程建设强制性标准的,责令停止执业 3 个月以上 1 年以下;情节严重的,吊销执业资格证书,5 年内不予注册;造成重大安全事故的,终身不予注册;构成犯罪的,依照刑法有关规定追究刑事责任。

7.1.3　建设工程监理的术语

（1）工程监理单位

工程监理单位:依法成立并取得建设主管部门颁发的工程监理企业资质证书,从事建设工程监理与相关服务活动的服务机构。

（2）建设工程监理

建设工程监理:工程监理单位受建设单位委托,根据法律法规、工程建设标准、勘察设计文件及合同,在施工阶段对建设工程质量、进度、造价进行控制,对合同、信息进行管理,对工程建设相关方的关系进行协调,并履行建设工程安全生产管理法定职责的服务活动。

（3）相关服务

相关服务:工程监理单位受建设单位委托;按照建设工程监理合同约定,在建设工程勘察、设计、保修等阶段提供的服务活动。

（4）项目监理机构

项目监理机构:工程监理单位派驻工程负责履行建设工程监理合同的组织机构。

（5）注册监理工程师

注册监理工程师:取得国务院建设主管部门颁发的《中华人民共和国注册监理工程师注册执业证书》和执业印章,从事建设工程监理与相关服务等活动的人员。

（6）总监理工程师

总监理工程师:由工程监理单位法定代表人书面任命,负责履行建设工程监理合同、主持项目监理机构工作的注册监理工程师。

（7）总监理工程师代表

总监理工程师代表：经工程监理单位法定代表人允许，由总监理工程师书面授权，代表总监理工程师行使其部分职责和权力，具有工程类注册执业资格或者具有中级及以上专业技术职称、3年及以上工程实践经验并经监理业务培训的人员。

（8）专业监理工程师

专业监理工程师：由总监理工程师授权，负责实施某一专业或者某一岗位的监理工作，有相应监理文件签发权，具有工程类注册执业资格或者具有中级及以上专业技术职称、2年及以上工程实践经验并经监理业务培训的人员。

（9）监理员

监理员：从事具体监理工作，具有中专及以上学历并经过监理业务培训的人员。

（10）监理规划

监理规划：项目监理机构全面开展建设工程监理工作的指导性文件。

（11）监理实施细则

监理实施细则：针对某一专业或者某一方面建设工程监理工作的操作性文件。

（12）工程计量

工程计量：根据工程设计文件及施工合同约定，项目监理机构对施工单位申报的合格工程的工程量进行核验。

（13）旁站

旁站：项目监理机构对工程的关键部位或者关键工序的施工质量进行的监督活动。

（14）巡视

巡视：项目监理机构对施工现场进行的定期或者不定期的检查活动。

（15）平行检验

平行检验：项目监理机构在施工单位自检的同时，按有关规定、建设工程监理合同约定对同一检验项目进行的检测试验活动。

（16）见证取样

见证取样：项目监理机构对施工单位进行的涉及结构安全的试块、试件及工程材料现场取样、封样、送检工作的监督活动。

（17）工程延期

工程延期：由于非施工单位原因造成合同工期延长。

（18）工期延误

工期延误：由于施工单位自身原因造成施工期延长。

（19）工程暂时延期批准

工程暂时延期批准：发生非施工单位原因造成的持续性影响工期事件时所作出的暂时延长合同工期的批准。

（20）工程最终延期批准

工程最终延期批准：发生非施工单位原因造成的持续性影响工期事件时所作出的最终延长合同工期的批准。

（21）监理日志

监理日志：项目监理机构每日对建设工程监理工作及施工进展情况所做的记录。

（22）监理月报

监理月报：项目监理机构每月向建设单位提交的建设工程监理工作及建设工程实施情况等分析总结报告。

（23）设备监造

设备监造：项目监理机构按照建设工程监理合同和设备采购合同约定，对设备制造过程进行的监督检查活动。

（24）监理文件资料

监理文件资料：工程监理单位在履行建设工程监理合同过程中形成或者获取的，以一定形式记录、保存的文件资料。

7.1.4　建设工程监理的主要工作内容

建设工程监理的主要工作内容简单而言可以概括为"三控制、两管理、一协调"和安全生产管理的监理工作。"三控制"包括工程进度控制、质量控制、投资控制，"两管理"包括合同管理、信息管理，"一协调"是工程项目相关事项的协调工作。此外，还需履行建设工程安全生产的法定职责，《建设工程安全生产管理条例》第十四条规定：工程监理单位和监理工程师应当按照法律、法规和工程建设强制性标准实施监理，并对建设工程安全生产承担监理责任。

安全生产管理的监理工作，是法定职责，也是社会责任，是一项非常重要的监理工作内容。

1）"三控制"

（1）质量控制

建设工程质量是实现建设工程功能与效果的基本要素。工程建设的不同阶段，对工程质量的形成起到不同的作用和影响。影响工程质量的因素很多，归纳起来主要有人员素质、施工设备、工程材料、工艺方法、环境条件五个方面。

质量控制主要监理工作内容包括：

①审查施工单位现场的质量管理组织机构、管理制度及专职管理人员和特种作业人员的资格。

②审查施工单位报审的施工方案。

③审查施工单位报送的新材料、新工艺、新技术、新设备的质量认证材料和相关验收标准的适用性。

④检查、复核施工单位报送的施工控制测量成果及保护措施。

⑤查验施工单位在施工过程中报送的施工测量放线成果。

⑥检查施工单位为工程提供服务的实验室。

⑦审查施工单位报送的用于工程的材料、构配件、设备的质量证明文件。

⑧对用于工程的材料进行见证取样、平行检验。

⑨审查施工单位定期提交影响工程质量的计量设备的检查和检定报告。

⑩对关键部位、关键工序进行旁站。

⑪对工程施工质量进行巡视。

⑫对施工质量进行平行检验。

⑬验收施工单位报验的隐蔽工程、检验批、分项工程和分部工程。

⑭处置施工质量问题、质量缺陷、质量事故。

⑮审查施工单位提交的单位工程竣工验收报审表及竣工资料,组织工程竣工预验收。

⑯编写工程质量评估报告。

⑰参加工程竣工验收等。

监理质量控制流程图与隐蔽工程质量控制程序图分别如图7.1、图7.2所示。

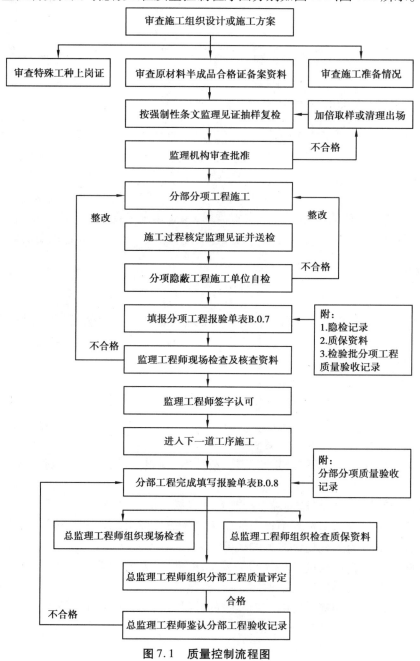

图 7.1 质量控制流程图

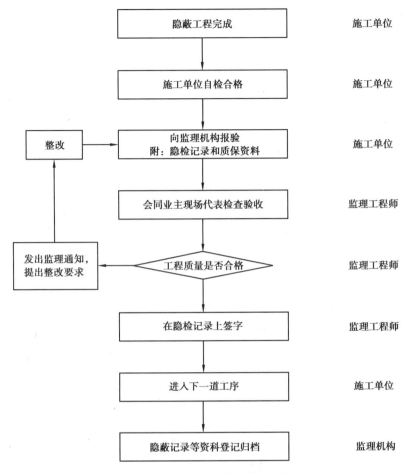

图7.2 隐蔽工程质量控制程序

（2）投资控制

投资控制是指在建设工程项目的投资决策阶段、设计阶段、施工阶段以及竣工阶段，把建设工程投资控制在计划投资限额内，随时纠正偏差，以保证项目投资管理目标的实现，力求在建设工程中合理使用人力、物力、财力，取得较好的投资效益和社会效益。

投资控制的主要监理工作内容包括：

①进行工程计量和付款签证；

②对实际完成量与计划完成量进行比较分析；

③审核竣工结算款，签发竣工结算款支付证书等；

④防止勘察设计单位随意变更设计、建设单位随意进行规模、用途等设计变更，尤其需要核定施工单位以施工不便提出的变更，包括但不限于规模、结构、设备参数、厂家品牌、材质等的变更。

（3）进度控制

进度控制是指对工程项目建设各阶段的工作内容、工作程序、持续时间和衔接关系，根据进度总目标及资源优化配置的原则，编制计划并付诸实施，然后在进度计划的实施过程中经常检查实际进度是否按计划进行，对出现的偏差进行分析，采取有效的补救措施，修改原计划后再付诸实施,如此循环,直到建设工程项目竣工验收交付使用。建设工程进度控制的最终目标是确保建设项目按预定时间交付使用或提前交付使用;进度控制的总目标是建设工期。

进度控制的主要监理工作内容包括:

①审查施工单位报审的施工总进度计划和阶段性施工进度计划;

②检查施工进度计划的实施情况;

③比较分析工程施工实际进度与计划进度,预测实际进度对工程总工期的影响等。

进度控制监理工作流程如图7.3所示。

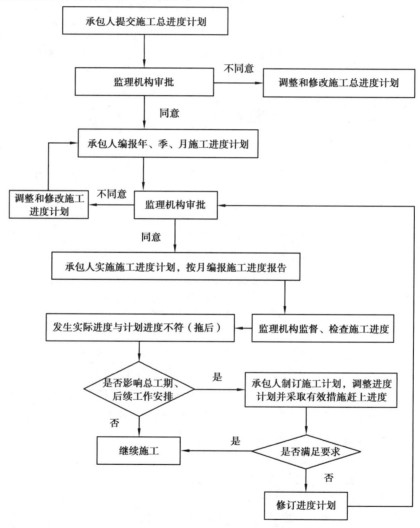

图7.3 进度控制监理工作流程图

2)"两管理"

"两管理"指的是合同管理和信息管理。

(1)合同管理

建设工程实施过程中会涉及许多合同,如勘察设计合同、施工合同、监理合同、咨询合同、材料设备采购合同等。合同管理是在市场经济体制下组织建设工程实施的基本手段,也是项目监理机构控制建设工程质量、造价、进度三大目标的重要手段。

完整的建设工程施工合同管理应包括施工招标的策划与实施,合同计价方式及合同文本的选择,合同谈判及合同条件的确定,合同协议书的签署,合同履行检查,合同变更、违约及纠纷的处理,合同订立和履行的总结评价等。

(2)信息管理

建设工程信息管理是指对建设工程信息的收集、加工、整理、分发、检索、存储等一系列工作的总称。信息管理是建设工程监理的重要手段之一,及时掌握准确、完整的信息,可以使监理工程师更加卓有成效地完成建设工程监理与相关服务工作。信息管理工作的好坏,将直接影响建设工程监理与相关服务工作的成败。建设工程信息管理贯穿工程建设全过程。

3)"一协调"

"一协调"指的是项目监理机构的组织协调工作。

建设工程监理目标的实现,需要监理工程师扎实的专业知识和对建设工程监理程序的有效执行。此外,还需要监理工程师有较强的组织协调能力。通过组织协调,能够使影响建设工程监理目标实现的各方主体有机配合、协同一致,促进建设工程监理目标的实现。

协调的主要监理工作内容包括:

①监理机构内部的协调;

②与业主单位的协调;

③与承包商的协调;

④与设计单位的协调;

⑤与政府部门及其他单位的协调。

4)安全生产管理的监理工作

①监理单位依照法律、法规和工程建设强制性标准进行监理,对工程安全生产承担监理责任。

②项目监理机构应根据法律法规、工程建设强制性标准,履行建设工程安全生产管理的监理职责,全面实行安全生产监理责任制度;并应将安全生产管理的监理工作内容、方法和措施纳入监理规划及监理实施细则。总监理工程师全面负责安全生产监理责任;总监理工程师代表(如设)和各专监及监理员具体负责各区域范围内的安全生产监理工作的责任制。

③完善监理单位安全生产管理制度。在健全审查核验制度、检查验收制度和督促整改制度基础上,完善工地例会制度及资料归档制度。定期召开工地例会,针对薄弱环节,提出整改意见,并督促落实;指定专人负责监理内业资料的整理、分类及立卷归档。

④建立监理人员安全生产教育培训制度。监理单位的总监理工程师和安全监理人员需经安全生产教育培训后方可上岗,其教育培训情况记入个人继续教育档案。

安全管理的监理工作流程见图7.4。

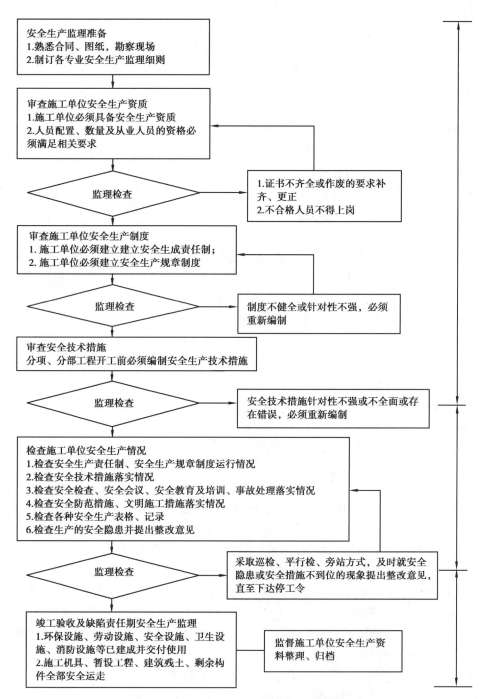

图 7.4 安全管理的监理工作流程图

7.1.5　建设工程监理相关服务

1)工程勘察阶段

在工程勘察设计阶段,监理单位的服务内容包括:

①协助建设单位选择勘察设计单位并签订工程勘察设计合同;

②审查勘察单位提交的勘察方案;

③检查勘察现场及室内试验主要岗位操作人员的资格、所使用设备、仪器计量的检定情况;

④审查勘查进度计划执行情况;

⑤审核勘察单位提交的勘察费用支付申请;

⑥检查勘察单位提交的勘察成果报告,参与勘察成果验收。

2)工程设计阶段

在工程设计阶段,监理单位的服务内容包括:

①协助建设单位编著勘察设计任务书,包括但不限于勘察设计任务、内容、进度计划、限额设计指标等;

②检查设计进度计划执行情况;

③审核设计单位提交的设计费用支付申请;

④审查设计单位提交的设计成果;

⑤审查设计单位提出的新材料、新工艺、新技术、新设备在相关部门的备案情况;

⑥审查设计单位提出的设计概算、施工图预算;

⑦协助建设单位组织专家评审设计成果;

⑧协助建设单位报审有关工程设计文件;

⑨协调处理勘察设计延期、费用索赔等事宜。

设计阶段的监理工作流程见图 7.5。

3)工程保修阶段

在工程保修阶段,监理单位的服务内容包括:

①制订保修期的监理规划,包括定期回访的频次和内容。

②对建设单位或使用单位提出的工程质量缺陷,安排监理人员进行检查和记录,并要求施工单位予以修复,同时监督实施,合格后予以签认。

③对工程质量缺陷原因进行调查,并与建设单位、施工单位协商确定责任归属。对非施工单位原因造成的工程质量缺陷,核实施工单位申报的修复工程费用,并签订工程款支付证书,同时报建设单位。

在订立建设工程监理合同时,建设单位将勘察、设计、保修阶段等相关服务一并委托的,应在合同中明确相关服务的工作范围、内容、服务期限和酬金等相关条款。

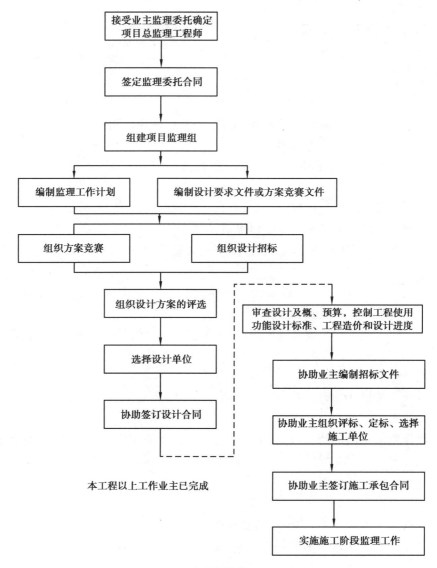

图 7.5　设计阶段的监理工作流程

7.2　建筑设备安装工程监理

7.2.1　建设工程监理实施程序

1)组建项目监理机构

　　工程监理单位在参与工程监理投标、承接工程监理任务时,根据建设工程规模、性质、建设单位对建设工程监理的要求,可选派符合总监理工程师任职资格要求的人员主持该项工作。在签订建设工程监理合同时,该主持人即可作为总监理工程师在工程监理合同中予以明确。

工程监理单位实施监理时,应在施工现场派驻项目监理机构,项目监理机构的组织形式和规模,可根据建设工程监理合同约定的服务内容、服务期限,以及工程特点、规模、技术复杂程度、环境等因素确定。

总监理工程师由工程监理单位法定代表人书面任命,负责履行建设工程监理合同,主持项目监理机构工作,是监理项目的总负责人,对内向工程监理单位负责,对外向建设单位负责。

总监理工程师应根据监理大纲和签订的建设工程监理合同确定项目监理机构人员及岗位职责,并在监理规划和具体实施计划执行中进行及时调整。

2) 收集工程监理有关资料

项目监理机构应收集工程监理有关资料,作为开展监理工作的依据。这些资料包括:

①反映工程项目特征的有关资料。主要包括工程项目的批文、规划部门关于规划红线范围和设计条件的通知、土地管理部门关于准予用地的批文、批准的工程项目可行性研究报告或设计任务书、工程项目地形图、工程勘察成果文件、工程设计图纸及有关说明等。

②反映当地工程建设政策、法规的有关资料。主要包括关于工程建设报建程序的有关规定、当地关于拆迁工作的有关规定、当地有关建设工程监理的有关规定、当地关于工程建设招标投标的有关规定、当地关于工程造价管理的有关规定等。

③反映工程所在地区经济状况等建设条件的资料。主要包括气象资料,工程地质及水文地质资料,与交通运输(包括铁路、公路、航运)有关的可提供的能力、时间及价格等的资料,与供水、供电、供热、供燃气、电信有关的可提供的容(用)量、价格等的资料,勘察设计单位状况,土建、安装施工单位状况,建筑材料及构件、半成品的生产、供应情况,进口设备及材料的到货口岸、运输方式等。

④类似工程项目建设情况的有关资料。主要包括类似工程项目投资方面的有关资料、类似工程项目建设工期方面的有关资料、类似工程项目的其他技术经济指标等。

3) 编制监理规划及监理实施细则

监理规划是项目监理机构全面开展建设工程监理工作的指导性文件。监理实施细则是针对某一专业或某一方面建设工程监理工作的操作性文件。

4) 规范化地开展监理工作

项目监理机构应按照建设工程监理合同约定,依据监理规划及监理实施细则规范化地开展建设工程监理工作。建设工程监理工作的规范化体现在以下几个方面:

①工作的时序性:工程监理各项工作都应按一定的逻辑顺序开展,使建设工程监理工作能有效地达到目的而不至于造成工作状态的无序和混乱。

②职责分工的严密性:建设工程监理工作是由不同专业、不同层次的专家群体共同完成的,他们之间严密的职责分工是协调进行建设工程监理工作的前提和实现建设工程监理目标的重要保证。

③工作目标的确定性:在职责分工的基础上,每一项监理工作的具体目标都应确定,完成的时间也应有明确的限定,从而能通过书面资料对建设工程监理工作及其效果进行检查和

考核。

5）参与工程竣工验收

建设工程施工完成后，项目监理机构应在正式验收前组织工程竣工预验收，在预验收中发现的问题，应及时与施工单位沟通，提出整改要求。项目监理机构应参加由建设单位组织的工程竣工验收，签署工程监理意见。

6）向建设单位提交建设工程监理文件资料

建设工程监理工作完成后，项目监理机构应向建设单位提交在监理合同文件中约定的建设工程监理文件资料。如合同中未作明确规定，一般应向建设单位提交工程变更资料、监理指令性文件、各类签证等文件资料。

7）进行监理工作总结

建设工程监理工作完成后，项目监理机构应及时进行监理工作总结。主要内容包括：工程概况，项目监理机构，建设工程监理合同履行情况，监理工作成效，监理工作中发现的问题及其处理情况，监理任务或监理目标完成情况评价，由建设单位提供的供项目监理机构使用的办公用房、车辆、试验设施等的清单，表明建设工程监理工作终结的说明，其他说明和建议等。

7.2.2　建筑设备安装工程在设计阶段的监理工作

工程设计是指工程项目建设决策完成后，对工程项目的工艺、土建、配套工程设施等进行综合规划设计及技术经济分析，并提供设计文件和图纸等工程建设依据的工作。

由于设备的投资大，全寿命周期的成本差异大，这将直接影响到投资的目的是否能够实现，投资的规模控制是否能够完成，建设单位的建设目标是否能够达到。综上，监理人在设计阶段的介入就十分必要，设计阶段的监理任务和内容就十分明晰。

工程项目设计监理就是监理单位运用自身的知识、技能和专业技术以满足业主对项目的需求和期望，通过在工期、投资和质量之间寻求最佳平衡点，以使业主获得最大效益，从而实现对工程项目投资、进度和质量的控制。

设计监理的主要工作内容有：协助编制设计要求，协助选择设计单位；组织评选设计方案，对各设计单位进行协调管理；监督合同履行；审查设计进度计划并监督实施；核查设计大纲和设计深度、使用技术规范合理性；提出设计评估报告（包括各阶段设计的核查意见和优化建议）；审核设计概算；并将各项工作的所有材料报委托方备案。

监理人在设计阶段的主要服务如下：

（1）工程设计进度计划的审查

工程监理单位应依据设计合同及项目总体计划要求审查各专业、各阶段设计进度计划。审查内容包括：

①计划中各个节点是否存在漏项；

②出图节点是否符合建设工程总体计划进度节点要求；

③分析各阶段、各专业工种设计工作量和工作难度，并审查相应设计人员的配置安排是否

合理；

④各专业计划的衔接是否合理，是否满足工程需要。

（2）工程设计过程控制

工程监理单位应检查设计进度计划执行情况，督促设计单位完成设计合同约定的工作内容，审核设计单位提交的设计费用支付申请。对于符合要求的，签认设计费用支付证书，并报建设单位。

（3）工程设计成果审查

工程监理单位应审查设计单位提交的设计成果，并提出评估报告。评估报告应包括下列主要内容：

①设计工作概况；

②设计深度、与设计标准的符合情况；

③设计任务书的完成情况；

④有关部门审查意见的落实情况；

⑤存在的问题及建议。

（4）工程设计"四新"的审查

工程监理单位应审视设计单位提出的新材料、新工艺、新技术、新设备等的必要性和可行性，审查在相关部门的备案情况，必要时应建议并协助建设单位组织专家评审。

（5）工程设计概算、施工图预算的审查

工程监理单位应审查设计单位提出的设计概算、施工图预算，提出审查意见，并报建设单位。设计概算和施工图预算的审查内容包括：

①工程设计概算和工程施工图预算的编制依据是否准确；

②工程设计概算和工程施工图预算内容是否充分反映自然条件、技术条件、经济条件，是否合理运用各种原始资料提供的数据，编制说明是否齐全等；

③各类取费项目是否符合规定，是否符合工程实际，有无遗漏或在规定之外的取费；

④工程量计算是否正确，有无漏算、重算和计算错误，对计算工程量中各种系数的选用是否有合理的依据；

⑤各分部分项套用定额单价是否正确，定额中参考价是否恰当。编制的补充定额取值是否合理；

⑥若建设单位有限额设计要求，则审查设计概算和施工图预算是否控制在规定的范围内。

（6）工程设计阶段其他相关服务

①工程索赔事件防范

工程勘察设计合同履行中，一旦发生约定的工作、责任范围变化或工程内容、环境、法规等变化，势必导致相关方索赔事件的发生。为此，工程监理单位应对工程参建各方可能提出的索赔事件进行分析，在合同签订和履行过程中采取防范措施，尽可能减少索赔事件的发生，避免对后续工作造成影响。工程监理单位对工程勘察设计阶段索赔事件进行防范的对策包括：

a. 协助建设单位编制符合工程特点及建设单位实际需求的勘察设计任务书、勘察设计合同等。

b. 加强对工程设计勘察方案和勘察设计进度计划的审查。

c.协助建设单位及时提供勘察设计工作必需的基础性文件。

d.保持与工程勘察设计单位沟通,定期组织勘察设计会议,及时解决工程勘察设计单位提出的合理要求。

e.检查工程勘察设计工作情况,发现问题及时提出,减少错误。

f.及时检查工程勘察设计文件及勘察设计成果,并报送建设单位。

g.严格按照变更流程,谨慎对待变更事宜,减少不必要的工程变更。

h.工程监理单位应协助建设单位组织专家对工程设计成果进行评审。工程设计成果评审程序如下:

- 事先建立评审制度和程序,并编制设计成果评审计划,列出预评审的设计成果清单;
- 根据设计成果特点,确定相应的专家人选;
- 邀请专家参与评审,并提供专家所需评审的设计成果资料、建设单位的需求及相关部门的规定等;
- 组织相关专家对设计成果的评审会议,收集各专家的评审意见。

i.整理、分析专家评审意见,提出相关建议或解决方案,形成会议纪要或报告,作为设计优化或下一阶段设计的依据,并报建设单位或相关部门。

②工程监理单位可协助建设单位向政府有关部门报审有关工程设计文件,并根据审批意见,督促设计单位予以完善。

工程监理单位协助建设单位报审工程设计文件时,首先,需要了解设计文件政府审批程序、报审条件及所需提供的资料等信息,以做好充分准备;其次,提前向相关部门进行咨询,获得相关部门咨询意见,以提高设计文件质量;再次,应事先检查设计文件及附件的完整性、合规性;最后,及时与相关政府部门联系,根据审批意见进行反馈和督促设计单位予以完善。

③工程监理单位应根据设计合同,协调处理设计延期、费用索赔等事宜。

(7)设备工程设计监理的重点难点控制

设备工程的设计监理不同于一般房屋市政工程的设计监理,设备工程在一些公共建筑、特殊建筑中的费用占比大,设备的集成化程度高、技术复杂,有的设备甚至存在可替代性差等特点。因此,设备的选择、工艺指标的设定等应重点关注如下内容:

①设备的各项功能性指标是否能达到最初策划的目的,是否有迭代升级的后续技术支撑,技术升级的成本是否可控。

②设备的价格是否在最初的设定范围,使用成本,包括设备设施的保修时长、零配件的供应(供货)周期,尤其是生产型设备的全寿命周期的成本是否满足项目预定的经济指标。

③同类设备在市场的供应情况,是否可以形成充分的竞争,会不会出现技术、货物供应、耗材供应等的垄断;设备供应的周期是否满足工程进度计划。

④设备的外观、重量与建筑物的配套关系;设备的吊装条件、场地是否有特殊的需求;设备运行是否对建构筑物的安全与耐久度形成影响。

⑤交互设计是否贴近用户需求。

⑥货物的交付与运输是否按照建设单位熟悉的模式进行;运输、安装、调试、试车(含联调联试)等的设备一切风险控制。

7.2.3　设备采购与设备监造

1)设备采购

设备可采取市场采购、向制造厂商订货或招标采购等方式进行采购。

(1)从市场进行设备直接购买或采购

从市场进行设备直接购买或采购的方式主要适用于标准设备的采购。

①设备采购方案:设备由建设单位直接采购的,项目监理机构要协助建设单位进行市场询价、编制设备采购方案;由总承包单位或设备安装单位采购的,项目监理机构要对总承包单位或安装单位编制的采购方案进行审查。

设备采购方案要根据建设项目的总体计划和相关设计文件的要求编制,使采购的设备符合设计文件要求。采购方案要明确设备采购的原则、范围和内容、程序、方式和方法,包括采购设备的类型、数量、质量要求、技术参数、供货周期要求、价格控制要求等因素。设备采购方案最终应获得建设单位的批准。

②设备采购的原则:

a.向有良好社会信誉、供货质量稳定的供货商采购;

b.设备质量可靠,满足技术要求,能保证生产或运行的稳定性;

c.所采购设备和配件价格合理,技术先进,交货及时,维修和保养能得到充分保障;

d.符合国家政策法规。

③设备采购的范围和内容:根据设计文件,对需采购的设备编制拟采购设备表,以及相应的备品配件表,包括名称、型号、规格、数量、主要技术参数、要求交货期,以及这些设备相应的图纸、数据表、技术规格、说明书、其他技术附件等。

④市场采购设备的质量控制要点:

a.负责设备采购质量控制的监理人员应熟悉和掌握设计文件中设备的各项要求、技术说明和规范标准,包括采购设备的名称、型号、规格、数量、技术性能、适用的制造和安装验收标准、要求的交货时间及交货方式与地点,以及其他技术参数、经济指标等各种资料和数据,并对存在的问题通过建设单位向设计单位提出意见和建议。

b.应了解和把握总承包单位或设备安装单位负责设备采购人员的技术能力情况,这些人应具备设备的专业知识,了解设备的技术要求,市场供货情况,熟悉合同条件及采购程序。

c.总承包单位或安装单位负责采购的设备,采购前应向项目监理机构提交设备采购方案,按程序审查同意后方可实施。对设备采购方案的审查,重点应包括以下内容:采购的基本原则、范围和内容,依据的图纸、规范和标准、质量标准、检查及验收程序,质量文件要求,以及保证设备质量的具体措施等。

(2)向生产厂家订购设备

向生产厂家订购设备,订购前应做好厂商的初选入围与实地考察。

供货厂商进行初选的内容可包括以下几项:①供货厂商的资质;②设备供货能力;③类似经验;④财务状况;⑤原材料、配套零部件及元器件的情况;⑥检验检测手段及试验室资质;⑦生产、质量、技术、管理制度的执行情况。

（3）招标采购设备的质量控制

设备招标采购一般用于大型、复杂、关键设备和成套设备及生产线设备的采购。在设备招标采购阶段，监理单位应该当好建设单位的参谋和助手，做好设备订货合同中技术标准、质量标准等内容的审查工作，审查的具体内容包括：

①掌握设计对设备提出的要求，协助起草招标文件，做好资格预审工作；

②参与考察供货制造商或投标单位，与建设和相关单位作出考察结论；

③协助建设单位进行综合比较，对设备的各方面（制造质量、寿命、成本、维修的难易、生产、技术、质量管理和信誉）作出评价；

④协助建设单位向中标单位或设备供货厂商移交技术文件。

（4）设备采购完成后应形成完整的资料

设备采购文件资料应包括下列主要内容：

①建设工程监理合同及设备采购合同；

②设备采购招投标文件；

③工程设计文件和图纸；

④市场调查、考察报告；

⑤设备采购方案；

⑥设备采购工作总结。

2）设备监造

（1）设备制造的质量控制方式

①驻厂监造：对于特别重要的设备，监理单位可以采取驻厂监造的方式。

②巡回监控：对某些设备（如制造周期长的设备）则可采用巡回监控的方式。

③定点监控：大部分设备可以采取定点监控的方式。针对影响设备制造质量的诸多因素，设置质量控制点，做好预控及技术复核，实现设备制造质量的控制。

质量控制点的设置：a.对设备制造质量有明显影响的特殊或关键工序处；b.针对设备的主要部件、关键部件、加工制造的薄弱环节；c.易产生质量缺陷的工艺过程。

（2）设备制造的质量控制内容

①设备制造前的质量控制

a.熟悉图纸、合同，掌握相关的标准、规范和规程，明确质量要求；

b.明确设备制造过程的要求及质量标准；

c.审查设备制造的工艺方案；

d.对设备制造分包单位的审查；

e.检验计划和检验要求的审查；

f.对生产人员上岗资格的检查；

g.用料的检查。

②设备制造过程的质量控制

制造过程的监督和检验包括以下内容：a.加工作业条件的控制；b.工序产品的检查与控制；c.不合格零件的处置；d.设计变更；e零件、半成品、制成品的保护。

（3）设备运输与交接的质量控制

①出厂前的检查：为了防止零件锈蚀和使设备美观协调以及为满足其他方面的要求，设备制造单位必须对零件和设备涂防锈油脂或涂装漆，此项工作也与零件制造和装配交叉进行。总监理工程师签认同意后方可出厂。

②设备运输的质量控制：a. 包装的基本要求；b. 运输方案的审查；c. 设备交货地点的检查与清点。

7.2.4 施工准备阶段的监理工作

1）组建项目监理机构

建立项目监理机构是实现监理工作目标的组织保证。在这一阶段，监理单位应按中标通知书或委托监理合同的规定、投标承诺的人员进场计划及中标通知（或合同）要求，将相关人员派驻现场，建立监理工作制度，明确监理人员岗位职责，使项目监理机构开始运转工作。

2）参加设计交底

①设计交底前，总监理工程师必须组织监理人员熟悉、了解图纸，了解工程特点、工程地质和水文条件、施工环境、环保要求等；

②熟悉设计主导思想、建筑艺术构思和要求，采用的设计规范和施工规范，确定的抗震烈度，基础、结构、装修、机电设备设计（包括设备选型）等；

③熟悉对土建施工和设备安装施工的要求，对主要建筑材料的要求，对所采用新技术、新工艺、新材料的要求，以及施工中应特别注意的事项、重难点等。

3）施工组织设计审查

项目监理机构应审查施工单位报审的施工组织设计，符合要求时，应由总监理工程师签认后报建设单位。项目监理机构应要求施工单位按已批准的施工组织设计组织施工。施工组织设计需要调整时，项目监理机构应按程序重新审查。

施工组织设计审查应包括下列基本内容：

①编审程序应符合相关规定；

②施工进度、施工方案及工程质量保证措施应符合施工合同要求；

③资金、劳动力、材料、设备等资源供应计划应满足工程施工需要；

④安全技术措施应符合工程建设强制性标准；

⑤施工总平面布置应科学合理。

4）审查承包单位的质量管理体系

项目监理机构对施工单位现场质量管理体系的审查内容包括：

①项目质量管理组织构架；

②项目质量管理制度；

③项目专职管理人员的资格；

④项目特种作业人员的资格。

5)审查分包单位资格

分包工程开工前,项目监理机构应审核施工单位报送的分包单位资格报审表,专业监理工程师提出审查意见后,应由总监理工程师审核签认。

分包单位资格审核应包括下列基本内容:

①营业执照、企业资质等级证书;

②安全生产许可文件;

③类似工程业绩;

④专职管理人员和特种作业人员的资格。

6)审查《工程开工报审表》

项目监理机构应按以下内容进行审查:

①设计交底和图纸会审是否已完成;

②施工组织设计是否已由总监理工程师签认;

③施工单位现场质量、安全生产管理体系是否已建立,管理及施工人员是否已到位,施工机械是否具备使用条件,主要工程材料是否已落实;

④进场道路及水、电、通信等是否已满足开工要求。

满足开工条件时,应由总监理工程师签署审查意见,并应报建设单位批准后,总监理工程师签发工程开工令。

7)编制监理规划和监理细则

(1)监理规划

监理规划在签订建设工程监理合同及收到工程设计文件后由总监理工程师组织编制,并应在召开第一次工地会议前报送建设单位。

监理规划应包括下列主要内容:

①工程概况;

②监理工作的范围、内容、目标;

③监理工作依据;

④监理组织形式、人员配备及进退场计划、监理人员岗位职责;

⑤监理工作制度;

⑥工程质量控制;

⑦工程造价控制;

⑧工程进度控制;

⑨安全生产管理的监理工作;

⑩合同与信息管理;

⑪组织协调;

⑫监理工作设施。

（2）监理实施细则

监理实施细则应在相应工程施工开始前由专业监理工程师编制，并应报总监理工程师审批。

监理实施细则应包括下列主要内容：

①专业工程特点；

②监理工作流程；

③监理工作要点；

④监理工作方法及措施。

8）参加第一次工地会议

一般应在承包单位和项目监理机构进驻现场后、工程开工前召开第一次工地会议，并由建设单位主持。与会人员包括：

①建设单位驻现场代表及有关职能部门人员；

②承包单位项目经理部经理及有关职能部门人员、分包单位主要负责人；

③项目监理机构总监理工程师及主要监理人员；

④可邀请有关设计人员参加。

第一次工地会议应包括以下内容：

①建设单位、承包单位和监理单位分别介绍各自驻现场的组织机构、人员及其分工；

②建设单位根据监理委托合同宣布对总监理工程师的授权；

③建设单位介绍开工准备情况；

④承包单位介绍施工准备情况；

⑤建设单位和总监理工程师对施工准备情况提出意见和要求；

⑥总监理工程师介绍监理规划的主要内容；

⑦研究确定各方在施工过程中参加工地例会的主要人员，召开工地例会周期及主要议题。

第一次工地会议纪要应由项目监理机构负责整理，并经各方与会代表会签。

7.2.5 设备安装、调试阶段的监理工作内容

1）对设备安装、调试方案进行审核

总监理工程师应组织专业监理工程师审查施工单位报审的施工方案，并应符合要求后予以签认。

施工方案审查应包括下列基本内容：

①编审程序应符合相关规定；

②工程质量保证措施应符合有关标准。

2）材料及设备的验收

项目监理机构应审查施工单位报送的用于工程的材料、构配件、设备的质量证明文件，并应按有关规定、建设工程监理合同约定，对用于工程的材料进行见证取样，平行检验。项目监

理机构对已进场经检验不合格的工程材料、构配件、设备,应要求施工单位限期将其撤出施工现场。

设备的开箱检验内容包括:

①检查外观包装情况;

②到货的设备型号、规格、附件、数量等是否与合同和装箱清单相符;

③设备的外观是否有损坏、锈蚀等现象;

④随机技术文件是否齐全。

3)审查施工单位施工准备工作

①设备安装工作界面是否完成移交;

②安全、技术交底是否已完成;

③劳动力、机械设备、设备及材料是否已就位;

④主要施工管理人员、质量员、技术人员是否到位;

⑤施工方案是否已完成审批;

⑥施工区域安全防护措施是否满足要求。

4)旁站、巡视、平行检验、见证取样

旁站、巡视、平行检验、见证取样是建设工程监理的主要方式。

(1)旁站

项目监理机构应根据工程特点和施工单位报送的施工组织设计,确定旁站的关键部位;关键工序,安排监理人员进行旁站,并应及时记录旁站情况。

(2)巡视

巡视是指项目监理机构监理人员对施工现场进行定期或不定期的检查活动。巡视检查是项目监理机构对实施建设工程监理的重要方式之一,是监理人员针对施工现场进行的日常检查。

总监理工程师应根据经审核批准的监理规划和监理实施细则对现场监理人员进行交底,明确巡视检查要点、巡视频率和采取措施及采用的巡视检查记录表;合理安排监理人员进行巡视检查工作;督促监理人员按照监理规划及监理实施细则的要求开展现场巡视检查工作;总监理工程师应检查监理人员巡视的工作成果,与监理人员就当日巡视检查工作进行沟通,对发现的问题及时采取相应的处理措施。

巡视应包括下列主要内容:

①施工单位是否按工程设计文件、工程建设标准和批准的施工组织设计、(专项)施工方案施工。

②使用的工程材料、构配件和设备是否合格。

③施工现场管理人员,特别是施工质量管理人员是否到位。

④特种作业人员是否持证上岗。

(3)平行检验

平行检验是项目监理机构在施工单位自检的同时,按照有关规定、建设工程监理合同约定

对同一检验项目进行的检测试验活动。平行检验的内容包括工程实体量测(检查、试验、检测)和材料检验等内容。平行检验是项目监理机构控制建设工程质量的重要手段之一。

项目监理机构首先应依据建设工程监理合同编制符合工程特点的平行检验方案,明确平行检验的方法、范围、内容、频率等,并设计各平行检验记录表式。建设工程监理实施过程中,应根据平行检验方案的规定和要求,开展平行检验工作。对平行检验不符合规范、标准的检验项目,应分析原因后按照相关规定进行处理。

负责平行检验的监理人员应根据经审批的平行检验方案,对工程实体、原材料等进行平行检验,平行检验的方法包括量测、检测、试验等,在平行检验的同时,记录相关数据、分析平行检验结果、检测报告结论等,提出相应的建议和措施。

监理文件资料管理人员应将平行检验方面的文件资料等单独整理、归档。平行检验的资料是竣工验收资料的重要组成部分。

(4)见证取样

见证取样是指项目监理机构对施工单位进行的涉及结构安全的试块、试件及工程材料现场取样、封样、送检工作的监督活动。

项目监理机构应根据工程的特点和具体情况,制订工程见证取样送检工作制度,将材料进场报验、见证取样送检的范围、工作程序、见证人员和取样人员的职责、取样方法等内容纳入监理实施细则。

根据建设部印发的《房屋建筑工程和市政基础设施工程实行见证取样和送检制度的规定》(建〔2000〕211号)及《建设工程质量检测管理办法》(住房城乡建设部令第57号)的相关要求,在建设工程质量检测中实行见证取样和送检制度,即在建设单位或监理单位人员见证下由施工人员在现场取样,送至实验室进行试验。

见证取样监理人员应根据见证取样实施细则要求,按程序实施见证取样工作,包括:在现场进行见证,监督施工单位取样人员按随机取样方法和试件制作方法进行取样;对试样进行监护、封样加锁;在检验委托单上签字,并出示"见证员证书";协助建立包括见证取样送检计划、台账等在内的见证取样档案等。

5)工地例会

在施工过程中,总监理工程师应定期主持召开工地例会。会议纪要由项目监理机构负责整理,并经各方代表会签。

一般情况下,工地例会的内容包括:

①检查上次例会议定事项的落实情况,分析未完事项原因;

②检查分析进度计划完成情况,提出下一阶段进度目标及其落实措施;

③检查分析工程质量状况,针对存在的质量问题提出改进措施;

④检查工程量核定及工程款支付情况;

⑤解决需要协调的有关事项;

⑥其他有关事宜。

总监理工程师或专业监理工程师应根据需要及时组织专题会议,解决施工过程中的各种专项问题。

6）安全生产管理的监理工作

①项目监理机构应根据法律法规、工程建设强制性标准，履行建设工程安全生产管理的监理职责；并应将安全生产管理的监理工作内容、方法和措施纳入监理规划及监理实施细则。

②项目监理机构应审查施工单位现场安全生产规章制度的建立和实施情况，并应审查施工单位安全生产许可证及施工单位项目经理、专职安全生产管理人员和特种作业人员的资格，同时应核查施工机械和设施的安全许可验收手续。

③项目监理机构应当审查施工组织设计中的安全技术措施或者专项施工方案是否符合工程建设强制性标准。

④项目监理机构应审查施工单位报审的专项施工方案，符合要求的，应由总监理工程师签认后报建设单位。超过一定规模的危险性较大的分部分项工程的专项施工方案，应检查施工单位组织专家进行论证、审查的情况，以及是否附具安全验算结果。项目监理机构应要求施工单位按已批准的专项施工方案组织施工。专项施工方案需要调整时，施工单位应按程序重新提交项目监理机构审查。

专项施工方案审查应包括下列基本内容：a. 编审程序应符合相关规定；b. 安全技术措施应符合工程建设强制性标准。

⑤施工单位拒绝按照监理单位的要求进行整改或者停止施工的，监理单位应及时将情况向当地建设主管部门或工程项目的行业主管部门报告。监理单位没有及时报告，应承担《条例》第五十七条规定的法律责任。监理单位未依照法律、法规和工程建设强制性标准实施监理的，应当承担《条例》第五十七条规定的法律责任。

⑥项目监理机构在监理巡视检查过程中，发现存在安全事故隐患的，应按照有关规定及时下达书面指令要求施工单位进行整改或停止施工。项目监理机构应巡视检查危险性较大的分部分项工程专项施工方案实施情况。发现未按专项施工方案实施时，应签发监理通知单，要求施工单位按专项施工方案实施。

⑦项目监理机构在实施监理过程中，发现工程存在安全事故隐患时，应签发监理通知单，要求施工单位整改；情况严重时，应签发工程暂停令，并应及时报告建设单位。施工单位拒不整改或者不停止施工时，项目监理机构应及时向有关主管部门报送监理报告。

⑧项目监理机构应建立健全安全生产工作（工地）例会制度。

a. 安全生产工作例会由项目监理部（组）安全生产领导小组组织召开。

b. 工作例会每月一次；遇特殊情况可适时召开会议。

c. 例会主要内容是传达学习贯彻上级关于综治安全工作的文件批示，汇报交流综合安全情况，分析研究综治安全形势，研究制订管理措施，布置下一阶段综治安全管理工作。

d. 年度的综治安全目标管理计划由各级安全生产领导小组根据上一级的要求和实际情况提出书面意见后报单位行政办公会议研究同意，以文件形式下发贯彻执行。

e. 安全生产例会由本级领导小组成员和各项目部安全分管领导（领导小组组长或副组长）及指挥部安全领导小组办公室负责人参加。

⑨安全生产监理的教育和培训制度：

a. 开展各种形式的安全生产宣传教育工作，多途径、多方式对监理人员进行培训，提高全体监理人员的安全生产知识和安全生产监管能力,增强安全生产意识。

b. 对项目监理部(组)所有人员进行安全宣传和教育工作。派驻工地现场的监理人员要经培训,具备与本单位所从事工作相关的安全生产知识和管理能力,并取得相关的安全资格证书。

c. 现场每月不少于一次监理人员的安全教育培训活动。

i. 本建设工程近期安全生产状况,存在的问题和所应采取的预防措施;

ii. 对事故案例分析教育;

iii. 安全生产方面的图展、观看录像、知识教育;

iv. 国家、上级部门、公司最近的安全法律、规章、制度。

d. 各类形式的安全教育,受教育者应签到,教育活动内容要有书面纪要,并存台账。

⑩安全生产检查及事故隐患的整改制度:

a. 公司工程监理部以定期、不定期和专项检查相结合的形式检查各项目部、各工区的安全生产情况。定期检查至少每月两次,检查情况由安全专业监理工程师填写于台账中,记录受检查项目的安全情况。对各类检查中发现的重大安全生产隐患,采取以下程序进行整改:

i. 签发整改通知书给各项目部,限期按指定要求进行整改。

ii. 收到整改通知书的项目部在指定时间,按要求制订整改措施和确定责任人,并用书面形式回复项目监理部(组)安全生产领导小组。

iii. 整改期限过后,整改单位用书面形式将整改完成情况报项目监理部(组)安全生产领导小组,必要时公司工程监理部安全生产领导小组对整改事项进行复查,若仍未达到整改要求的则重复上述程序,并对有关责任人进行必要的处罚。

b. 安全生产检查工作步骤要求:项目部对各工区的安全检查每月不少于两次,并应根据生产情况、季节特点进行专项检查和不定期检查。各区域的监理人员经常检查安全,每道工序进行时应检查安全问题。

c. 所有层次的安全检查工作,分为台账资料、现场两部分。

Ⅰ. 台账资料的检查内容:

●安全生产组织机构的建立情况;

●管理制度文件的存档、保管情况;

●安全生产责任目标书签订情况;

●按制度规定的各项工作开展情况;

●台账资料的整理、分类情况。

Ⅱ. 现场的检查内容:

●场容、场貌、文明安全状况;

●安全防护设施、装置的齐全完好情况;

●职工个人劳动防护用品使用情况;

●特种作业的岗位人员持证情况;

●易燃、易爆物品的储存、使用情况;

●现场用电安全状况;

●各施工作业区的便桥、支架搭设、高空作业、道路交通等危险源的安全状况。

Ⅲ. 检查工作要严、细,发现隐患要及时采取措施予以消除,教育职工杜绝类似情况的再次发生,对管理工作方面存在的缺陷、问题认真对待,要有针对性地改进。

d.各级安全生产检查工作要有书面记录资料。

Ⅰ.项目监理部(组)组织的检查必须记入安全工作台账。

Ⅱ.各区域监理人员的检查应在监理日志中有相应内容。

7)监理日志

监理人员应每天据实填写监理日志,监理日志应包括下列主要内容:

①天气和施工环境情况;

②当日施工进展情况;

③当日监理工作情况,包括旁站、巡视、见证取样、平行检验等情况;

④当日存在的问题及协调解决情况;

⑤其他有关事项。

8)监理月报

监理月报由总监理工程师每月组织编写,总监理工程师审核签字盖章后报送建设单位,应包括下列主要内容:

①本月工程实施情况;

②本月监理工作情况;

③本月施工中存在的问题及处理情况;

④下月监理工作重点。

9)监理工作总结

监理工作总结应包括下列主要内容:

①工程概况;

②项目监理机构;

③建设工程监理合同履行情况;

④监理工作成效;

⑤监理工作中发现的问题及处理情况;

⑥说明和建议。

10)监理指令

(1)工程开工令

总监理工程师应组织专业监理工程师审查施工单位报送的开工报审表及相关资料;同时具备下列条件时,应由总监理工程师签署审查意见,并应报建设单位批准后,由总监理工程师签发工程开工令:

①已办理施工许可证;

②施工组织设计或施工方案已审批;

③施工图纸已会审;

④工程基线、标高已复核；

⑤主要材料、施工机械设备已落实(或有所计划)；

⑥施工图已审查完毕；

⑦现场"四通一平"及临时设施等已能满足施工需要；

⑧其他地方性的规定等。

(2)工程暂停令

工程暂停令由总监理工程师签发,总监理工程师在签发工程暂停令时,可根据停工原因的影响范围和影响程度,确定停工范围,并应按施工合同和建设工程监理合同的约定签发工程暂停令。

项目监理机构发现下列情况之一时,总监理工程师应及时签发工程暂停令：

①建设单位要求暂停施工且工程需要暂停施工的；

②施工单位未经批准擅自施工或者拒绝项目监理机构管理的；

③施工单位未按审查通过的工程设计文件施工的；

④施工单位未按批准的施工组织设计、(专项)施工方案施工或者违反工程建设强制性标准的；

⑤施工存在重大质量、安全事故隐患或者发生质量、安全事故的。

总监理工程师签发工程暂停令应征得建设单位允许,在紧急情况下未能事先报告的,应在事后及时向建设单位作出书面报告。暂停施工事件发生时,项目监理机构应如实记录所发生的情况。总监理工程师应会同有关各方按施工合同约定,处理因工程暂停引起的与工期、费用有关的问题。因施工单位原因暂停施工时,项目监理机构应检查、验收施工单位的停工整改过程、结果。

当暂停施工原因消失、具备复工条件时,施工单位提出复工申请的,项目监理机构应审查施工单位报送的复工报审表及有关材料,符合要求后,总监理工程师应及时签署审查意见,并应报建设单位批准后签发工程复工令；施工单位未提出复工申请的,总监理工程师应根据工程实际情况指令施工单位恢复施工。

(3)监理通知单

项目监理机构发现施工存在以下问题时,应及时签发监理通知单,要求施工单位整改。整改完毕后,项目监理机构应根据施工单位报送的监理通知回复对整改情况进行复查,提出复查意见。签发监理通知单的情况有：

①施工不符合设计要求、工程建设标准、合同约定；

②使用不合格的工程材料、构配件和设备；

③施工存在质量问题或采用不适当的施工工艺,或施工不当造成工程质量不合格；

④实际进度严重滞后于计划进度且影响合同工期；

⑤未按专项施工方案施工；

⑥存在安全事故隐患；

⑦工程质量、造价、进度等方面的其他违法违规行为。

11)工程变更处理

(1)施工单位提出的工程变更处理程序

项目监理机构可按下列程序处理施工单位提出的工程变更。

①总监理工程师组织专业监理工程师审查施工单位提出的工程变更申请,提出审查意见。对涉及工程设计文件修改的工程变更,应由建设单位转交原设计单位修改工程设计文件。必要时,项目监理机构应建议建设单位组织设计、施工等单位召开论证工程设计文件的修改方案的专题会议。

②总监理工程师组织专业监理工程师对工程变更费用及工期影响作出评估。

③总监理工程师组织建设单位、施工单位等协商确定工程变更费用及工期变化,会签工程变更单。

④项目监理机构根据批准的工程变更文件监督施工单位实施工程变更。

(2)建设单位要求的工程变更处理职责

项目监理机构可对建设单位要求的工程变更提出评估意见,并应督促施工单位按会签后的工程变更单组织施工。工程变更监理工作流程见图7.6。

12)费用索赔

①项目监理机构应及时采集、整理有关工程费用的原始资料,为处理费用索赔提供证据。

②项目监理机构处理费用索赔的主要依据应包括下列内容:a.法律法规;b.勘察设计文件、施工合同文件;c.工程建设标准;d.索赔事件的证据。

③项目监理机构可按下列程序处理施工单位提出的费用索赔:a.受理施工单位在施工合同约定的期限内提交的费用索赔意向通知书;b.采集与索赔有关的资料;c.受理施工单位在施工合同约定的期限内提交的费用索赔报审表;d.审查费用索赔报审表,需要施工单位进一步提交详细资料时,应在施工合同约定的期限内发出通知。

④与建设单位和施工单位商议一致后,在施工合同约定的期限内签发费用索赔报审表,并报建设单位。

⑤项目监理机构批准施工单位费用索赔应同时满足下列条件:

a.施工单位在施工合同约定的期限内提出费用索赔;

b.索赔事件是因非施工单位原因造成的,且符合施工合同约定;

c.索赔事件造成施工单位直接经济损失。

⑥当施工单位的费用索赔要求与工程延期要求相关联时,项目监理机构可提出费用索赔和工程延期的综合处理意见,并应与建设单位和施工单位商议。

⑦因施工单位原因造成建设单位损失,建设单位提出索赔时,项目监理机构应与建设单位和施工单位商议处理。

13)施工合同争议与解除

(1)施工合同争议的处理

项目监理机构应按《建设工程监理规范》(GB/T 50319—2013)规定的程序处理施工合同

争议。在处理施工合同争议过程中对未达到施工合同约定的暂停履行合同条件的,应要求施工合同双方继续履行合同。

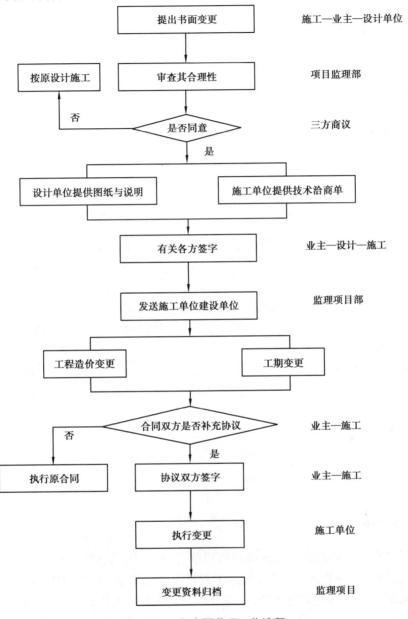

图 7.6 工程变更监理工作流程

在施工合同争议的仲裁或诉讼过程中,项目监理机构应按仲裁机关或法院要求提供与争议有关的证据。

(2)施工合同解除的处理

①因建设单位原因导致施工合同解除时,项目监理机构应按施工合同约定与建设单位和施工单位协商确定施工单位应得款项,并签发工程款支付证书。

②因施工单位原因导致施工合同解除时,项目监理机构应按施工合同约定,确定施工单位应得款项或偿还建设单位的款项,与建设单位和施工单位协商后,书面提交施工单位应得款项或偿还建设单位款项的证明。

③因非建设单位、施工单位原因导致施工合同解除时,项目监理机构应按施工合同约定处理合同解除后的有关事宜。

14)验收

项目监理机构应对施工单位报验的隐蔽工程、检验批;分项工程和分部工程进行验收,对验收合格的应给予签认,对验收不合格的应拒绝签认,同时应要求施工单位在指定的时间内整改并重新报验。

建筑设备的验收是为了确认设备安装工作的质量和符合相关标准。建筑设备的验收规范应包括以下几个方面:

(1)文件资料的齐全性

验收前需要核实设备的文件资料完备与准确,包括设备的出厂合格证明、安装说明、维护手册等。这些文件资料是判断设备是否合格和正常使用的重要依据。

(2)安全性能的检查

验收时需要对设备的安全性能进行检查,包括设备的电气安全、机械安全、防护设施等方面。对有关设备的证书和验收报告进行检视,并确保设备的安装符合相关安全规范。

(3)设备功能和性能的测试

验收中还需要对设备的功能和性能进行测试,以验证设备是否符合设计要求。包括设备的运行效率、能耗、噪声等方面的测试。通过测试,可以评估设备的性能,并及时处理设备运行中出现的问题。

(4)运行调试和培训

在设备验收的最后阶段,需要进行运行调试和使用培训。调试是为了确保设备正常运行,培训是为了使使用人员了解设备的操作方法和维护要点,从而提高设备的使用效率和延长设备的使用寿命。

15)监理文件资料管理

建设工程监理文件资料应以施工及验收规范、工程合同、设计文件、工程施工质量验收标准、建设工程监理规范等为依据填写,并随工程进度及时收集、整理,认真书写,项目齐全、准确、真实,无未尽事项。表格应采用统一格式,特殊要求需增加的表格应统一归类,按要求归档。

根据《建设工程监理规范》(GB/T 50319—2013),项目监理机构文件资料管理的基本职责如下:

①应建立和完善监理文件资料管理制度,宜设专人管理监理文件资料。

②应及时、准确、完整地收集、整理、编制、传递监理文件资料,宜采用信息技术进行监理文件资料管理。

③应及时整理、分类汇总监理文件资料,并按规定组卷,形成监理档案。

④应根据工程特点和有关规定保存监理档案,并应向有关单位、部门移交需要存档的监理文件资料。

思考题

7.1 如何评价项目监理机构与承包单位两个项目管理机构之间的平等性?

7.2 在设备工程设计阶段,监理需要控制的难点和重点有哪些?

8 建筑设备的运行维护管理

8.1 建筑设备运行维护管理概述

建筑设备系统建成并调试完毕后,应交付设备管理机构进行运行和维护管理。该机构可以是建设方的工程管理部门,也可以是独立于建设方的物业管理公司,以及能源管理公司。不管何种性质的管理部门,其设备系统的运行维护管理均存在两大任务:一是保证设备系统的正常运行,即维护、保养和更新管理;二是设备系统的运行管理,保证设备系统的高效运行。

设备管理的内容主要有设备物质运动形态和设备价值运动形态的管理。建筑设备物质运动形态的管理是指设备的选型、购置、安装、调试、验收、使用、维护、修理、更新、改造,直到报废。设备价值运动形态的管理是指从设备的投资决策、自制费、维护费、修理费、折旧费、占用税、更新改造资金的筹措到支出,实行设备的经济管理,使设备在生命周期内总费用最经济。前者一般叫作设备的技术管理,由设备主管部门承担;后者叫作设备的经济管理,由财务部门承担。

设备系统的运行管理有很多内在规律,它实际上又分为能源管理、环境管理和设备管理三大部分。其中能源管理是保证设备系统高效运行,力求系统的经济运行;而环境管理主要是保证设备所提供的功能能够满足环境控制的需求;设备管理则是在保证系统正常运行的基础上,寻求系统中各设备之间的最优监控方式,使各设备在其系统能够发挥最大能效。

任何完善的设备系统均存在一定的寿命周期。设备维护保养管理的质量决定了设备系统寿命周期的长短。加强建筑设备管理,不仅可以对老、旧设备不断进行技术革新和技术改造,而且可以合理地做好设备更新工作。

8.1.1 建筑设备管理的意义和目标

现代建筑(无论是住宅、商业、办公,还是工业厂房或其他不同的建筑类型)中,建筑设备是其不可缺少的重要组成部分,是为了满足人们生活的基本需求,以及追求更舒适、更安全生活的物质保证。只有这些设备、设施正常运作,建筑的功能和作用才能够得以实现。

1)建筑设备管理的意义

建筑设备管理的基本内容包括管理和服务两个方面,也就是说,需要做好建筑设备的管理、运行、维修和保养等方面的工作。管理、使用好建筑设备有以下几个方面的意义:

①建筑设备管理在为人们提供良好的工作、学习及生活环境中,起到基础性管理的作用,并提供了有力保障。

②建筑设备管理是实现建筑高效率发挥使用功能,促进建筑与设备现代化、规范化的强有力手段。

③建筑设备管理是提高现有设备、设施性能与完好率,延长设备使用寿命,节约资金投入,保障设备安全运行的保证。

④建筑设备管理是城市文明建设和发展的需要,对文明卫生、环境建设与物质文明建设起到保驾护航的作用。

⑤建筑设备管理能强化物业管理企业的基础建设。

2)建筑设备管理的目标

建筑设备在整个建筑内处于非常重要的地位。它是建筑运作的物质和技术基础。用好、管好、维护检修好、改造好现有设备,提高设备的利用率及完好率,是建筑设备管理的根本目标。

衡量建筑设备管理质量的优劣可用设备完好率、设备利用率两个指标进行评价。设备完好率是指完好的生产设备在全部生产设备中的比重,是反映企业设备技术状况和评价设备管理工作水平的一个重要指标。设备完好的一般标准包括:设备性能良好;设备运转正常;原料、燃料、油料等消耗正常,无油、水、汽、电的泄漏现象等。设备利用率则反映了设备的实际使用时间占计划用时的百分比,或者每小时实际产量与每小时理论产量的比例,是衡量设备工作状态及生产效率的技术经济指标。

设备完好率侧重于设备的物理状态和技术性能,而设备利用率则关注设备的实际生产和运营效率;两者相结合,能够提供一个全面的视角来评估建筑设备管理的综合表现。

8.1.2 建筑设备管理的内容

建筑设备管理的内容主要有以下几个方面:建筑设备基础资料的管理;建筑设备运行管理;建筑设备维修管理;备品配件管理;固定资产(设备)管理和工程资料的管理等。

1)建筑设备基础资料的管理

建筑设备基础资料管理主要包括设备原始档案、设备技术资料以及政府职能部门颁发的有关政策、法规、条例、规程、标准等强制性文件。

①设备原始档案,包括设备清单或装箱单,备发票,产品质量合格证明书,开箱验收报告,产品技术资料,安装施工、水压试验、调试、验收报告。

②设备技术资料,包括设备卡片、设备台账、设备技术登录簿、竣工图、系统资料。

③政府职能部门颁发的有关政策、法规、条例、规程、标准等强制性文件。

2）建筑设备运行管理

建筑设备的运行管理实际上包括了建筑设备技术运行管理和建筑设备经济运行管理两部分。

（1）建筑设备技术运行管理

建筑设备技术运行管理是保证设备的运行在技术性能上始终处于最佳状态，具体包括：

①针对设备的特点，制订科学、严密且切实可行的操作规程。

②对操作人员进行专业的培训教育，对政府规定的某些需持证上岗的工种，必须严格要求持证才能上岗。

③加强维护保养工作。

④设备中的仪表（如压力表、温度表等）、安全附件必须定期校验，确保灵敏可靠。

⑤对运行中的设备不能单凭经验用直观的方法来管理，而应在运行状态下的监测和对故障进行技术诊断的基础上，做深入、透彻、准确的分析。

⑥对事故的处理要严格执行"三不放过"原则，即事故原因未查清不放过、对事故责任者未处理不放过、事故后没有采取改善措施不放过。

（2）建筑设备经济运行管理

建筑设备经济运行管理是从设备的购置到运行、维修与更新改造中，寻求以最少的投入得到最大的经济效益，即使设备的全过程管理的各项费用最经济。

设备的经济运行管理，可从以下几个方面进行：

①初期投资费用管理：在购置设备时应综合考虑以下因素：a. 设备的技术性能参数必须满足使用要求，并注意考虑到发展的需要；b. 设备的安全可靠程度、操作难易程度及对工作环境的要求；c. 设备的价格及运行时能源的耗用情况；d. 设备的寿命；e. 设备的外形尺寸、质量、连接和安装方式、噪声和震动；f. 注意采用新技术、新工艺、新材料及新型设备。

②运行成本管理：a. 能源消耗的经济核算；b. 操作人员的配置；c. 维修费用的管理。

3）建筑设备维护保养及检修管理

建筑设备在使用过程中会发生污染、松动、泄漏、堵塞、磨损、震动、发热、压力异常等各种故障，影响设备正常使用，严重时会酿成设备事故，因此需要对设备进行定期维护和保养。

（1）维护保养方式

维护保养方式有清洁、紧固、润滑、调整、防腐、防冻及外观表面检查。对长期运行的设备要巡视检查，定期切换，轮流使用，进行强制保养。

（2）维护保养工作的实施

维护保养工作主要分日常维护保养和定期维护保养两种：

①日常维护保养工作要求设备操作人员在班前对设备进行外观检查，在班中按操作规程操作设备，定时巡视记录各运行参数，随时注意运行中有无异声、震动、异味、超载等现象，在班后对设备做好清洁工作。

②定期维护保养工作是以操作人员为主、检修人员协助进行的。它是有计划地将设备停

止运行,进行维护保养,应做好以下工作:a. 彻底内外清扫、擦洗、疏通;b. 检查运动部件运转是否灵活及其磨损情况,调整配合间隙;c. 检查安全装置;d. 检查润滑系统油路和油过滤器有无堵塞;e. 清洗油箱,检查油位指示器,换油;f. 检查电气线路和自动控制元器件的动作是否正常。

(3)设备的点检

设备的点检就是对设备进行针对性的检查。设备点检时可以停机检查,也可以随机检查。设备的点检包括日常点检及计划点检。

附录6　空调设备及
装置维护保养规程

①设备的日常点检由操作人员随机检查,内容主要包括:a. 运行状况及参数;b. 安全保护装置;c. 易磨损的零部件;d. 易污染堵塞、需经常清洗更换的部件;e. 在运行中经常要求调整的部位;f. 在运行中经常出现不正常现象的部位。

②设备的计划点检一般以专业维修人员为主,操作人员协助进行,内容主要有:a. 记录设备的磨损情况,发现其他异常情况;b. 更换零部件;c. 确定修理的部位、部件及修理时间;d. 安排检修计划。

(4)计划检修

对在用设备,根据运行规律及计划点检的结果可以确定其检修间隔期。以检修间隔期为基础,编制检修计划,对设备进行预防性修理,这就是计划检修。实行计划检修,可以在设备发生故障之前就对它进行修理,使设备一直处于完好状态。

建筑设备的修理类别,一般可分为大修、中修、小修。

①大修,指工作量较大的全面修理,它要把设备全部拆开,更换全部磨损零件,以恢复设备的原有性能。

设备大修前,申请大修部门要填写大修项目申请表,有关管理人员要编制大修方案,明确修理内容和技术标准,并做好技术资料及备件准备工作。根据设备技术状况、损坏程度以及修理费用提出意见,经批准后大修方案才可实施。大修过程中,要做好质量监督和进度监督。设备大修后,要填写设备大修竣工验收单,验收时有关部门应一起参加并签字。

②中修,指更换和修复设备的主要零件以及数量较多的其他磨损零件,需要对设备进行部分解体,并要使设备能使用到下一次修理。

③小修,指工作量较小的局部修理,主要涉及零部件或元器件的更换和修复。

设备的修理,有些可用建筑设备管理部门自己的维修队伍,如小修或中修。而有些设备的大修理项目,建筑设备管理部门可委托社会化专业维修公司或设备制造厂家来承担。因为大修任务的完成,不仅需要专业化较强的维修队伍,而且还要有专门的仪器、工具。从经济角度考虑,建筑设备管理部门供养这些专业队伍是不划算的。

建筑设备管理部门培养的维修队伍,应该采取一专多能的策略,维修工人做到一专多能,就能适应不同工种的维修工作,以提高设备维修的效率。

(5)计划检修和维护保养的关系

建筑设备管理应建立、遵循"维护保养为主,计划检修为辅"的原则,突出日常维护保养的重要性,通过定期的检查和维护,可以预防设备故障、延长设备使用寿命,减少计划检修的频率和规模。

4）备品配件的管理

运转类的零部件长期运转会磨损、老化，从而降低了设备的技术性能。此时需用新的零部件更换已磨损老化的零部件，在检修之前就把新的零部件准备好，这就是备品配件管理的基本原则。备品配件管理工作的目的是，既要科学地组织备件储备，及时满足设备维修的需要，又要将储备的数量压缩到最低的限度，降低备件的储备费用，加快资金周转。

搞好备件管理，做到采购部门安排恰当，库存储备合理，保证及时、适量供应设备维修的需要，不仅有利于缩短设备修理的时间、提高修理质量、保证设备经常处于良好的技术状态，而且有利于降低备件储备量、加速资金周转、降低维修费用和经营成本。

（1）编制备件计划

做好备件管理工作，首先要编制备件计划。对建筑设备所需的各类备件，应根据需求规律以及年消耗量，提出需用的品种和数量，做好计划安排。

（2）采购、订货工作

根据备件计划和建筑设备档案资料，建筑设备管理部门要在广泛搜集市场信息的基础上，做好备件的采购、订货工作。要把握好订货、到货周期，以免影响维修保养任务。一般进口备件订货、到货周期为6个月，国产备件为3个月。

（3）备件资料管理

备件的所有资料，如备件的各种图、表、说明书等必须妥善保存。对建筑设备所用备件的消耗情况也要做好统计，并将其作为资料积累和保存，以提高备件供应的科学性。

（4）控制备件储备定额

既要保证建筑设备的备件供应及时，又要控制备件的储备定额。备件越多，所占用资金也就越多，势必影响资金周转，因此，保持合理的备件储备定额，既保证设备维修工作的需要，又加快了备件资金的周转。

（5）备件贮存保管

备件的贮存、保管，首先要做到账、卡、物一致，按规定周期定期盘点核对。要摆放整齐，提高供应效率。还要做好清洁工作，防腐防锈。根据先进先出的原则，减少备件在库时间。

5）固定资产（设备）管理

固定资产是指使用年限在一年以上、单位价值在规定标准以上并在使用过程中保持原有物质形态的资产，包括建筑物（如房屋）、机器设备、运输设备、工具等。不属于生产经营主要设备的物品，单位价值在2000元以上并且使用期限超过两年的，也应当作为固定资产管理。

①固定资产管理应考虑的几个问题：a.固定资产的利用程度：有利用率和生产率两个指标；b.设备折旧：参考同类，根据设备情况以及技术进步程度；c.设备的报废。

②固定资产的管理要求：a.保证其完整无缺；b.提高其完成度和利用效果；c.正确核定其需用量；d.正确计算其折旧额；e.对其进行投资预测。

8.1.3　建筑设备管理部门的任务及设备管理制度

1) 建筑设备管理人员岗位职责

(1) 工程部经理

工程部经理是指对建筑设备进行管理、操作、保养、维修,保证设备正常运行的总负责人。

(2) 各专业技术主管

各专业技术主管(工程师或技术员)负责所管辖的维修班组的技术、管理工作,并负责编制所分管的机电设备的保养、维修计划,操作规程及有关资料,协助部门经理完成上级主管部门布置的工作。

(3) 维修人员

维修人员(技术工人)负责设备的维修工作。

(4) 保管员

保管员负责设备的保管工作。

(5) 资料统计员

资料统计员负责设备的资料统计工作。

2) 建筑设备管理部门的任务

(1) 能源供应

建筑设备的运行需要各种能源,如电能、燃气等。因此,能源供应的保障是建筑设备管理部门的主要任务之一。

(2) 维护保养设备设施

建筑设备及系统正常运行的前提是建立完善的设备设施维护保养制度。

(3) 有计划地更新改造设备设施

建筑设备设施均具备一定的寿命。各设备设施的投入运行时间以及运行寿命均不同,有计划地制订各设备设施的更新改造计划是建筑设备管理部门的任务。

3) 建筑设备管理的制度

(1) 工程验收制度

①所有工程系统验收均须由建设方负责及牵头。

②所有系统必须在系统正常、调试完毕的情况下,连续试运行一段时间(需根据设备情况详定),尽量检查出存在的隐患后,方可进行验收。

③在验收过程中,须以将来运行及维修为重点,进行逐项检查,如发现问题,须尽快以书面形式通报给发展商,并做出详细记录并拍照。

④所有系统的验收,必须以获得政府有关部门签发的合格证书、使用许可证书等相关文件为标准,并须以此作为验收合格之必要条件。

⑤必须要求建设方提供所有合同副本、技术资料、使用说明书、维修保养手册、调试检测报告及竣工图纸、竣工资料等全部有关工程资料,并建立档案,以备查用。

⑥必须清楚了解所有工程系统及设备的保修期起止日期、保修内容以及保修责任人及其联系方式,并制订承建、供货保修联系表备查。

⑦必须收齐所有由建设方、承建方、供货方等提供的备品、备件及专用工具等,清点入库,妥为保管并做出详细清单。

(2)设备维护保养制度

①预防性维护保养:

a.所有设备必须根据维修保养手册及相关规程进行定期检修及保养,并制订相应的年度、季度、月度保养计划及保养项目。

b.相关工程人员必须认真执行保养计划及保养检修项目,以便尽可能延长系统设备的正常使用寿命,并减少紧急维修机会。

c.保养检修记录及更换零配件记录必须完整、真实,并须由工程部建立设备维修档案,以便分析故障原因、确定责任。

d.各系统的维护保养计划及保养检修项目的制订由主管负责,并提交工程部经理审阅;保养检修及更换零配件的记录由领班负责,并提交主管审阅。

e.进行正常系统维修保养及检修时,如对客户使用产生影响,必须提前三天通知管理处客户服务部,由客户服务部发出公告,确定检修起止日期及时间(须尽可能减少对客户的影响范围),以便使受影响的客户做好充分准备。

②紧急维修:

a.必须进行紧急维修时,须立即通知经理,安排有关人员立即赴现场检查情况,并按实际情况进行处理。

b.如因紧急维修,不可避免对客户使用产生影响时,须立即通知管理处客户服务部,并由客户服务部向受影响的客户发出紧急公告,同时,需考虑尽量减少影响范围。

c.如发生故障的设备在保修期内,应做出适当的应急处理,以尽量减少对客户的影响,并立即通知有关供应商的保修负责人。

d.紧急维修结束后,须由领班填写维修记录及更换零配件记录,并以书面形式将故障原因、处理方法(如更换零配件的名称、规格及数量、品牌等)、处理结果、故障发生时间、恢复正常时间等向主管报告,并提交经理审阅。此报告由工程助理存入设备维修档案,备查。

③维护保养总体要求:

a.工程部各专业主管分别制订设备维修保养计划,维修保养计划经经理审批后,统一安排,形成整个建筑的设备维修保养计划。

b.各专业主管根据设备维修保养计划的要求,将任务分别落实到各专业班组或人员,安排好时间、器材、工具。

c.维修保养人员根据各专业领班的安排,准备好工具、材料,按照维修保养的要求,维修保养相关设备。

d.维修保养完成后认真填写维修保养记录,上报存档。

e.专业主管要进行维修保养检查,工程部经理亦应抽查。

f.在正常进行维修保养时遇到紧急情况,应先安排排除故障,后将维修保养内容补上。

g. 一般情况下不得拖延维修保养的时间。

h. 由助理跟进维修保养的落实情况。

各设备系统的保养规程不同,保养过程有其特殊性,具体可参见相关的系统保养规程。

（3）报告制度

①各系统操作运行人员在下列情况下须在运行记录或交接班记录中书面报告专业领班：a. 所辖设备非正常操作的开停及开停时间；b. 所辖设备除正常操作外的调整；c. 所辖设备发生故障或停台检修；d. 零部件更新、代换或加工修理；e. 运行管理人员短时间离岗，须报告离岗时间及去向；f. 运行管理人员请假、换班、加班、倒休等。

②各系统维修人员在下列情况下须以书面形式报告维修领班：a. 执行维修保养计划时，发现设备存在重大故障隐患；b. 重要零部件的更换、代替或加工修理；c. 系统巡检时发现的隐患或故障，必须在巡检记录的备注栏中加以说明；d. 维修人员请假、加班、倒休情况等。

③各专业领班在下列情况下必须书面报告本主管：a. 重点设备除正常操作外的调整；b. 变更运行方式；c. 主要设备发生故障或停台检修；d. 系统故障或正常检修；e. 零部件更新、改造或加工修理；f. 领用工具、备件、材料、文具及劳保用品；g. 加班、换班、倒休、病假、事假等；h. 须与外班组或外部门、外单位联系。

④主管在下列情况下必须以书面形式报告经理：a. 重点设备发生故障或停台检修；b. 因正常检修必须停止系统正常运行而影响客户使用；c. 应急抢修及正常检修后的维修总结；d. 系统运行方式有较大改变；e. 影响本建筑运行（如停电、停水、停空调、停电话等）的任何施工及检修；f. 重要设备主要零部件的更新、代换或加工维修；g. 系统及设备的技术改造、移位安装、增改工程及外部施工；h. 人员调度及班组重大组织结构调整；i. 所属人员请假、换班、倒休、加班等；j. 与外部门、外单位联系、协调；k. 领用工具、备件、材料、文具及劳保用品等；l. 维修保养计划及工作计划的变更或调整；m. 月度工作总结报告。

⑤除以上各项外，所有有关工作事项必须口头汇报上级人员。遇有紧急事件发生或发现重大故障及隐患，可以越级汇报。

（4）值班制度

①值班人员必须坚守岗位，不得擅自离岗、串岗。如有特殊情况，必须向主管或部门经理请假，经准许后方可离开。

②值班电话为工作电话，不得长时间占用电话聊天，不得打私人电话。

③每班必须按规定时间及范围巡检所辖设备，做到腿勤、眼尖、耳灵、手快、脑活，并认真填写设备运行及巡检记录，及时发现并处理设备隐患。

④须按计划及主管的安排做好设备日常保养和维修。如有较大故障，值班人员无力处理时，应立即报告上级领班或主管。

⑤值班人员用餐时，必须轮换进行，必须保持值班室内24小时有人值班，当班人员严禁饮酒。

⑥值班人员必须每班打扫值班范围内的卫生，每班两次，清洁地面、窗台、门窗、设备表面等所有产生积尘之处，随时保持值班范围内的清洁卫生。

⑦非值班人员未经许可不准进入配电室，如有违者，值班人员必须立即制止，否则追究其责任。如有来访者，必须进行登记。

⑧任何易燃、易爆物品不准暂放、存放于值班室,违者一切责任由值班人员负责。

（5）交接班制度

①接班人员须提前10分钟到达岗位,更换工作服,做好接班准备工作。

②接班人员接班时必须检查以下工作:

a.查看上一班运行记录是否真实可靠,听取上一班值班人员运行情况介绍,交接设备运行记录表。

b.查看上一班巡检记录表,听取上一班值班人员巡检情况介绍,交接系统设备巡检记录表。

c.检查所辖设备的运行情况是否良好,是否与运行记录、巡检记录相符,如有不符,应记入备注栏,并应要求上一班值班人员签字。

d.检查仪表及公用工具是否有缺、损,是否清洁,并按原位整齐摆放,如有问题,应要求上一班值班人员整理,如有丢失,应记入交接班记录备注栏,并由上一班人员签字。

③交班人员在出现下列情况时不得交班离岗:

a.接班人员未到岗时,应通知上级领班或主管,须在上级安排的接班人员到岗后方可进行交接班。

b.接班人员有醉酒现象或其他原因造成精神状态不良时,应通知上级领班或主管,须在上级安排的接班人员到岗后方可进行交接班。

c.所辖设备有故障,影响系统正常运行时,交班人员须加班与接班人员共同排除故障后,方可进行交接班,此时,接班人员必须协助交班人员排除故障。

d.交班人员对所辖值班范围的清洁卫生未做清理时,接班人员应要求交班人员做好清洁工作后,方可进行交接班。

（6）巡检制度

①巡检工作是及时发现设备缺陷,掌握设备状况,确保安全运行的重要手段,各巡检人员必须按规定的时间、巡视路线、检查项目等认真执行,并认真记录。

②在巡检过程中,如发现设备存在问题,应立即用对讲机通知领班,并在可能的情况下自行消除故障。如条件所限一时不能处理,则必须做好临时补救措施后,报告领班,并将详细情况记入巡检记录备注栏。

③巡检人员在巡视完机房、泵房、配电室、竖井等所有无人值守的设备间后,必须做到随手锁门。

④巡检人员在巡检完设备及其控制箱、动力柜、照明柜、高压柜、低压柜等所有供配电设施后,必须将门锁好。

⑤各运行、维修领班,必须每天对所辖系统设备进行检查;各主管必须每周一次巡检本系统所有设备,发现问题,书面报告经理,并应立即组织处理。

8.2 建筑设备更新改造

8.2.1 建筑设备的报废

建筑设备使用达到一定年限,或由于技术落后,或由于不符合环保要求,或是因为其他原因,不得不做报废处理。

设备的报废不能简单地按设备使用年限划线,而应以经济技术评价的结论为依据。符合下列条件之一者才可考虑报废:

①设备能耗过大,或者环境污染严重,国家规定应予淘汰的产品;

②已超过使用期限,损坏严重,修理费用昂贵或大修后设备性能仍无法满足要求;

③设备屡屡发生故障或事故,存在较严重的不安全因素,且在经济上不宜大修或改造;

④因受自然灾害或事故损坏,而修理费接近或超过原设备价值的设备(特殊进口产品除外);

⑤无法修复的设备。

8.2.2　设备更新改造的含义

设备的更新和改造是两个不同的概念。设备的更新是指以经济效果上优化的、技术上先进可靠的新设备替换原来在技术和经济上没有使用价值的老设备。设备的改造是指通过采用国内外先进的科学技术成果改变现有设备相对落后的技术性能,提高节能效果,改善安全和环保特性,提高经济效益的技术措施。

1)设备更新改造的种类

设备更新改造的种类大致有三种:

(1)全面更新改造

以宾馆为例,由于很多宾馆是在原来招待所或旅店基础上发展起来的,或者由低星级向中、高星级发展,原有的设备不能满足新的要求,所以要对原有设备进行全面更新改造。全面更新改造一般是在基本保留原有建筑结构的基础上对饭店的设备系统(特别是主要大型设备)进行更新或改造(一般情况下以更新为主),以提高宾馆设备的现代化水平,达到宾馆服务标准的要求。这类项目常常需要有土建、环保等工程项目配合进行。

(2)系统设备更新改造

这是针对建筑楼宇的某一具有特定功能的系统设备,性能下降,效率低下或者能耗太高,环保特性差等具体问题所采取的更新改造技术措施。

(3)单机设备更新改造

这是对单机设备所采取的技术措施,例如对水泵或冷却塔的改造。这种更新改造在工程上是相对独立的。

2)更新改造时机的选择

建筑设备更新改造的时机,就是决定何时进行更新改造。设备更新改造的客观依据是设备的寿命。

(1)设备的寿命

设备的寿命分为自然寿命、技术寿命和经济寿命。

设备的自然寿命是指设备从投入使用到自然报废所经历的整个时期。它是由设备在使用过程中的物质磨损所决定的。其更新时间的长短往往依设备的性能、结构、使用的频繁程度而变化,一般用于生产设备的更新往往以此为主要依据。

设备的技术寿命则是指设备从开始使用到因技术落后而被淘汰所经历的时间。技术寿命的长短主要取决于设备无形磨损的速度,即社会技术进步和技术更新的速度和周期。要延长设备的技术寿命,通常需要通过采用新技术对设备进行改造或升级。技术寿命关注于技术的先进性和适应性。

设备的经济寿命是指设备从开始使用到经济上不再合算而停止使用的全部时间。经济寿命主要考虑的是设备的维护成本与经济效益的平衡。当设备的维修费用超过其带来的经济效益时,继续使用该设备就不再经济,这时设备就应该被替换或更新。设备的经济寿命通常由设备的物理性能、技术进步的速度、设备的使用情况、原始投资成本、维护使用费用以及外部环境的变化等因素共同决定。

一般说来,由于科学技术和经济的飞跃发展,设备的经济与技术寿命均大大短于自然寿命。

(2)设备最佳更新改造期

设备的最佳更新改造期可以根据设备的经济寿命来决定,其基本思路是采用低劣化法。该方法的含义是:设备使用年限越长,其磨损就越严重,设备维持费用就要增加(即低劣化增加值),而且这种费用会随时间的增加呈现较大幅度的增长。因此,当设备使用到一定年限时,设备的年总费用(折旧和维持费用之和)最低,这个时限就是设备的最佳更新改造期。

8.3 建筑设备系统调适与节能运行

8.3.1 建筑设备系统调适的提出与发展

调适即 commissioning,简称 Cx,美国暖通空调制冷工程师学会 ASHRAE 在指南中将其定义为"以质量为导向,完成、验证和记录有关设备和系统的安装性能和质量,使其满足标准和规范要求的一种工作程序和方法"。调适不同于调试,是一套完整的工作程序和方法,以保证建筑各个设备系统在方案设计、图纸设计、安装、单机试运转、性能测试、运行和维护整个过程中能满足使用者需求并达到高效。

建筑设备系统的调适主要可分为以下几种类型:

①新建建筑设备系统的调适(Commissioning,Cx),对系统和设备的设计选型、安装测试、运行维护等过程进行调适,特别是需要具备供电、送风、送水的条件及供冷、供热、新风等需求情况下的调适。

②既有建筑设备系统的再调适(Retro-Commissioning,Retro-Cx),指对新建时未进行过调适的既有建筑的设备系统进行调适,它侧重于运行维护中的问题并解决问题,以提高系统能效,降低运行能耗。

③既有建筑设备系统的周期性调适(Re-Commissioning,Re-Cx),它针对已经做过调适的既有建筑,对其设备系统进行有计划的周期性调适,以提高建筑和设备系统的运行性能。

④持续调适(ContinuousCommissioning,CC),它是一个持续的过程,关注建筑设备系统在

全年不同时段、不同入住率或使用功能发生变化过程中的系统持续优化。

⑤全过程整体或全生命期调适(TotalBuildingCommissioning,TB-Cx;或 Life-cycleCommissioning,LC-Cx),它关注建筑及其设备系统从方案设计阶段一直持续到建成交接后一直运行的全过程整体情况。

8.3.2　建筑设备系统调适的主要对象

建筑设备系统的调适应涵盖暖通空调系统、照明系统、强电及配电系统、弱电及控制管理系统、给排水和生活热水及蒸汽系统,以及数据机房及其冷却专用系统、恒温恒湿手术室或档案室等专用系统等。由于建筑设备系统决定了室内环境营造是否能达到要求、建筑物各项功能能否实现,并且建筑运行过程中的能源消耗、能源成本和碳排放等都与建筑设备系统密切相关,因此建筑设备系统的调适应深入开展、持续进行。

系统调适可分层级开展,主要包括以下几个层级的调适:

(1)设备层级

应在运行过程中,对建筑设备系统中主要设备的实际运行性能进行检测和验证,确保主要设备始终工作在安全高效的状态下。主要设备包括但不限于:

①暖通空调系统冷源:冷水机组、冷冻水循环泵、冷却水循环泵、冷却塔、冷源对应水处理设备,控制系统的主要设备,如电气启动柜、变频器、高效机房运行控制柜、供冷量和电耗计量表计等。

②暖通空调系统热源:锅炉、换热器、热泵机组、供热循环泵,锅炉和热泵对应的水处理设备,控制系统的主要设备、电力、热量和燃气耗量计量表计等。

③暖通空调系统末端设备:空调机组、新风机组、热回收机组、各种换热器、送排风机组、恒温恒湿空调机组、冷热辐射末端分集水器、变风量箱、大风量的球形喷口和送风口等。

④供配电系统主要设备:10 kV 高压配电柜、变压器、低压配电柜、配电箱和电表箱等,室内照明、外景照明、应急照明的控制设备,蓄电池、UPS、柴油发电机等用电保障设备。

⑤给排水系统主要设备:给水泵、排水泵、潜污泵、水景泵、消防泵、生活热水循环泵、中水及其回用水处理设备等。

⑥其他专用系统设备:电梯设备、数据中心及其冷却系统设备、有洁净或恒温恒湿或正压要求的建筑局部环境控制系统设备、蓄冷蓄热和蓄电系统,光伏发电设备、地热能利用设备、各种热回收设备或电能回收设备,以及建筑物内的充电桩设备等。

(2)系统层级

在设备层级性能调适基础上,应针对建筑设备系统的主要子系统从系统安全高效运行的角度进行调适。主要系统包括但不限于:

①暖通空调冷源系统:包括系统安全运行评估、实际供冷量和冷源运行效率 EER 测试、制冷电耗和电费分析、蓄冷系统运行策略评估和调适等。

②暖通空调热源系统:包括对系统安全运行评估、锅炉和热泵的实际运行效率和相应碳排放测试、供热费用和成本分析,以及按需供热策略的评估和调适等。

③暖通空调输配系统:包括对水泵工作点、单级泵或多级泵水系统总体和各支路供回水温差、管路局部阻力和沿程阻力及水压图等的测试和绘制分析,以及对空调末端水-水换热器、

风-水换热器的循环温差和换热温差等进行分析。

④暖通空调末端系统:包括对空调机组及其送风、回风、混风、加热、除湿、冷却效果和空调机组外余压、风道沿程阻力和风压图的绘制和分析等,对变风量末端实际风量和送回风温差、大风量的球形喷口和送风口风量、送风温度和气流组织等,以及建筑物在机械送排风和室外自然风渗透下的整体风量进行分析等。

⑤供配电系统:对变压器损失、变压器功率因数、变压器负载率,以及照明系统和蓄电池、UPS、柴油发电机等用电设备的并网安全性和可靠性等进行分析评估。

⑥给排水系统:对给水压力稳定性、水质保障、生活热水系统供水温度和压力、循环管热损失、热水排水回收和中水处理,以及热回收等,蒸汽系统的减压过程、疏水器,以及蒸汽凝水的回收等进行分析评估。

⑦其他专用系统:对电梯安全及调度系统、数据中心及其冷却专用系统、有洁净或恒温恒湿或正压要求的建筑局部环境控制系统、蓄冷蓄热和蓄电的建筑蓄能系统、光伏发电设备、地热能利用设备、各种热回收设备或电能回收设备、建筑物内的充电桩设备等性能进行分析评估,并对"双碳"目标下逐步被广泛应用的新能源系统实际性能进行分析评估。

(3)控制和管理层级

①一是针对以上建筑设备系统及其主要设备的控制系统,应进行持续的调适,确保控制系统的功能可靠。

②二是针对能源消耗的管理系统(简称能管系统),包括能量计量、数据传输、存储、计算、分析、展示等软硬件系统,应进行持续的调适,确保能管系统的数据可信,管理可落实到位。

③三是针对设备设施的管理系统,包括对建筑设备系统中主要设备、辅助设备,以及各种功能设备的管理全覆盖,形成数字化管理系统,并将建筑设备设施的维修、保养、调试和系统调适等与建筑设备系统运行维护团队的派单、验收系统结合,形成管理闭环。

8.3.3 建筑设备系统中主要设备的调适目标

1)冷水机组

(1)主要性能验证与调适要求:制冷量与能效比

①额定工况下,冷机实测制冷量与额定制冷量偏差在±5%以内;

②额定工况下,冷水机组的实测 COP 达到额定值。

(2)关键传感器验证与调适要求

①校核冷机温度(冷冻进出水、冷却进出水)传感器的准确性,偏差为±0.1 ℃;

②校核冷机流量(冷冻水流量、冷却水流量),与额定流量偏差为±5%;

③校核冷机压缩机电流百分比与电机功率,达到 95% 以上时,其对应的运行功率不出现超载。

(3)其他设备效率验证与调适要求

①水侧压降:额定流量下,蒸发器压降达到额定参数要求;额定流量下,冷凝器压降达到额定参数要求。

②两器换热:额定工况下,蒸发器趋近温度达到额定参数要求。

③冷机能量平衡校核:偏差为±10%以内。

(4)其他类型冷水机组的效率验证与调适要求

①风冷机组和蒸发冷却机组:参照冷水机组主要性能验证和调适要求,按(1)中对制冷量、COP等进行测量;相关关键传感器验证与调适参照冷水机组关键传感器验证与调适要求,按(2)中对冷冻水测温度和流量的要求,以及压缩机电流和电机功率测量的要求;水侧压降和蒸发器侧换热端差等,按冷水机组其他设备效率验证和调适要求,按(3)中的要求进行;由于风冷机组和蒸发冷却机组的冷却侧风量和进出口风温或焓值不易测量,故不做特别要求,相应冷机冷冻侧和冷却侧能量平衡校核不做特别要求。

②热泵机组应参照冷水机组的性能验证和调适要求开展。

2)水泵

(1)主要性能验证与调适要求

①流量:测试值与额定值偏差在±8%以内;

②扬程:测试值与额定值偏差在±5%以内;

③功率:测试值与额定值偏差在±5%以内。

(2)性能曲线验证与调适要求

①对多个工况点进行测量,并绘制水泵的扬程-流量-功率曲线,与额定曲线对标,检查实测工况点与额定曲线偏离程度;

②对应上述多个工况点实测结果,绘制水泵的流量-效率曲线,与额定曲线对标,检查实测工况点与额定曲线偏离程度;

③要求:实测各工况点在选型曲线上,无明显偏离。

(3)设备效率验证与调适要求

设备效率不低于额定效率,如样本未给出,则应满足《清水离心泵能效限定值及节能评价值》(GB 19762—2007)的要求。

3)冷却塔

(1)主要性能验证与调适要求

①循环水量:测试值与额定值偏差在±5%以内;

②风量:测试值与额定值偏差在±10%以内;

③风机功率:达到额定要求;

④出水温度:在入口水温调整到额定工况下,室外湿球温度接近设计工况下,出水温度应达到额定要求;

⑤散热能力:经过计算,应达到额定要求;

⑥冷却塔效率:经过计算,应达到额定效率要求。

(2)其他性能验证与调适要求

①冷却塔实测风量与额定值进行对比校核,偏差在±10%以内;

②冷却塔水侧散热量与风侧散热量对比,进行热平衡校核;

③计算冷却塔风水比,调适达到合理风水比。

4）空调机组和新风机组

（1）风量性能验证与调适要求

①风量平衡校核：新风量+回风量与送风量的偏差在±10%以内；

②风柜实测风量与额定风量偏差在±10%以内；

③风机转速正常，风机实际运行效率达到额定值要求。

（2）风压与机内机阻力性能验证与调适要求

①空调机组实测机外余压与额定机外余压偏差在±10%以内；

②校核空调机组机内各段压降，包括过滤器压降，符合过滤器压降要求和设计要求。

（3）空调机组换热性能验证与调适要求

①按供冷除湿与供热工况分别进行性能测试、验证与调适；

②空调机组盘管在供冷除湿和供热工况下的换热量达到额定要求，空调机组盘管供水温度和流量达到设计要求时，盘管水侧测试得到的换热量与空调机组额定值偏差在±10%以内；

③实测空调机组盘管水侧热量与风侧热量的偏差在±10%以内；

④实测空调机组盘管换热系数与换热面积乘积，应符合设计要求。

（4）带热回收装置新风机组换热性能验证与调适要求

①按热回收供冷与供热工况分别进行热回收装置的实际换热量、换热效能的性能测试、验证与调适，对热回收装置两侧实际风量、迎面风速、漏风量及漏风方向、两侧进入口空气温度、湿度、焓值等进行实测，以此为基础计算热回收装置实际换热量和换热效能等关键参数；

②将实测热回收装置两侧实际风量、进入口空气温湿度和焓值等参数，利用热回收装置换热模型，反算热回收装置工作在"设计工况"或热回收装置设备选型对应"额定工况"下的换热量和换热效能等，并与带热回收装置新风机组技术参数表中给出的额定值进行对比，偏差应在±10%以内；

③带热回收装置新风机组的其他性能参数，应按上述空调机组性能验证与调适要求开展。

5）风机盘管

①风机盘管送风量经测试和调适，达到额定要求；

②在供水温度达到额定要求时，风机盘管供冷量和供热量达到额定要求；

③风机盘管在各挡风速下，室内噪声值达到设计要求，室内气流组织达到设计要求。

6）变风量箱

①变风量箱实测最大风量及最小风量，经调适达到设计要求；

②变风量箱风量调节特性，可根据控制系统的要求，达到对应的风量调节要求；

③变风量箱在最大风量、最小风量和中间风量等至少三个工况下，室内空调区域噪声达到设计要求，室内气流组织达到设计要求。

7）换热器（板式换热器、壳管式换热器等）

①换热器应根据实际功能按供冷或供热工况分别进行性能测试、验证与调适，内容包括实

际换热量、换热系数与换热面积乘积 KF、换热效能、漏热量及比例、换热器两侧阻力和压降等。

②宜在换热量两侧流量达到或接近设计要求时进行测试和性能验证;如一次侧供水温度(一次侧流体进入板式换热器处)或二次侧回水温度(二次侧流体进入板式换热器处)的温度接近板式换热器的设计两侧流体进口温度,此时测试得到的换热量与换热器额定值偏差应在±10%以内;如两侧流体进入板式换热器的温度与设计工况偏差较大,则应在测量后根据换热器模型反算出两侧流体进口温度为设计工况下的换热量,并与换热器额定值进行对比验证,偏差应在±10%以内。

③实测换热器两侧热量的偏差应在±3%以内,两侧换热小端温差应控制在设计要求的温差以内,尽量降低,两侧换热小端温差不宜大于2 ℃。

④实测换热器换热系数与换热面积乘积 KF 和换热效能等,应符合设计要求;如进一步计算换热器实际换热面积 F,对于板式换热器,传热系数 K 的取值不宜大于 4 500 W/($m^2 \cdot K$)。

8)变压器

(1)外部观察
①变压器外壳有无积尘,内部部件是否清洁,有无破损裂纹及放电痕迹或其他异常情况;
②所有连接点无过热、松动、变形、色变等现象;
③母排是否支撑牢固,有无悬挂物,外壳接地线接续是否完好;
④三相温度显示准确;
⑤风冷系统运转是否正常;
⑥照明系统是否正常;
⑦油位是否正常,油色是否透明,并检查油温是否高于规定值。
(2)运行状况
①运行时无异常声响,异常气味;
②变压器三相电流是否均衡,三相电压是否相等;
③分接头位置放置在正常电压挡位;
④红外测温计检测变压器温度≤70 ℃,线轴温度显示正常;
⑤安全警示标牌齐全,防护到位,标志标牌、铭牌齐全。

9)发电机

(1)发电机组启动前
①检查蓄电池保持在浮充状态,连接线牢固,接头无腐蚀损坏;
②检查润滑油油位在合理范围之内,油色清澈无浑浊,且管路无漏油;
③油箱油料充足,且油质在保质期内,油箱无漏油、无腐蚀现象;
④冷却水量充足,水质良好,无杂物,冷却风机无杂物堵塞,水泵控制箱内各开关、接触器无故障,转换开关在"自动"位置;
⑤送排风机能手动正常启动,并处于自动状态;
⑥排烟温度显示仪显示温度与室温相符,烟雾过滤水箱水量充足;
⑦控制屏液晶板显示正常,且启动开关在"自动"位置。

（2）发电机组运行中

①运行时无异常声响和较大震动；

②蓄电池温度不超过45 ℃（用红外线温度计测试）；

③冷却水泵自动启动、运转正常，冷却水温在70～95 ℃之间；

④房间送排风机自动启动、运行正常，房间无烟尘；

⑤排烟管道无漏烟现象；

⑥机组运行时，控制屏显示输出电压为380 V±380 V×5%，频率为50 Hz；

⑦回油散热风机运转正常。

（3）发电机组停机后

①运行停机，转动启动按钮到"自动"位置，机组立刻降低转速停机；市电恢复后5分钟后开始降低转速停机；

②排风机控制箱检查线路、接触器、开关无异常；

③冷却水泵自动启动、运转正常，冷却水温在70～95 ℃之间；

④房间送排风机自动启动、运行正常，房间无烟尘；

⑤红外测温计检测变压器温度≤70 ℃，线轴温度显示正常；

⑥安全警示标牌齐全，防护到位，标志标牌、铭牌齐全。

8.3.4　建筑设备系统运行中的节能潜力

（1）实际能耗与设计计算能耗、运行节能与"设计节能"

随着建筑节能领域的技术进步与管理进步，大量新材料、新技术的应用，新建建筑的能耗强度（例如按单位面积全年实际用能量计）应该相比既有建筑大幅度降低，但实际却不是这样。例如，上海市建筑科学研究院对2008年以来投入使用的六十余座绿色建筑示范项目进行能耗实测，发现结果"非常不理想"，绿色建筑的实际运行能耗并非原来希望的那样，而是处于较高水平，"由于对高新技术的盲目崇拜，导致一批绿色建筑成为新技术的低效堆砌"。清华大学对绿色建筑实际使用后评估研究中也发现类似问题。同样的事情不仅发生在中国，美国也有相当一批获得绿色建筑认证的建筑实际能耗居高不下。2009年美国学者约翰·斯科菲尔德（John H. Scofield）公布的两份材料指出：在美国获得LEED认证的建筑物，其单位面积实际能源消耗量，平均值要比同类型未获得认证建筑物的平均能耗强度高出29%。

出现这些问题，关键在于各类建筑"节能与否"，并不是用建筑使用过程中的能源消耗量的绝对量（例如单位建筑面积能耗强度）来进行评价，而是用"节能率""可再生能源利用率"这样的"相对指标"来衡量，用"设计计算指标"来衡量。"相对指标"在节能管理过程中曾经发挥一定作用，但如果参照对象，或者"100%"能耗的具体数值不清晰、不可测，那么"相对指标"就难以落地，难以取得实效。

（2）建筑设备工程全过程管理的重要性

由于各类建筑功能性强、建设设备系统复杂，而且实施周期长、参与人员和工种多，因此在设计、安装、调试、运行、控制等过程中任何一点小的错误、失误、"变更"或把控缺失，都可能极大地降低最终建筑设备系统的实际运行效率，这也就造成了很多"节能"技术不能正常发挥其作用。《中国建筑节能发展研究报告》中提出了公共建筑生命周期中的"漏斗效应"，在行业产生了共鸣,如图 8.1 所示。

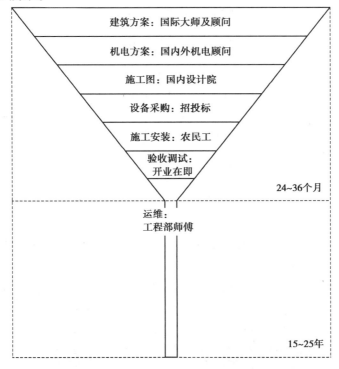

图 8.1 公共建筑生命周期全过程中的"漏斗效应"

图 8.1 反映的现实是,由顶级设计顾问经过无数轮讨论、修改确定的设计方案,最终需要由国内、当地设计院进行配合、实施施工图。而国内和当地设计院的重要职责就是根据中国和当地的各种规范,修改之前设计方案中无法通过规范审查的部分,或者协调、修改各个专业相互矛盾的问题,对于原方案的设计理念、意图的理解必然会降低标准,而且时间周期往往也不允许设计院"精雕细琢"。安装施工过程本应该严格"按图施工",但现实是现场的情况远比图纸复杂,大量信息在图纸上并未反映出来,必须现场解决。而且即使资质最高的施工企业,真正把设备安装到指定位置、负责最后一厘米接线的基本为承包单位的一线劳务人员。而最终要对公共建筑长达 20 年以及更长时间运行负责的,是以保安、保洁、维修和处理投诉为主要任务的物业管理部门,因此建筑设备工程管理与运营急需专业人才。

在这样一个过程中,建筑能耗目标相关信息传递的缺失、对上游信息的理解和把握出现偏差、在实际执行过程中的妥协和改动等,是每个工程中绝对存在的。如果把顶层设计的成果定为 100 分,给之后的每个环节打 80 分,由于各个环节之间对最终结果的影响是"乘积"的关系,那么可以简单地算出来,经过几个环节之后最终的得分就是个不及格的数字。从控制能源消耗、节能的角度讲,最初设定的能耗目标,被多层环节消耗掉了。虽然在建设过程中设置了审图、监理、质检站等一系列管理环节,但不同环节之间并无有机联系。这样的做法,显然对越来越复杂的建筑及其设备系统很难适应。

如何打破瓶颈、创新提升公共建筑节能全过程管理水平,是建筑设备系统工程管理要研究和解决的关键问题。建筑设备系统的全过程管理,就是以最终的能耗数值作为统一的标准,在每一个新建建筑立项、规划、设计、建造、验收、运行的各个环节,围绕这一共同的定量目标进行相关工作,通过相应的管理手段堵住漏洞,确保能耗目标不被突破,以"能耗目标"这个初心,打破目前存在的"新建建筑建成投入使用不久之后就开始进行节能改造"的不利现象。

8.3.5 指导建筑设备系统节能运行的系统性方法

随着社会发展,建筑设备系统越来越复杂,因此运行调节、控制运维、系统调适的难度不断增大。随着数字时代的进步,建筑设备系统的监测数据更全面,为节能运行和持续调适优化提供了有利的条件。目前各类建筑设备系统、数字化管理系统、管理平台不断完善,各项运行数据越来越齐全,这为建筑设备系统的节能运行提供了很好的条件。

在具体的建筑设备系统节能运行管理中,最重要的是要建立系统性方法。其中,一种面向对象的层级结构建筑运行节能评价指标体系,就是节能运行管理最好的工具。指标体系主要包括以下内容:

(1)第一层级:总体能耗指标

该层级的运行能耗指标,具体包括总量和强度量两种形式:总量指标包括总耗电量、总燃料耗量等;能耗强度指标通常用公共建筑提供单位服务量的能耗量来表示,如单位面积能耗应满足《民用建筑能耗标准》中对应气候区、对应功能公共建筑的引导值要求。

其中,单位服务量不仅仅局限于"建筑面积",各行各业还可依据其特定使用功能进行定义,如酒店的单位客房耗电量或燃料消耗量、交通枢纽的单位客流量能耗、医院的单位床位耗电量或燃料消耗量等,使得能耗约束与公共建筑的功能和日常管理紧密相关,便于得到公共建筑建设与管理各方面的理解与支持。

(2)第二层级:建筑不同能源需求侧能耗指标

该层级的运行能耗指标,主要包括冷热需求侧的实际能耗指标,例如空调实际供冷量,供暖供热量,生活热水供热量等。除总量外,还应包括其强度指标,如单位面积空调供冷量、供暖供热量,酒店单位客房生活热水供热量等。除了建筑形式、建筑保温、密闭性外,需求量的大小在很大程度上与建筑的服务对象,也就是建筑的最终使用者的要求有关。

(3)第三层级:建筑设备系统效率指标

"建筑设备系统效率指标"主要指满足上述建筑物冷热需求和各种功能需求的建筑设备系统的效率约束指标,如集中空调系统的效率(包括冷站系统效率、空调系统末端输配系数等)、供暖系统、通风系统、生活热水系统以及变配电系统的效率等。建筑设备系统的效率高低,除了与系统形式和设备性能优劣有关,还与机电系统的运行维护水平息息相关。精心维护、优化运行甚至可以把建筑设备系统的效率提高一倍。

(4)第四层级:重要设备系统分项能耗指标

重要设备系统的分项能耗指标,是考虑实际运行中的"80/20"原则,挑选并清晰界定某项重要的能耗指标高低,确定负责人。例如办公室的照明和办公设备的电耗偏高,应当由建筑物使用者来承担责任;集中空调系统的冷机电耗、水泵电耗、风机电耗偏高,则应当由物业管理部门的工程部负责,等等。分项电耗取决于某种特定的需求,以及满足这一需求的系统效率。

(5)第五层级:重要设备系统能效指标

以电驱动集中空调系统为例,其能耗等于冷站系统中各设备(冷机、冷冻泵、冷却泵、冷却塔风机等)与空调末端各设备(全空气系统风机、风机盘管风机、新风机等)的电耗总和。对于每一个设备的分项电耗,其电耗等于其制备或输配的冷量除以该设备的效率。

(6)第六层级:室内环境效果指标

这些指标主要包括:

①室内温度均匀性:例如公共建筑的内区外区之间、高区低区之间、顾客停留的公共前区与后勤人员工作的后勤区之间等,在冬季、夏季往往存在较大的温差,不仅造成不舒适,而且也会导致能耗的增加,应当作为关注的指标予以测量和限制。

②二氧化碳浓度:二氧化碳浓度是较常用的表征室内环境状况的参数,一方面应满足健康要求,不宜过高。另一方面,在实际人员密度较低(例如商场的工作日白天、办公楼人员外出、酒店客房住户外出时)时,也不宜过低水平,造成能源浪费。

③主要污染物浓度:可根据关注的区域不同,以不同的污染物浓度作为通风系统效果的评价指标,例如车库可测量一氧化碳来评价其排风系统效果及相应能耗,有较多餐饮的公共建筑可根据餐饮异味在公共区的探测结果,来评价其排补风系统的效果等。

(7)第七层级:能源成本及效益指标

运行能耗费用指标,主要包括以下三部分内容:

①能耗总量对应费用:如总电费、总燃料(热力)费等。

②能耗强度对应费用:如单位面积能耗费用,单位客房能耗费用等。

③反映某种需求对应的能耗费用:如单位冷量费用,对常规集中空调冷站、水蓄冷或冰蓄冷系统的冷站都可应用"元/$kWh_冷$"单位指标进行衡量;单位热量费用,通常采用"元/GJ"来衡量供暖和生活热水的供应经济性。

运行能耗费用指标与当地能源价格密切相关。例如,部分地区有峰谷电价、丰水期枯水期电价等,需要综合考虑。燃料价格、热力价格也在全年不同时期执行不同的价格标准,需仔细考虑。

建筑设备系统节能运行,就是通过一系列的运维、调控、管理、调适等手段,保障设备和系统的效率高、保障室内环境效果好、保障能耗和能源使用成本低。

思考题

8.1　如何做好建筑设备的更新改造工作?

8.2　对于某简单的冷水机组冷源系统,如何实现该系统的调适?

附　录
数字资源

附录1　某项目空调采购及安装工程招标文件

附录1　某项目空调采购及
安装工程招标文件

附录2　合同协议书

附录2　合同协议书

附录3　某空调工程预算表　分部分项工程项目清单计价表

附录3　某空调工程预算表
分部分项工程项目清单计价表

附录4 某医院空调系统能源站施工组织设计

附录4 某医院空调系统能源站
施工组织设计

附录5 某医院南区暖通工程进度计划表

附录5 某医院南区暖通工程
进度计划表

附录6 空调设备及装置维护保养规程

附录6 空调设备及装置
维护保养规程

参考文献

［1］张检身. 建设项目管理指南："业主-工程师-承包商"模式［M］. 北京：中国计划出版社，2002.

［2］杨晓庄，沈爱华. 工程项目管理［M］. 武汉：华中科技大学出版社，2024.

［3］邵志光，赵红涛. 项目管理的历史与现实解析［J］. 企业改革与管理，2006（2）：24-25.

［4］陆惠民，苏振民，王延树. 工程项目管理［M］. 3 版. 南京：东南大学出版社，2015.

［5］闫文周. 工程项目管理［M］. 北京：清华大学出版社，2015.

［6］危道军，刘志强. 工程项目管理［M］. 5 版. 武汉：武汉理工大学出版社，2022.

［7］成虎，陈群. 工程项目管理［M］. 4 版. 北京：中国建筑工业出版社，2015.

［8］胡志根. 工程项目管理［M］. 2 版. 武汉：武汉大学出版社，2011.

［9］王辉. 建设工程项目管理［M］. 北京：北京大学出版社，2010.

［10］王卓甫，杨高升. 工程项目管理：原理与案例［M］. 3 版. 北京：中国水利水电出版社，2014.

［11］齐维贵，王艳敏，李战赠. 智能建筑设备自动化系统［M］. 北京：机械工业出版社，2010.

［12］吴小虎，闫增峰，李祥平. 建筑设备［M］. 北京：中国建筑工业出版社，2024.

［13］俞丽华. 电气照明［M］. 4 版. 上海：同济大学出版社. 2014 年.

［14］陈金华，李天荣，龙莉莉. 建筑消防设备工程［M］. 重庆：重庆大学出版社，2023.

［15］邱育群 ，温雯. 建筑电气控制技术与 PLC［M］. 2 版. 北京：中国建筑工业出版社，2022.

［16］章云，许锦标. 建筑智能化系统［M］. 2 版. 北京：清华大学出版社，2017.

［17］段常贵. 燃气输配［M］. 4 版. 北京：中国建筑工业出版社，2011.

［18］谭红艳. 燃气输配工程［M］. 北京：冶金工业出版社，2009.

［19］陆耀庆. 实用供热空调设计手册［M］. 2 版. 北京：中国建筑工业出版社，2008.

［20］中国核电工程有限公司. 给水排水设计手册 第 2 册 建筑给排水［M］. 3 版. 北京：中国建筑工业出版社，2012.

［21］王光炎. 建筑工程招投标［M］. 天津：天津大学出版社，2012.

［22］杜常华，张志强，刘惠. 建筑工程招投标与合同管理［M］. 北京：航空工业出版社，2022.

［23］王小召,李德杰.建筑工程招投标与合同管理［M］.北京:清华大学出版社,2019.

［24］方洪涛,宋丽伟.工程项目招投标与合同管理［M］.北京:北京理工大学出版社,2020.

［25］梁勇,袁登峰,高莉.建筑机电工程施工与项目管理研究［M］.北京:文化发展出版社,2021.

［26］李志生.工程建设招投标与政府采购常见问题［M］.北京:中国建筑工业出版社,2016.

［27］孙岩,高喜玲.安装工程施工组织与管理:供热通风与空调工程技术专业适用［M］.北京:中国建筑工业出版社,2016.

［28］丁云飞.李凤雷,董重成,等.建筑设备工程施工技术与管理［M］.3 版.北京:中国建筑工业出版社,2022.

［29］邵宗义,邹声华,郑小兵.建筑设备施工安装技术［M］.2 版.北京:机械工业出版社,2019.

［30］邹声华.建筑设备安装施工技术［M］.4 版.上海:中南大学出版社,2019.

［31］郭福雁,王悦,高瑞,等.建筑电气与智能化安装技术与质量检测［M］.北京:中国建筑工业出版社,2023.

［32］《建筑电气施工手册》编委会.建筑电气施工手册［M］.北京:化学工业出版社,2020.

［33］卜增文.空调末端设备安装图集［M］.北京:中国建筑工业出版社,2000.

［34］贺平,孙刚,吴华新等.供热工程［M］.5 版.北京:中国建筑工业出版社,2009.

［35］赵金煜,周霞.建筑安装工程造价［M］.北京:中国建筑工业出版社,2021.

［36］何耀东.中央空调工程预算与施工管理［M］.北京:中国建筑工业出版社,2001.

［37］本书编委会.安装工程施工组织设计实例应用手册［M］.2 版.北京:中国建筑工业出版社,2011.

［38］刘伊生,王早生,李明安,等.《建设工程监理概论》［M］.北京:中国建筑工业出版社,2023.

［39］郑应亨,张群.工程项目管理［M］.北京:中国建筑工业出版社,2023.

［40］周延,姜威.安全管理学［M］.徐州:中国矿业大学出版社,2013.

［41］陈炳权.工程设备监理［M］.上海:同济大学出版社,1997.

［42］刘晓杰,韩瑞.饭店设备运行与管理［M］.北京:化学工业出版社,2009.

［43］俞丽华.电气照明［M］.4 版.上海:同济大学出版社,2014.

［44］李天荣.城市工程管线系统［M］.重庆:重庆大学出版社,2002.

［45］郭福雁,黄民德,乔蕾.建筑电气控制技术［M］.哈尔滨:哈尔滨工程大学出版社,2014.

［46］阴振勇.建筑装饰照明设计［M］.北京:中国电力出版社,2006.

［47］付小平,杨洪兴,安大伟.中央空调系统运行管理［M］.3 版.北京:清华大学出版社,2015.

［48］张晓华,魏晓安.物业设备管理［M］.武汉:华中科技大学出版社,2009.

［49］付小平,杨洪兴,安大伟.中央空调系统运行管理［M］.北京:清华大学出版社,2015.

［50］李天荣.城市工程管线系统［M］.2 版.重庆:重庆大学出版社,2005.

［51］上海市绿色建筑协会.上海市绿色建筑运行管理手册［M］.北京:中国建筑工业出版社,2020.

［52］上海市建筑科学研究院（集团）有限公司,上海市建筑建材业市场管理总站.公共建筑节能运行管理标准［M］.上海：同济大学出版社,2020.

［53］清华大学建筑节能研究中心.中国建筑节能年度发展研究报告2022［M］.北京：中国建筑工业出版社,2022.

［54］何适.内外协同的公共建筑空调系统再调适方法研究［D］.北京：清华大学,2021.

［55］冯一鸣.基于层次化指标体系的制冷站诊断方法研究［D］.北京：清华大学,2013.

［56］田雪冬.公共建筑全过程能耗总量控制管理方法研究［D］.北京：清华大学,2015.

［57］常晟.中央空调冷冻水输配系统整体特性研究［D］.清华大学,2013.

［58］蔡宏武.实际运行调节下的空调水系统特性研究［D］.清华大学,2009.

［59］刘新民.质疑暖通空调机房温控变流量节能技术［J］.建筑科学,2009,25（06）:16-20.

［60］曹勇,刘刚,刘辉,等.国内外建筑调适技术的研究进展与现状［J］.暖通空调,2013,43（04）:18-29.

［61］曹勇,魏峥,廖滟.Commissioning在建筑领域中的应用现状分析［J］.建筑科学,2013,29（10）:97-105.